教育部哲学社会科学系列发展报告（培育）项目
2014年国家社会科学基金重大项目“食品安全风险社会共治研究”成果
江苏省高校哲学社会科学优秀创新团队研究成果

Introduction to 2016 China Development Report on Food Safety

中国食品安全发展报告2016

尹世久　吴林海　王晓莉　沈耀峰　等著

图书在版编目(CIP)数据

中国食品安全发展报告. 2016/尹世久等著—北京：北京大学出版社，2016. 12
(教育部哲学社会科学系列发展报告·培育项目)
ISBN 978-7-301-27925-0

Ⅰ. ①中… Ⅱ. ①尹… Ⅲ. ①食品安全—研究报告—中国—2016 Ⅳ. ①TS201. 6

中国版本图书馆 CIP 数据核字(2017)第 006365 号

书　　名　中国食品安全发展报告 2016
　　　　　　Zhongguo Shipin Anquan Fazhan Baogao 2016
著作责任者　尹世久　吴林海　王晓莉　沈耀峰　等著
责任编辑　胡利国
标准书号　ISBN 978-7-301-27925-0
出版发行　北京大学出版社
地　　址　北京市海淀区成府路 205 号　100871
网　　址　http://www. pup. cn
电子信箱　ss@pup. pku. edu. cn
新浪微博　@北京大学出版社　　@未名社科—北大图书
电　　话　邮购部 62752015　发行部 62750672　编辑部 62765016
印 刷 者　北京富生印刷厂
经 销 者　新华书店
　　　　　　730 毫米×980 毫米　16 开本　17. 5 印张　324 千字
　　　　　　2016 年 12 月第 1 版　2016 年 12 月第 1 次印刷
定　　价　49. 00 元

序　言

在现代信息技术背景下，由于非常复杂的原因，食品安全谣言在自由、开放、隐蔽的网络中大肆传播，尤其是大量的失实报道、片面解释和随意发挥，严重干扰了公众对食品安全事件的理性认识。更由于公众食品安全知识相对匮乏，在面对网络谣言时难以甄别真伪，往往"宁可信其有，不可信其无"，对食品安全事件做出非理性的判断，从而引发不同程度的食品安全恐慌。

"总体稳定、趋势向好"是目前我国食品安全状况的基本态势，但近年来我国公众食品安全满意度比较低迷，同样也是客观事实。我国公众食品安全满意度比较低迷的状态显然与我国食品安全形势基本态势相悖。这里的原因非常复杂，但一个重要的原因是公众对食品安全信息知之甚少。向公众客观地了解食品安全信息，加快构建食品安全信息交流的机制，努力普及食品安全科普知识，就成为解决问题的重要举措。

作为教育部哲学社会科学系列发展报告的第五个年度报告——《中国食品安全发展报告 2016》即将出版，我非常高兴地看到，以江南大学吴林海教授及其研究团队为主体撰写的系列"中国食品安全发展报告"质量逐步提升，业已成为国内融实用性、工具性、科普性于一体的具有较大影响力的研究报告，对全面、客观、公正地反映中国食品安全的真实状况起到了十分重要的作用。这是一件值得祝贺的事情。与以往四个报告相比较，一个显著的改变是，《中国食品安全发展报告 2016》的定位更加清晰，就是定位于工具性、实用性、科普性，专注于对中国食品安全风险治理的现实状况与数据资料的系统整理和挖掘，在增强数据资料可靠性、准确性和时效性的同时，尽量不进行带有主观立场或持有特定观点的评论，力图避免作者持有的某些观点可能影响读者的客观判断，旨在更为客观、简洁、清晰地向读者展现中国食品安全风险治理的实际状况与动态趋势，更有针对性地服务于广大公众。

我已多次为"中国食品安全发展报告"作序，其目的就是鼓励学者们"顶天立地"地展开研究，从不同的维度与侧面，把理论研究与实证研究、国际经验研究与国内现实研究有机地结合起来。我非常欣赏吴林海教授及其团队无私地默默奉献，每年投入很多的资源，包括时间、经费与研究力量，尤其是每年对全国 10 个省份 4000 多个普通百姓进行满意度调查，每年出版一本"中国食品安全发展报告"。

吴林海教授等还总结了多年来中国食品安全风险治理体系与治理能力建设的情况,《中国食品安全风险治理体系与治理能力的现实考察报告》也即将由中国社会科学出版社出版。面对各种利益的诱惑,能够专心致志地做一件事,实属不容易。这体现了吴林海教授及其研究团队“为人民做学问”的情怀和勇于创新的探索性勇气。

我们期待吴林海教授及其团队为中国食品安全风险治理再作新的努力。

孙宝国

2016年8月

(孙宝国教授,中国工程院院士,北京工商大学校长)

目　　录

Contents

导　论

“中国食品安全发展报告”是教育部2011年批准立项的哲学社会科学研究发展报告培育资助项目。《中国食品安全发展报告2016》(以下简称本《报告2016》)是自2012年以来出版的第五本年度报告。根据教育部对哲学社会科学研究发展报告的原则要求,与“中国食品安全发展报告”前四个年度报告相比较,本《报告2016》功能上进行了重大调整,定位于工具性、实用性、科普性,重点反映相关年度中国食品安全风险的现实状况。本章重点对研究所涉及的主要概念、研究主线、研究方法等方面作简要说明,力图轮廓性、全景式地描述整体概况,并重点介绍本《报告2016》的主要研究内容与基本结论。

一、研究主线与视角

食品安全风险是世界各国普遍面临的共同难题,[①]全世界范围内的消费者普遍面临着不同程度的食品安全风险,[②]全球每年约有1800万人因食品和饮用水不卫生导致死亡,[③]也包括发达国家的一定数量的居民。由于正处于社会转型时期,我国食品安全风险尤为严峻,食品安全事件高频率地发生,引发全球瞩目。尽管我国的食品安全总体水平稳中有升,趋势向好,[④]但目前一个不可否认的事实是,食品安全风险与由此引发的安全事件已成为我国众多的社会风险之一。[⑤]

作为全球最大的发展中国家,中国的食品安全问题相当复杂。站在公正的角度,从学者专业性视角出发,全面、真实、客观地研究、分析中国食品安全的真实状况,是学者义不容辞的重大责任,也是本《报告2016》的基本特色。因此,对研究者

---

① M. P. M. M. De Krom, “Understanding Consumer Rationalities: Consumer Involvement in European Food Safety Governance of Avian Influenza”, *Sociologia Ruralis*, Vol. 49, No. 1, 2009, pp. 1—19.

② Y. Sarig, “Traceability of Food Products”, Agricultural Engineering International: the CIGR Journal of Scientific Research and Development, Invited Overview Paper, 2003.

③ 魏益民、欧阳韶晖、刘为军等:《食品安全管理与科技研究进展》,《中国农业科技导报》2005年第5期。

④ 《张勇谈当前中国食品安全形势:总体稳定正在向好》,新华网,2011-03-01[2014-06-06],http://news.xinhuanet.com/food/2011-03/01/c_121133467.htm。

⑤ 英国RSA保险集团发布的全球风险调查报告:《中国人最担忧地震风险》,《国际金融报》2010年10月19日。

而言，始终绕不开基于什么立场、从什么角度出发、沿着什么脉络，也就是有一个研究主线的选择问题。选择不当，将可能影响研究结论的客观性、准确性与科学性。研究主线与视角，这是一个带有根本性的重要问题，并由此内在地决定了本《报告2016》的研究框架与主要内容。

（一）研究的主线

基于食品供应链全程体系，食品安全问题在多个环节、多个层面均有可能发生，尤其在以下环节上的不当与失误更容易产生食品安全风险：(1) 初级农产品与食品原辅料的生产，(2) 食品的生产加工，(3) 食品的配送和运输，(4) 食品的消费环境与消费者食品安全消费意识，(5) 政府相关食品监管部门的监管力度与技术手段，(6) 食品生产经营者的社会责任与从业人员的道德、职业素质等不同环节和层面，(7) 生产、加工、流通、消费等各个环节技术规范的科学性、合理性、有效性与可操作性等。进一步分析，上述主要环节涉及政府、生产经营者、消费者三个最基本的主体；既涉及技术问题，也涉及管理问题；管理问题既涉及企业层次，也涉及政府监管体系，还涉及消费者自身问题；风险的发生既可能是自然因素，又可能是人源性因素，等等。上述错综复杂的问题，实际上贯彻于整个食品供应链体系。

食品供应链(Food Supply Chain)是指，从食品的初级生产者到消费者各环节的经济利益主体（包括其前端的生产资料供应者和后端的作为规制者的政府）所组成的整体。[①] 虽然食品供应链体系的概念在实践中不断丰富与发展，但最基本的问题已为上述界定所揭示，并且这一界定已为世界各国以及社会各界所普遍接受。按照上述定义，我国食品供应链体系中的生产经营主体主要包括农业生产者（分散农户、规模农户、合作社、农业企业、畜牧业生产者等）以及食品生产、加工、包装、物流配送、经销（批发与零售）等环节的生产厂商，并共同构成了食品生产经营风险防范与风险承担的主体。[②] 食品供应链体系中的农业生产者与食品生产加工、物流配送、经销等厂商等相关主体均有可能由于技术限制、管理不善等，在每个主体生产加工经营等环节都存在着可能危及食品安全的因素。这些环节在食品供应链中环环相扣，相互影响，确保食品安全并非简单取决于某个单一厂商，而是供应链上所有主体、节点企业的共同使命。食品安全与食品供应链体系之间的关系研究就成为新的历史时期人类社会发展的主题。因此，对中国食品安全问题的研究，本《报告2016》分析与研究的主线是基于食品供应链全程体系，分析食用

---

① M. Den Ouden, A. A. Dijkhuizen, R. Huirne, et al., "Vertical Cooperation in Agricultural Production-Marketing Chains, with Special Reference to Product Differentiation in Pork", *Agribusiness*, Vol. 12, No. 3, 1996, pp. 277—290.

② 本《报告2016》中将食品供应链体系中的农业生产者与食品生产加工、物流配送、经销等厂商统称为食品生产经营者或生产经营主体，以有效区别食品供应链体系中的消费者、政府等行为主体。

农产品与食品的生产加工、流通消费、进口等主要环节的食品质量安全，介绍食品安全相应的支撑体系建设的进展情况，为关心食品安全的人们提供轮廓性的概况。

（二）研究的视角

国内外学者对食品安全与食品供应链体系间的相关性分析，已分别在宏观与微观、技术与制度、政府与市场、生产经营主体以及消费者等多个角度、多个层面上进行了大量的先驱性研究。[①] 但是从我国食品安全风险的主要特征与发生的重大食品安全事件的基本性质及成因来考察，现有的食品科学技术水平并非是制约、影响食品安全保障水平的主要瓶颈。虽然技术不足、环境污染等方面的原因对食品安全产生一定影响，比如牛奶的光氧化问题、[②]光氧化或生鲜蔬菜腌制的"亚硝峰"在不同层面影响到食品品质，[③]但基于食品供应链全程体系，我国的食品安全问题更多是生产经营主体不当行为、不执行或不严格执行已有的食品技术规范与标准体系等违规违法行为等人源性因素造成的。这是本《报告 2016》研究团队经过长期研究得出的鲜明观点。因此，在现阶段有效防范我国食品安全风险，切实保障食品安全，必须有效集成技术、标准、规范、制度、政策等手段综合治理，并且更应该注重通过深化监管体制改革，强化管理，规范食品生产经营者的行为。这既是我国食品安全监管的难点，也是今后监管的重点。虽然 2013 年 3 月国务院对我国的食品安全监管体制进行了改革，在制度层面上为防范食品安全分段监管带来的风险奠定了基础，但如果不解决食品生产经营者的人源性因素所导致的食品安全风险问题，中国的食品安全难以走出风险防不胜防的困境。对此，本《报告 2016》第五章进行了详细的分析。基于上述思考，我们的研究角度设定在管理层面上展开系统而深入的分析。

归纳起来，本《报告 2016》主要着眼于食品供应链的完整体系，基于管理学的角度，重点关注食品生产经营者、消费者与政府等主体，以食用农产品生产为起点，综合运用各种统计数据，结合实地调查，研究我国生产、流通、消费等关键环节食品安全性（包括进口食品的安全性）的演变轨迹，并对现阶段我国食品安全风险的现实状态与未来走势作出评估，由此深刻揭示影响我国食品安全的主要矛盾；与此同时，有选择、有重点地分析保障我国食品安全主要支撑体系建设的进展与存在的主要问题。总之，基于上述研究主线与角度，本《报告 2016》试图全面反映、

---

① 刘俊威：《基于信号传递博弈模型的我国食品安全问题探析》，《特区经济》2012 年第 1 期。

② B. Kerkaert, F. Mestdagh, T. Cucu, et al., "The Impact of Photo-Induced Molecular Changes of Dairy Proteins on Their ACE-Inhibitory Peptides and Activity", *Amino Acids*, Vol. 43, No. 2, 2012, pp. 951—962.

③ 燕平梅、薛文通、张慧等：《不同贮藏蔬菜中亚硝酸盐变化的研究》，《食品科学》2006 年第 6 期。

准确描述近年来我国食品安全性的总体变化情况，尽最大的可能为食品生产经营者、消费者与政府提供充分的食品安全信息。

二、主要概念界定

食品与农产品、食品安全与食品安全风险等是本《报告 2016》中最重要、最基本的概念。本《报告 2016》在借鉴相关研究的基础上，[①]进一步作出科学的界定，以确保研究的科学性。

（一）食品、农产品及其相互关系

简单来说，食品是人类食用的物品。准确、科学地定义食品并对其分类并不是一件简单的事情，需要掌握各种观点与中国实际，并结合本《报告 2016》展开的背景进行全面考量。

1. 食品的定义与分类

食品，最简单的定义是人类可食用的物品，包括天然食品和加工食品。天然食品是指在大自然中生长的、未经加工制作、可供人类直接食用的物品，如水果、蔬菜、谷物等；加工食品是指经过一定的工艺进行加工生产形成的、以供人们食用或者饮用为目的的制成品，如大米、小麦粉、果汁饮料等，但食品一般不包括以治疗为目的的药品。

1995 年 10 月 30 日起施行的《中华人民共和国食品卫生法》（以下简称《食品卫生法》）在第九章《附则》的第 54 条对食品的定义是："食品是指各种供人食用或者饮用的成品和原料以及按照传统既是食品又是药品的物品，但是不包括以治疗为目的的物品"。1994 年 12 月 1 日实施的国家标准 GB/T15091-1994《食品工业基本术语》在第 2.1 条中将"一般食品"定义为"可供人类食用或饮用的物质，包括加工食品、半成品和未加工食品，不包括烟草或只作药品用的物质。"2009 年 6 月 1 日起施行的《中华人民共和国食品安全法》（以下简称为 2009 年版《食品安全法》）在第十章《附则》的第 99 条对食品的界定，[②]与国家标准 GB/T15091-1994《食品工业基本术语》完全一致。2015 年 10 月 1 日实施的新版《食品安全法》（以下简称为新版《食品安全法》）对食品的定义由原来的"食品，指各种供人食用或者饮用的成品和原料以及按照传统既是食品又是药品的物品，但是不包括以治疗为目的的物品"修改为"食品，指各种供人食用或者饮用的成品和原料以及按照传统既是食品

---

① 吴林海、徐立青：《食品国际贸易》，中国轻工业出版社 2009 年版。

② 2009 年 6 月 1 日起施行的《食品安全法》是我国实施的第一部《食品安全法》。目前新修订的《食品安全法》虽已通过，但在 2015 年 10 月 1 日起正式施行。如无特别的说明，本《报告 2016》所指的《食品安全法》是指在 2015 年 9 月 30 日之前仍发挥法律效应的现行的《食品安全法》，而并非指新修订的《食品安全法》。

又是中药材的物品,但是不包括以治疗为目的的物品”,将原来定义中的“药品”调整为“中药材”,但就其本质内容而言并没有发生根本性的变化。国际食品法典委员会(CAC)CODEXSTAN1-1985年《预包装食品标签通用标准》对“一般食品”的定义是:“指供人类食用的,不论是加工的、半加工的或未加工的任何物质,包括饮料、胶姆糖,以及在食品制造、调制或处理过程中使用的任何物质;但不包括化妆品、烟草或只作药物用的物质”。

食品的种类繁多,按照不同的分类标准或判别依据,可以有不同的食品分类方法。《GB/T7635.1-2002全国主要产品分类和代码》将食品分为农林(牧)渔业产品,加工食品、饮料和烟草两大类[①]。其中农林(牧)渔业产品分为种植业产品、活的动物和动物产品、鱼和其他渔业产品三大类。加工食品、饮料和烟草分为肉、水产品、水果、蔬菜、油脂等类加工品;乳制品;谷物碾磨加工品、淀粉和淀粉制品,豆制品,其他食品和食品添加剂,加工饲料和饲料添加剂;饮料;烟草制品共五大类。

根据国家质量监督检验检疫总局发布的《28类产品类别及申证单元标注方法》,[②]对申领食品生产许可证企业的食品分为28类:粮食加工品,食用油、油脂及其制品,调味品,肉制品,乳制品,饮料,方便食品,饼干,罐头食品,冷冻饮品,速冻食品,薯类和膨化食品,糖果制品,茶叶及相关制品,酒类,蔬菜制品,水果制品炒货,食品及坚果制品,蛋制品,可可及焙烤咖啡产品,食糖,水产制品,淀粉及淀粉制品,糕点,豆制品,蜂产品,特殊膳食食品,其他食品。

《食品安全国家标准食品添加剂使用标准(GB2760-2011)》食品分类系统中对食品的分类,[③]也可以认为是食品分类的一种方法。据此形成乳与乳制品,脂肪、油和乳化脂肪制品,冷冻饮品,水果、蔬菜(包括块根类)、豆类、食用菌、藻类、坚果以及籽类等,可可制品、巧克力和巧克力制品(包括类巧克力和代巧克力)以及糖果,粮食和粮食制品,焙烤食品,肉及肉制品,水产品及其制品,蛋及蛋制品,甜味料,调味品,特殊膳食食用食品,饮料类,酒类,其他类共十六大类食品。

食品概念的专业性很强,并不是本《报告2016》的研究重点。如无特别说明,本《报告2016》对食品的理解主要依据新修订的《食品安全法》。

2. 农产品与食用农产品

农产品与食用农产品也是本《报告2016》中非常重要的概念。2006年4月29

---

① 中华人民共和国国家质量监督检验检疫总局:《GB/T7635.1-2002全国主要产品分类和代码》,中国标准出版社2002年版。

② 《28类产品类别及申证单元标注方法》,广东省中山市质量技术监督局网站,2008-08-20[2013-01-13],http://www.zsqts.gov.cn/FileDownloadHandle? fileDownloadId=522。

③ 中华人民共和国卫生部:《GB2760-2011食品安全国家标准食品添加剂使用标准》,中国标准出版社2011年版。

日第十届全国人民代表大会常务委员会第二十一次会议通过的《中华人民共和国农产品质量安全法》(以下简称《农产品质量安全法》)将农产品定义为"来源于农业的初级产品,即在农业活动中获得的植物、动物、微生物及其产品",主要强调的是农业的初级产品,即在农业中获得的植物、动物、微生物及其产品。实际上,农产品亦有广义与狭义之分。广义的农产品是指农业部门所生产出的产品,包括农、林、牧、副、渔等所生产的产品;而狭义的农产品仅指粮食。广义的农产品概念与《农产品质量安全法》中的农产品概念基本一致。

不同的体系对农产品的分类方法是不同的,不同的国际组织与不同的国家对农产品的分类标准不同,甚至具有很大的差异。农业部相关部门将农产品分为粮油、蔬菜、水果、水产和畜牧五大类。以农产品为对象,根据其组织特性、化学成分和理化性质,采用不同的加工技术和方法,制成各种粗、精加工的成品与半成品的过程称为农产品加工。根据联合国国际工业分类标准,农产品加工业划分为以下5类:食品、饮料和烟草加工;纺织、服装和皮革工业;木材和木材产品,包括家具加工制造;纸张和纸产品加工、印刷和出版;橡胶产品加工。根据国家统计局分类,农产品加工业包括12个行业:食品加工业(含粮食及饲料加工业);食品制造业(含糕点糖果制造业、乳品制造业、罐头食品制造业、发酵制品业、调味品制造业及其他食品制造业);饮料制造业(含酒精及饮料酒、软饮料制造业、制茶业等);烟草加工业;纺织业、服装及其他纤维制品制造业;皮革毛皮羽绒及其制品业;木材加工及竹藤棕草制造业,家具制造业;造纸及制品业;印刷业记录媒介的复制和橡胶制品业。①

由于农产品是食品的主要来源,也是工业原料的重要来源,因此可将农产品分为食用农产品和非食用农产品。商务部、财政部、国家税务总局于2005年4月发布的《关于开展农产品连锁经营试点的通知》(商建发[2005]1号)对食用农产品做了详细的注解,食用农产品包括可供食用的各种植物、畜牧、渔业产品及其初级加工产品。同样,农产品、食用农产品概念的专业性很强,也并不是本《报告2016》的研究重点。如无特别说明,本《报告2016》对农产品、食用农产品的理解主要依据《农产品质量安全法》与商务部、财政部、国家税务总局的相关界定。

3. 农产品与食品间的关系

农产品与食品间的关系似乎非常简单,实际上并非如此。事实上,在有些国家农产品包括食品,而有些国家则是食品包括农产品,如乌拉圭回合农产品协议对农产品范围的界定就包括了食品,《加拿大农产品法》中的"农产品"也包括了"食品"。在一些国家虽将农产品包含在食品之中,但同时强调了食品"加工和制

① 吴林海、钱和:《中国食品安全发展报告2012》,北京大学出版社2012年版。

作"这一过程。但不管如何定义与分类,在法律意义上,农产品与食品两者间的法律关系是清楚的。2009年版与新版的《食品安全法》和《农产品质量安全法》分别对食品、农产品做出了较为明确的界定,法律关系较为清晰。

农产品和食品既有必然联系,也有一定的区别。农产品是源于农业的初级产品,包括直接食用农产品、食品原料和非食用农产品等,而大部分农产品需要再加工后变成食品。因此,食品是农产品这一农业初级产品的延伸与发展。这就是农产品与食品的天然联系。两者的联系还体现在质量安全上。农产品质量安全问题主要产生于农业生产过程中,比如农药、化肥的使用往往降低农产品质量安全水平。食品的质量安全水平首先取决于农产品的安全状况。进一步分析,农产品是直接来源于农业生产活动的产品,属于第一产业的范畴;食品尤其是加工食品主要是经过工业化的加工过程所产生的食物产品,属于第二产业的范畴。加工食品是以农产品为原料,通过工业化的加工过程形成,具有典型的工业品特征,生产周期短,批量生产,包装精致,保质期得到延长,运输、贮藏、销售过程中损耗浪费少等。这就是农产品与食品的主要区别。图0-1简单反映了食品与农产品之间的相互关系。

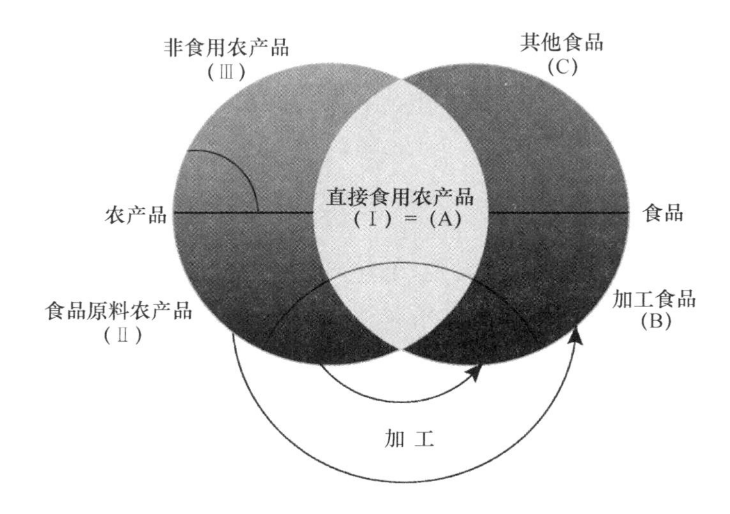

图0-1　食品与农产品间关系示意图

目前政界、学界在讨论食品安全的一般问题时并没有将农产品、食用农产品、食品做出非常严格的区分,而是相互交叉,往往有将农产品、食用农产品包含于食品之中的含义。在本《报告2016》中除第二章、第四章等分别研究食用农产品安全、生产与加工环节的食品质量安全,以及特别说明外,对食用农产品、食品也不作非常严格的区别。

(二) 食品安全的内涵

食品安全问题贯穿于人类社会发展的全过程,是一个国家经济发展、社会稳定的物质基础和必要保证。因此,包括发达国家在内的世界各国政府大都将食品安全问题提升到国家安全的战略高度,给予高度的关注与重视。

1. 食品量的安全与食品质的安全

食品安全内涵包括"食品量的安全"和"食品质的安全"两个方面。"食品量的安全"强调的是食品数量安全,亦称食品安全保障,从数量上反映居民食品消费需求的能力。食品数量安全问题在任何时候都是各国特别是发展中国家首先需要解决的问题。目前,除非洲等地区的少数国家外,世界各国的食品数量安全问题从总体上基本得以解决,食品供给已不再是主要矛盾。"食品质的安全"关注的是食品质量安全。食品质的安全状态就是一个国家或地区的食品中各种危害物对消费者健康的影响程度,以确保食品卫生、营养结构合理为基本特征。因此,"食品质的安全"强调的是确保食品消费对人类健康没有直接或潜在的不良影响。

"食品量的安全"和"食品质的安全"是食品安全概念内涵中两个相互联系的基本方面。在我国,现在对食品安全内涵的理解中,更关注"食品质的安全",而相对弱化"食品量的安全"。

2. 食品安全内涵的理解

在我国对食品安全概念的理解上,大体形成了如下的共识。

(1) 食品安全具有动态性。2009 年版《食品安全法》在第 99 条与新版《食品安全法》在第 150 条对此的界定完全一致:"食品安全,指食品无毒、无害,符合应当有的营养要求,对人体健康不造成任何急性、亚急性或者慢性危害。"纵观我国食品安全管理的历史轨迹,可以发现,上述界定中的无毒、无害,营养要求,急性、亚急性或者慢性危害在不同的年代衡量标准不尽一致。不同标准对应着不同的食品安全水平。因此,食品安全首先是一个动态概念。

(2) 食品安全具有法律标准。进入 20 世纪 80 年代以来,一些国家以及有关国际组织从社会系统工程建设的角度出发,逐步以食品安全的综合立法替代卫生、质量、营养等要素立法。1990 年英国颁布了《食品安全法》,2000 年欧盟发表了具有指导意义的《食品安全白皮书》,2003 年日本制定了《食品安全基本法》。部分发展中国家也制定了《食品安全法》。以综合型的《食品安全法》逐步替代要素型的《食品卫生法》《食品质量法》《食品营养法》等,反映了时代发展的要求。同时,也说明了在一个国家范畴内食品安全有其法律标准的内在要求。

(3) 食品安全具有社会治理的特征。与卫生学、营养学、质量学等学科概念不同,食品安全是个社会治理概念。不同国家在不同的历史时期,食品安全所面临的突出问题和治理要求有所不同。在发达国家,食品安全所关注的主要是因科学技术发展所引发的问题，如转基因食品对人类健康的影响；而在发展中国家，现阶段食品安全所侧重的则是市场经济发育不成熟所引发的问题，如假冒伪劣、有毒有害食品等非法生产经营。在我国，食品安全问题则基本包括上述全部内容。

（4）食品安全具有政治性。无论是发达国家还是发展中国家，确保食品安全是企业和政府对社会最基本的责任和必须做出的承诺。食品安全与生存权紧密相连，具有唯一性和强制性，属于政府保障或者政府强制的范畴。而食品安全等往往与发展权有关，具有层次性和选择性，属于商业选择或者政府倡导的范畴。近年来，国际社会逐步以食品安全的概念替代食品卫生、食品质量的概念，更加突显了食品安全的政治责任。

基于以上认识，完整意义上的食品安全的概念可以表述为：食品（食物或农产品）的种植、养殖、加工、包装、贮藏、运输、销售、消费等活动符合国家强制标准和要求，不存在可能损害或威胁人体健康的有毒有害物质以导致消费者病亡或者危及消费者及其后代的隐患。食品安全概念表明，食品安全既包括生产安全，也包括经营安全；既包括结果安全，也包括过程安全；既包括现实安全，也包括未来安全。本《报告 2016》的研究主要依据新修订的《食品安全法》对食品安全所作出的原则界定，且关注与研究的主题是“食品质的安全”。在此基础上，基于现有的国家标准，分析研究我国食品质量安全的总体水平等。需要指出的是，为简单起见，如无特别的说明，在本《报告 2016》中，食品质的安全、食品质量安全与食品安全三者的含义完全一致。

（三）食品安全、食品卫生与粮食安全

与食品安全相关的主要概念有食品卫生、粮食安全。对此，本《报告 2016》作出如下的说明。

1. 食品安全与食品卫生

我国的国家标准 GB/T15091-1994《食品工业基本术语》将“食品卫生”定义为“为防止食品在生产、收获、加工、运输、贮藏、销售等各个环节被有害物质污染，使食品有益于人体健康所采取的各项措施”。食品卫生具有食品安全的基本特征，包括结果安全（无毒无害，符合应有的营养标准等）和过程安全，即保障结果安全的条件、环境等安全。食品安全和食品卫生的区别在于：一是范围不同。食品安全包括食品（食物）的种植、养殖、加工、包装、贮藏、运输、销售、消费等环节的安全，而食品卫生通常并不包含种植养殖环节的安全。二是侧重点不同。食品安全是结果安全和过程安全的完整统一，食品卫生虽然也包含上述两项内容，但更侧重于过程安全。

2. 食品安全与粮食安全

粮食安全是指保证任何人在任何时候都能得到为了生存与健康所需要的足

够食品。食品安全是指品质要求上的安全，而粮食安全则是数量供给或者供需保障上的安全。食品安全与粮食安全的主要区别是：一是粮食与食品的内涵不同。粮食是指稻谷、小麦、玉米、高粱、谷子及其他杂粮，还包括薯类和豆类，而食品的内涵要比粮食更为广泛。二是粮食与食品的产业范围不同。粮食的生产主要是种植业，而食品的生产包括种植业、养殖业、林业等。三是评价指标不同。粮食安全主要是供需平衡，评价指标主要有产量水平、库存水平、贫苦人口温饱水平等，而食品安全主要是无毒无害、健康营养，评价指标主要是理化指标、生物指标、营养指标等。

3. 食品安全与食品卫生间的相互关系

由此可见，食品安全与食品卫生间绝不是相互平行，也绝不是相互交叉的关系。食品安全包括食品卫生。以食品安全的概念涵盖食品卫生的概念，并不是否定或者取消食品卫生的概念，而是在更加科学的体系下，以更加宏观的视角来看待食品卫生。例如，以食品安全来统筹食品标准，就可以避免目前食品卫生标准、食品质量标准、食品营养标准之间的交叉与重复。

（四）食品安全风险与食品安全事件（事故）

1. 食品安全风险

风险（Risk）为风险事件发生的概率与事件发生后果的乘积。[①] 联合国化学品安全项目中将风险定义为暴露某种特定因子后在特定条件下对组织、系统或人群（或亚人群）产生有害作用的概率。[②] 由于风险特性不同，没有一个完全适合所有风险问题的定义，应依据研究对象和性质的不同而采用具有针对性的定义。对于食品安全风险，联合国粮农组织（Food and Agriculture Organization，FAO）与世界卫生组织（World Health Organization，WHO）于 1995—1999 年先后召开了三次国际专家咨询会。[③] 国际法典委员会（Codex Alimentarius Commission，CAC）认为，食品安全风险是指将对人体健康或环境产生不良效果的可能性和严重性，这种不良效果是由食品中的一种危害所引起的。[④] 食品安全风险主要是指潜在损坏或威胁食品安全和质量的因子或因素，这些因素包括生物性、化学性和物理性。[⑤] 生物性危害主要指细菌、病毒、真菌等能产生毒素的微生物组织，化学性危害主要指农药、兽药残留、生长促进剂和污染物，违规或违法添加的添加剂；物理

---

① L. B. Gratt, *Uncertainty in Risk Assessment*, *Risk Management and Decision Making*, *New York*, Plenum Press, 1987.

② 石阶平：《食品安全风险评估》，中国农业大学出版社 2010 年版。

③ FAO, "Risk Management and Food Safety", food and nutrition paper, Rome, 1997.

④ FAO/WHO, "Codex Procedures Manual", 10th edition, 1997.

⑤ International Life Sciences Institute (ILSI), "A Simple Guide to Understanding and Applying the Hazard Analysis Critical Control Point Concept", (2nd edition), Europe, Brussels, 1997, pp. 13.

性危害主要指金属、碎屑等各种各样的外来杂质。相对于生物性和化学性危害，物理性危害相对影响较小。[①] 由于技术、经济发展水平的差距，不同国家面临的食品安全风险不同。因此需要建立新的识别食品安全风险的方法，集中资源解决关键风险，以防止潜在风险演变为实际风险并导致食品安全事件。[②] 而对食品风险评估，联合国粮农组织作出了内涵性界定，主要指对食品、食品添加剂中生物性、化学性和物理性危害对人体健康可能造成的不良影响所进行的科学评估，包括危害识别、危害特征描述、暴露评估、风险特征描述等。目前，联合国粮农组织对食品风险评估的界定已为世界各国所普遍接受。在本《报告 2016》的分析研究中将食品安全风险界定为对人体健康或环境产生不良效果的可能性和严重性。

2. 食品安全事件(事故)

在新版《食品安全法》中均没有"食品安全事件"这个概念界定，但对"食品安全事故"作出了界定。2009 年版的《食品安全法》在第十章《附则》的第 99 条界定了食品安全事故的概念，而新版的《食品安全法》作了微调，由原来的"食品安全事故，指食物中毒、食源性疾病、食品污染等源于食品，对人体健康有危害或者可能有危害的事故"，修改为"食品安全事故，指食源性疾病、食品污染等源于食品，对人体健康有危害或者可能有危害的事故"。也就是新版删除了 2009 年版条款中的"食物中毒"这四个字，而将"食品中毒"增加到了食源性疾病的概念中。新版的"食源性疾病"，指食品中致病因素进入人体引起的感染性、中毒性等疾病，包括食物中毒。

目前，我国包括主流媒体对食品安全出现的各种问题均使用"食品安全事件"这个术语。食品安全"事故"与"事件"一字之差，可以认为两者之间具有一致性。但深入分析现阶段国内各类媒体所报道的"食品安全事件"，严格意义上与 2009 年版或新版的《食品安全法》对"食品安全事故"是不同的，而且区别很大。基于客观现实状况，本《报告 2016》采用"食品安全事件"这个概念，并在第七章中就此展开了严格的界定。本《报告 2016》主要从狭义、广义两个层次上来界定食品安全事件。狭义的食品安全事件是指食源性疾病、食品污染等源于食品、对人体健康存在危害或者可能存在危害的事件，与新版的《食品安全法》所指的"食品安全事故"完全一致；而广义的食品安全事件既包含狭义的食品安全事件，也包含社会舆情报道的且对消费者食品安全消费心理产生负面影响的事件。除特别说明外，本《报告 2016》中所述的食品安全事件均使用广义的概念。

---

① N. I. Valeeva, M. P. M. Meuwissen, R. B. M. Huirne, "Economics of Food Safety in Chains: A Review of General Principles", *Wageningen Journal of Life Sciences*, Vol. 51, No. 4, 2004, pp. 369—390.

② G. A. Kleter , H. J. P. Marvin , "Indicators of Emerging Hazards and Risks to Food Safety", *Food and Chemical Toxicology*, Vol. 47, No. 5, 2009, pp. 1022—1039.

本《报告 2016》的研究与分析还涉及诸如食品添加剂、化学农药、农药残留等其他一些重要的概念与术语，由于篇幅的限制，在此不再一一列出。

三、研究时段与研究方法

（一）研究时段

本《报告 2016》主要侧重于反映 2015 年度中国食品安全的状况。与前四个“中国食品安全发展报告”相类似，考虑到食品安全具有动态演化的特征，为了较为系统、全面、深入地描述中国食品安全状况变化发展的轨迹，本《报告 2016》的研究以 2006 年为起点，从主要食用农产品的生产与市场供应、食用农产品安全质量状况与监管体系建设、食品工业生产与市场供应、食品加工制造环节的质量安全、流通环节的食品质量安全与消费行为、进口食品安全性等六个不同的维度，描述了 2006—2015 年间我国食品质量安全的发展变化状况并进行了比较分析，且基于监测数据计算了 2006—2015 年间我国食品安全风险所处的区间范围。需要说明的是，由于数据收集的局限，在具体章节的研究中有关时间跨度或时间起点略有不同。因此，《中国食品安全发展报告 2016》描述与反映了 10 年来我国食品安全的基本状况，而且数据较为翔实、全面，基本具备了工具性的特征，为国内外学者研究中国食品安全问题提供了较为完整的资料。

（二）研究方法

本《报告 2016》在研究过程中努力采用了多学科组合的研究方法，并不断采用最先进的研究工具展开研究，主要采用调查研究、比较分析、模型计量和大数据工具等四种基本研究方法。

1. 调查研究

本《报告 2016》继续就公众满意度问题展开调查，并为此投入了很大的力量，而且在研究经费紧张的状况下，安排了充足的经费，力求体现本《报告 2016》的实践特色。公众满意度的调查延续了前四本年度报告的风格，调查了福建、贵州、河南、湖北、吉林、江苏、江西、山东、四川、陕西 10 个省的 29 个地区（包括城市与农村区域），共采集了 4358 个样本（城市居民受访样本 2163 个，农村居民受访样本 2195 个），并进行比较以动态地分析近年来我国农村居民对食品安全满意度等方面的变化。基于现实的调查研究保证了本《报告 2016》具有鲜明的研究特色，能够更好地反映社会的关切与民意。

2. 比较分析

考虑到食品安全具有动态演化的特征，本《报告 2016》采用比较分析的方法考察了我国食品安全在不同发展阶段的发展态势。比如，在第二章中基于例行监测和专项数据对 2006—2015 年间我国蔬菜与水果、畜产品、水产品、茶叶与食用菌等最常用的食用农产品质量安全水平进行了比较;在第四章中基于国家食品质量抽查合格率的相关数据,对近年来我国生产加工与制造环节的液体乳、小麦粉产品、食用植物油、瓶(桶)装饮用水和葡萄酒等典型的食品质量安全水平进行了分析;在第六章中则就我国进口食品的安全性进行了全景式的比较分析。

3. 模型计量

考虑到本《报告 2016》直接面向不同的读者,面向普通的城乡居民,为兼顾可读性,在研究过程中尽可能地避开使用计量模型等研究方法。但为保证研究的科学性、准确性与严谨性,仍然在第八章中基于熵权 Fuzzy-AHP 法对 2006—2015 年间食品安全风险进行评估,再次验证了前四本年度报告使用的突变模型的科学性与准确性。

4. 大数据工具

这是本《报告 2016》采用最先进的研究工具展开研究的最好例证。2015 年中国发生了多少食品安全事件?最具风险性的食品种类是什么?发生的食品安全事件在空间区域的分布状况如何?基于全程食品供应链体系,在什么环节最容易发生食品安全事件?科学地研究这些问题,对回答食品安全风险社会共治"共治"什么具有决定性作用。这是时代对学者们提出的重大现实问题。为解决这些问题,本《报告 2016》研究团队率先在国内开发了食品安全事件大数据监测平台 Data Base V1.0 系统,采用 laravel 最新的开发框架,使用模型—视图—控制器(Model View Controller,MVC)三层的结构来设计,实现了实时统计、数据导出、数据分析、可视化展现等功能,系统能够自动关联分析根据食品安全事件历史数据生成的预测值,对于偏离较大的异常值发送至智能终端 APP 实时预警。本《报告 2016》采用大数据挖掘工具,进一步分析了 2015 年中国发生的食品安全事件,并与 2014 年的状况进行了比较,科学地回答了社会关切的热点与重点问题,为食品安全风险社会共治奠定了科学基础。

(三) 数据来源

为了全景式、大范围地、尽可能详细地刻画近年来我国食品质量安全的基本状况,本《报告 2016》运用了大量的不同年份的数据,除调查分析的数据来源于实际调查外,诸多数据来源于国家层面上的统计数据,或直接由国家层面上的食品安全监管部门提供。但有些数据来源于政府网站上公开的报告或出版物,有些数据则引用于已有的研究文献,也有极少数的数据来源于普通网站,属于事实上的二手资料。在实际研究过程中,虽然可以保证关键数据和主要研究结论的可靠性,但难以保证全部数据的权威性与精确性,研究结论的严谨性不可避免地依赖于所引用的数据的可信性,尤其是一些二手资料数据的真实性。为更加清晰地反映这一问题,便于读者做出客观判断,本《报告 2016》对所引用的所有数据均尽可能地给出来源。

（四）研究局限

实事求是地讲，与前四本年度报告相类似，本《报告 2016》也难以避免地存在一些不足之处。对此，研究团队有足够的认识。就本《报告 2016》而言，研究的局限性突出地表现为数据的缺失或数据的连续性不足。因此，本《报告 2016》中某些问题的研究并不是动态的，深度也不够，尤其是由于缺乏可靠的、全面的数据资料，导致某些研究结论的科学性仍有提升的空间，深化研究亟需相关政府部门与公共治理机构完整地公开应该公开的食品安全信息。另外，有些问题在研究中凝练也不够，限于人员的不足与调查经费尤其是庞大的劳务费支出在现行财务制度下难以处理，导致基于实际的调查还是深入不够。当然，本《报告 2016》的缺失还表现在其他方面。这些问题的产生客观上与研究团队的水平有关，也与食品安全这个研究对象的极端复杂性密切相关。在未来的研究过程中，研究团队将努力克服上述问题，以期未来的《报告 2016》更精彩，更能够回答社会关切的热点与重点问题。

四、主要内容与研究结论

依据上述确定的研究主线与视角，基于调整后的功能定位，本《报告 2016》在动态分析最近 10 年中国食品安全状况的基础上，重点在多个层面上反映 2015 年度的食品安全状况，共有九章，主要内容与研究结论如下。

第一章　2015 年中国主要食用农产品的生产市场供应与数量安全。粮食的数量安全是食品安全的基础。解决好吃饭问题始终是治国理政的头等大事。本章以粮食、蔬菜与水果、畜产品和水产品等城乡居民基本消费的农产品为重点，考察我国主要食用农产品生产、市场供应与粮食的数量安全等问题。研究认为，2015 年我国粮食产量 62144 万吨，比 2014 年增产 1441 万吨，增产 2.4%，产量再创历史新高，实现了我国粮食生产的“十二连增”，粮食、蔬菜与水果、畜产品和水产品等主要食用农产品的生产与市场供应状况总体上良好，但粮食与主要食用农产品安全面临产量、库存和进口“三量齐增”的怪现象，尤其是进口屡创新高，粮食数量保障总体上处于紧平衡。在片面追求数量的粗放式的生产方式难以为继的背景下，必须通过深化改革特别是通过主要食用农产品供给侧的结构性改革来保障粮食安全，并且节约成为保障粮食与食用农产品安全最现实的路径。

第二章　2015 年中国主要食用农产品安全质量状况与监管体系建设。本章主要以蔬菜与水果、畜产品和水产品等我国居民消费最基本的农产品为对象，基于农业部发布的例行监测数据，分析 2015 年食用农产品质量安全状况，考察 2015 年食用农产品质量安全监管体系建设的新进展。2015 年蔬菜、水果、茶叶、畜禽产品和水产品例行监测合格率分别为96.1%、95.6%、97.6%、99.4%和95.5%。“十二五”期间,我国蔬菜、畜禽产品和水产品例行监测合格率总体分别上升3.0、0.3和4.2个百分点,均创历史最好水平。食用农产品例行监测总体合格率自2012年首次公布该项统计以来连续4年在96%以上的高位波动,质量安全总体水平呈现“波动上升”的基本态势,农产品质量安全水平总体上保持稳定,居民主要食用农产品消费的质量安全继续得到相应保障,并且食用农产品质量安全监管体系建设继续取得新进展。研究进一步发现,由于农业生产的生态环境恶化等复杂因素交织在一起,我国农产品质量安全稳定的基础十分脆弱,安全风险依然大量存在,直接导致食用农产品质量安全事件不断发生,而且统筹生产、加工、流通、消费四大环节,大力推行标准化,强化突出问题治理,实现真正意义上全程监管的难度非常大。

第三章 2015年中国食品工业生产、市场供应与结构转型。本章重点考察2006—2015年间我国食品生产与市场供应等相关状况,重点分析2015年食品工业的发展状况,食品工业行业集中度、内部结构与区域布局的变化,基于技术创新国际比较、信息化与绿色化等视角分析食品工业结构转型的状况。结果表明,2015年,我国食品工业平稳增长,包括粮食加工业、食用油加工业、乳品制造业等在内的重点行业平稳发展,基本满足国内需求,继续保持国民经济中重要支柱产业的地位;经过坚持不懈的努力,我国食品工业的行业集中度、内部行业结构与区域布局发生了一系列的变化,正趋向并呈现出逐步均衡协调的发展格局;与此同时,我国食品工业的技术创新投入总体呈现较为明显的增长态势,且食品工业科技技术进步的增速较快,但投入强度与国际先进水平仍有较大差距;我国的食品工业工业化、信息化两化融合取得新进展的同时,环保水平与环境效率进一步提升。在国际竞争日益激烈、全球食品格局深度调整的背景下,中国的食品工业既面临严峻挑战,更面临良好的发展机遇,未来发展的主要路径是从供给与需求相结合的层面上,加快结构性改革,确保食品工业数量适当增长与质量的有效提升。

第四章 2015年中国食品加工制造环节的质量安全状况。本章基于国家质量抽查合格率等数据,多角度地研究我国食品加工制造环节的总体质量安全状况,并选取大宗消费品种,例如液体乳、小麦粉产品、食用植物油、瓶(桶)饮用水和葡萄酒等,描述食品质量国家抽查合格率的年度变化情况。数据表明,国家质量抽查合格率的总水平由2006年的77.9%上升到2015年的96.8%,八年间提高了18.9%。特别是从2010年以来,国家质量抽查合格率一直稳定保持在95%以上。当然,不同食品、不同年度同一食品品种的国家质量抽查合格率各不相同,甚至具有较大的差异性。虽然2006—2015年间我国加工和制造环节食品质量有所改善但实际性的问题没有根本性改观,微生物污染、品质指标不达标以及超量与超范围使用食品添加剂是我国食品加工和制造环节最主要的质量安全隐患。饮料、冷饮产品、焙烤食品、水产及水产制品等部分类食品的抽检合格率仍然比较低下，需要重点关注具有较大安全风险的主要食品品种。

第五章　2015 年中国食品流通环节的质量安全与城乡居民食品消费行为。本章主要分析流通环节的食品质量安全监管状况，重点梳理食品监督管理部门对流通环节食品安全的专项执法检查、流通环节重大食品安全事件的应对处置、流通环节食品质量安全的日常监管等，并基于重点调查的 10 个省的 4358 个城乡居民的问卷调查结果，分析城乡居民的食品安全消费行为。事实表明，2015 年我国在流通环节上没有发生系统性和区域性食品安全事件，在专项执法检查与重点查处、积极应对食品安全中的假冒伪劣事件等方面，努力保障流通环节的食品安全和消费者权益等方面成效显著。与此同时，严把食品经营主体准入关，严格监管食品质量，切实规范经营行为，日常监管的针对性和有效性不断提升。对全国城乡居民的问卷调查的结果显示，消费环境有新的改善，但薄弱环节仍然很多。

第六章　2015 年中国进口食品贸易与质量安全性的考察。本章在简单阐述 2008—2015 年间我国进口食品数量变化的基础上，重点考察 2009—2015 年间我国进口食品的安全性与进口食品接触产品的质量状况。研究显示，七年来，我国进口食品贸易总额累计增长 142.20%，年均增长率高达 13.47%。由此可见，在 2008—2015 年间除个别年份有所波动外，我国食品进口贸易规模整体呈现出平稳较快增长的特征。2015 年，我国进口食品贸易在高基数上继续实现新增长，贸易总额达到 548.1 亿美元，较 2014 年增长了 6.57%，再创历史新高。其中，谷物及其制品，蔬菜、水果、坚果及制品，动植物油脂及其分解产品，分别占据进口食品贸易总额的 18.66%、17.39%、14.40%，三类食品占全部进口食品贸易额的比例之和为 50.45%，比 2014 年上扬 6.75 个百分点，集中化趋势进一步加强；2015 年，我国进口食品来源地的主要地区是"一带一路"国家、东盟和欧盟，从上述三个地区的进口食品贸易额均超过 100 亿美元，特别是从"一带一路"国家进口食品贸易额高达 171 亿美元，所占市场份额接近三分之一。从拉美地区、独联体国家的进口额也相对较高，分别为 68.6 亿美元和 31.6 亿美元；中东欧国家、中东国家、南非关税区、海合会国家的市场份额则相对较小，所占比例均低于 1%。但随着食品进口量的大幅攀升，进口的食品质量安全形势日益严峻，被我国质检总局检出的不合格食品的批次和数量整体呈现上升趋势。国家质量监督检验检疫总局的数据显示，2009 年，我国进口食品的不合格批次为 1543 批次，2010—2012 年分别增长到 1753 批次、1857 批次和 2499 批次。虽然 2013 年进口食品的不合格批次下降到 2164 批次，但 2014 年进口食品的不合格批次迅速上扬，达到了近年来 3503 批次的最高点。2015 年，各地出入境检验检疫机构检出不符合我国食品安全国家标准和法律法规要求的进口食品共2805批次，虽然较2014年下降19.95%，但并未改变进口不合格食品批次整体上升的趋势，进口食品的问题依然严峻，其安全性备受国内消费者关注。

第七章　2015年主流网络媒体报道的中国发生的食品安全事件研究。国内公众仍然高度关注食品安全且食品安全满意度持续低迷，这可能与食品安全事件持续发生且被媒体不断曝光高度相关。本章主要运用大数据挖掘工具，研究了2015年主流网络媒体报道的我国发生的食品安全事件与基本特征，回答了全社会普遍关注的重大而现实的问题。主要研究结论有：(1) 2015年间全国(不包括港澳台地区，下同)发生了26231起事件，平均每天发生约71.9起事件，相比于2014年发生的25006起食品安全事件，呈小幅上升。(2) 食品安全事件主要集中于加工与制造环节，约占总量比例的67.19%，其次分别是销售与消费、生产源头、运输与流通环节，事件发生量分别占总量比例的20.84%、6.97%、5.00%。(3) 在发生的食品安全事件中，由违规使用食品添加剂、生产或经营假冒伪劣产品、使用过期原料或出售过期产品等人为特征因素造成的食品安全事件占事件总数的比例为51.16%。相对而言，自然特征的食品安全风险因子导致产生的食品安全事件相对较少，占事件总数的比例为48.84%。(4) 事件发生的数量排名前五位的食品种类(该类食品安全事件数量，该类食品安全事件数量占所有食品安全事件数量的百分比)分别为肉与肉制品(2600起，9.91%)、酒类(2272起，8.66%)、水产与水产制品(2143起，8.17%)、蔬菜与蔬菜制品(2035起，7.76%)、水果与水果制品(1878起，7.16%)；排名最后五位的食品种类分别为蛋与蛋制品(45起，0.17%)、可可及焙烤咖啡产品(166起，0.63%)、罐头(187起，0.71%)、食糖(193起，0.74%)、冷冻饮品(199起，0.76%)。

第八章　基于熵权Fuzzy-AHP法的2006—2016年间中国食品安全风险评估。本章主要基于国家宏观层面，从管理学的角度，在充分考虑数据的可得性与科学性的基础上，评估我国食品安全风险的现实状态。研究认为，2006—2015年间我国食品安全风险一路下行的趋势非常明显，目前正处于相对安全的区间，再次证实食品安全保障水平呈现"总体稳定，逐步向好"的基本状态。尽管我国的食品安全水平稳中有升，趋势向好，但目前一个不可否认的事实是，食品安全风险与由此引发的安全事件已成为我国最大的社会风险之一，而且食品生产加工、流通与消费三个环节的食品安全风险相比较而言，生产加工环节的风险大于消费环节，消费环节的风险大于流通环节。

第九章　2015年度中国城乡居民食品安全状况的评价。在过去多次调查的基础上，本章主要基于2015年10月的调查而形成。调查在福建、贵州、河南、湖北、吉林、江苏、江西、山东、四川、陕西10个省的29个地区(包括城市与农村区域)

展开，共采集了4358个样本，其中城市与农村居民受访样本分别为2163个、2195个，占总体样本的比例基本相同。调查结论显示，2015年城乡居民食品安全满意度只有54.55%，仍然处于低迷状态。随着生活水平的不断提升，食品安全意识的日益增强，城乡居民对食品安全比历史上任何时期有了更高的要求，如果食品安全没有质的根本性变化，城乡居民食品安全满意度处于低迷状态将在未来一段较长时期内保持常态。作出这样的预判断，主要的依据是：一是我国食品安全事件仍将处在高发期，由此确定了公众满意度不可能有根本性逆转。二是国内食品安全网络舆情环境难以在短时期内得到净化，非理性的食品安全舆情舆论环境将长期存在，影响公众的食品安全满意度。三是部分公众的非理性心理与行为难以在短时期改变。一方面，我国食品安全事件仍处在高发期，不同程度地造成公众的食品安全恐慌，由此对公众的心理与行为产生的影响无法在短期内完全消除；另一方面，我国食品安全事件主要由人源性因素所造成，极易引发公众的愤怒情绪，导致公众的非理性行为，在从众心理与群体压力等多重作用下，往往形成非理性甚至是极端的认识。

第一章　2015年中国主要食用农产品的生产市场供应与数量安全

对有13亿多人口的中国而言，解决好吃饭问题不仅是最基本的食品安全问题，更是治国理政的头等大事，只有把饭碗牢牢端在自己手中，才能保持社会大局稳定。本章重点考察我国主要食用农产品生产、市场供应与粮食的数量安全等问题，由此作为本《报告2016》的第一章。考虑到在我国粮食与食用农产品品种繁多，延续研究惯例，本章的讨论主要以粮食、蔬菜与水果、畜产品和水产品等城乡居民基本消费的农产品为重点。

一、主要食用农产品的生产与市场供应

进入新世纪以来，中央始终高度重视农业农村与农民工作，不仅保持了农业政策的稳定，而且持续深化改革，持续加大支持力度，确保了农业的丰收。2015年我国粮食、蔬菜与水果、畜产品和水产品等主要食用农产品的生产与市场供应总体状况良好。

（一）粮食

1. 粮食生产实现“十二连增”

图1-1显示，2015年，我国粮食产量62144万吨，比上年增产1441万吨，增产2.4%，[①]产量再创历史新高，实现了我国粮食生产的“十二连增”。在复杂严峻的国内外经济环境下，我国粮食连年丰收，基本确保了中国人把饭碗端在自己手上，不仅对新常态下中国经济的平稳运行发挥着“定盘星”的作用，也为世界粮食安全贡献了中国力量。

2015年，我国夏粮、早稻和秋粮产量有增有减。其中，夏粮产量14112万吨，比2014年增产452万吨，增产3.3%；早稻产量3369万吨，比2014年减产32万吨，降低0.9%；秋粮产量44662万吨，与2014年相比，增产1013万吨，增产

---

① 国家统计局：《中华人民共和国2015年国民经济与社会发展公报》，2016-02-29[2016-06-30]，http://www.stats.gov.cn/tjsj/zxfb/201602/t20160229_1323991.html。

2.3%。[①]

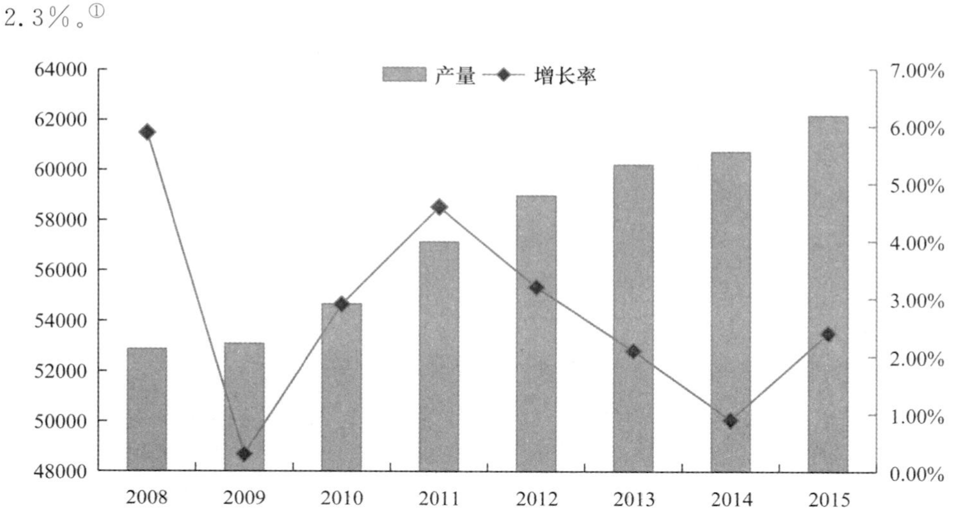

图 1-1 2008—2015 年间我国粮食总产量与增速变化图 （单位：万吨，%）

数据来源：国家统计局：《中华人民共和国 2015 年国民经济和社会发展统计公报》。

2. 主要粮食品种产量全面增加

2015 年，全国小麦产量达到 13019 万吨，玉米产量达到 22458 万吨，稻谷产量达到 20825 万吨，分别比 2014 年增产 402 万吨、891 万吨和 182 万吨，增幅分别为 3.2%、4.1%和 0.8%。2015 年，玉米总产量再次攀升，成为我国第一大粮食作物。

3. 种植面积再创新高

2015 年全国粮食播种面积 113340.5 千公顷(170010.7 万亩)，比 2014 年增加 617.9 千公顷(926.9 万亩)，增长 0.5%。其中谷物播种面积 95648.9 千公顷(143473.4 万亩)，比 2014 年增加 1045.4 千公顷(1568.1 万亩)，增长 1.1%。粮食播种面积增加主要源于中央高度重视粮食生产，中央财政继续加大强农惠农支持力度，及时下拨各种补贴资金，稳定了农民的种粮收入预期。与此同时，农业种植结构持续调整。由于种植油菜籽等费工费时，比较效益较低，一些地区调减夏收油菜籽种植面积，扩大了冬小麦、玉米等粮食种植面积。因播种面积扩大而增产的粮食约 67 亿斤，对粮食增产的贡献率为 23.1%。[②]

---

① 国家统计局：《中华人民共和国 2014 年国民经济与社会发展公报》，2015-02-26[2016-06-30]，http://www.stats.gov.cn/tjsj/zxfb/201502/t20150226_685799.html。

② 国家统计局：《国家统计局关于 2015 年粮食产量的公告》，2015-12-08[2016-07-31]，http://www.stats.gov.cn/tjsj/zxfb/201512/t20151208_1286449.html。

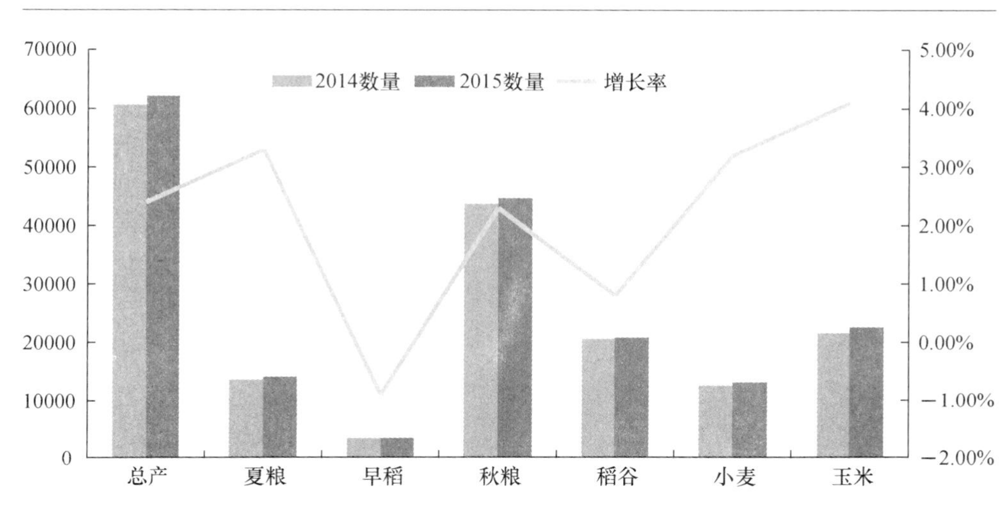

图 1-2　2014 年和 2015 年我国主要粮食产量情况对比　(单位:万吨,%)

数据来源:国家统计局:《中华人民共和国 2015 年国民经济和社会发展统计公报》。

4. 粮食单产持续攀升

依靠改革与农业科技进步,2015 年,全国粮食作物单位面积产量达 5482.9 公斤/公顷(365.5 公斤/亩),比 2014 年增加 97.8 公斤/公顷(6.5 公斤/亩),提高 1.8%。其中谷物单位面积产量 5982.9 公斤/公顷(398.9 公斤/亩),比 2014 年增加 90.8 公斤/公顷(6.1 公斤/亩),增长 1.5%。[①]

5. 粮食生产气候相对较好

2015 年我国气候相对平稳,气象灾害以洪涝、干旱、台风为主,主要表现为南方汛期暴雨过程多,湘、赣等地发生冬汛;北方部分地区出现阶段性干旱;生成台风多,登陆偏少,但登陆强度大;强对流天气频繁,局地灾情重。其中由于我国大风、冰雹、龙卷风、雷电等局地强对流天气发生频繁,导致湖北、河北、山西、河南、陕西、甘肃等省风雹灾情重。陕西、山西、河南出现冰雹、大风等强对流天气,农作物受灾面积 16.7 万公顷,直接经济损失 12.8 亿元。[②] 但全国农业灾害总体上较轻。

6. 粮食生产的政策环境持续趋好

得益于中央对"三农"工作一贯以来的高度重视,2015 年我国粮食生产再获丰收,实现粮食生产的"十二连增"。中共十八大以来,面对错综复杂的国内外经济

① 国家统计局:《国家统计局农村司高级统计师侯锐解读粮食生产情况》,2015-12-08[2016-08-01],http://www.stats.gov.cn/tjsj/sjjd/201512/t20151208_1286436.html。

② 《中国气象局公布 2015 年主要气象灾害及特征》,中国气象局,2016-01-03[2016-08-03],http://www.cma.gov.cn/2011xwzx/2011xqxxw/2011xqxyw/201601/t20160103_301155.html。

形势和自然灾害多发频发的不利影响，党中央始终坚持把解决好"三农"问题作为全党工作的重中之重，提出了关于"三农"发展的新理念新思想新战略，出台了一系列强农惠农富农政策，为农业稳定增长提供了强大支撑。2015 年，中央适时调整完善补贴政策，安排支持粮食适度规模经营资金共 234 亿元，用于支持粮食适度规模经营，重点向专业大户、家庭农场和农民合作社倾斜。[①] 为持续改善和增强产粮大县财力状况，调动地方政府重农抓粮的积极性。与此同时，2015 年中央财政继续加大产粮（油）大县奖励力度，安排产粮（油）大县奖励资金 371 亿元。[②] 持续完善的粮食生产政策为我国粮食安全奠定了坚实的基础。

7. 粮食生产的技术保障体系不断完善

粮食再获丰收也得益于农业技术的推广与相应的资金补助。2015 年，中央财政继续投入资金 7 亿元，深入推进测土配方施肥，免费为 1.9 亿农户提供测土配方施肥技术服务，推广测土配方施肥技术 15 亿亩以上。在项目实施上因地制宜统筹安排取土化验、田间试验，不断完善粮食作物科学施肥技术体系，扩大经济园艺作物测土配方施肥实施范围，逐步建立经济园艺作物科学施肥技术体系。加大农企合作力度，推动配方肥进村入户到田，探索种粮大户、家庭农场、专业合作社等新型经营主体配方肥使用补贴试点，支持专业化、社会化配方施肥服务组织发展，应用信息化手段开展施肥技术服务。与此同时，为应对不同时期局部地区气候条件对农业产生的不利影响，近年来中央实施了农业防灾减灾稳产增产关键技术补助政策与相关的制度安排。2015 年中央财政继续按照这个机制引导地方主动救灾。[③] 由于应对措施及时得力，在部分地区发生灾情后，多部门联动合作，加强气象灾害监测预警、开展病虫害统防统治，有效减轻了灾害损失。因单产提高而增产的粮食约 221 亿斤，对粮食增产的贡献率为 76.9%，为粮食再获丰收提供了有力保障。[④]

（二）蔬菜与水果

1. 蔬菜产量基本平稳，市场供应基本稳定

2015 年，全国蔬菜产量为 78727 万吨，较上年增长 11.1%，远超出当年粮食总

① 农业部产业政策与法规司：《2015 年国家深化农村改革、发展现代农业、促进农民增收政策措施》，2015-04-30[2016-07-30]，http://www.moa.gov.cn/zwllm/zcfg/qnhnzc/201504/t20150430_4570011.htm。

② 农业部产业政策与法规司：《2016 年国家落实发展新理念加快农业现代化 促进农民持续增收政策措施》，2016-03-30［2016-08-03］，http://www.moa.gov.cn/zwllm/zcfg/qnhnzc/201603/t20160330_5076285.htm。

③ 农业部产业政策与法规司：《2015 年国家深化农村改革、发展现代农业、促进农民增收政策措施》，2015-04-30[2016-05-30]，http://www.moa.gov.cn/zwllm/zcfg/qnhnzc/201504/t20150430_4570011.htm。

④ 国家统计局：《国家统计局农村司高级统计师侯锐解读粮食生产情况》，2015-12-08[2016-08-01]，http://www.stats.gov.cn/tjsj/sjjd/201512/t20151208_1286436.html。

产量1亿多吨，再次取代粮食成为我国第一大农产品。表1-1所示，根据对各省份《2015年国民经济与社会发展公报》蔬菜产量的统计，除江苏、黑龙江、宁夏、西藏、新疆等省区蔬菜产量数据缺失外，其他省份2015年蔬菜产量合计达到6.75亿吨，较2014年的全国产量略有下降。山东、河北、河南、四川、湖南、湖北、广东等省份是我国蔬菜生产的主要省份，年产量均超过3000万吨。除北京、上海、辽宁、内蒙古、吉林省（区、市）蔬菜产量有所下降外，其余省份均有所增长。其中，贵州增长幅度最大，增长率达到11.1%。

表1-1　2015年各省份蔬菜水果产量情况　（单位：万吨，%）

省份	蔬菜		水果		省份	蔬菜		水果	
	产量	增长率	产量	增长率		产量	增长率	产量	增长率
浙江	1775.70	2.60	280.80	3.60	黑龙江	—	—	—	—
湖南	3952.45	6.20	—	—	河南	7456.50	2.50	2665.10	4.10
山东	10272.90	3.00	1703.00	2.30	吉林	860.00	−1.80	—	—
上海	349.42	−7.50	—	—	云南	1873.90	8.00	656.32	8.40
江苏	—	—	—	—	宁夏	—	—	—	—
北京	205.10	−13.10	71.40	−4.20	辽宁	2932.80	−5.09	882.00	1.31
河北	8243.70	1.50	—	—	安徽	2714.20	6.40	1029.80	6.70
山西	1302.20	2.40	842.60	9.30	海南	572.19	3.80	407.26	−1.40
广东	3439.04	5.00	1521.02	5.70	甘肃	1823.14	6.92	461.80	8.60
福建	1790.37	5.50	837.05	5.80	江西	1359.10	3.60	450.30	8.60
天津	441.54	4.05	—	—	西藏	—	—	—	—
贵州	1805.89	11.10	227.17	15.70	新疆	—	—	—	—
湖北	3848.64	4.80	615.94	0.30	广西	2786.37	6.80	1369.76	11.10
四川	4240.80	4.20	806.50	6.20	陕西	1822.53	5.70	1630.62	4.90
内蒙古	1445.30	−1.90	296.70	−7.90	青海	166.40	4.90	1.50	13.60
重庆	1780.47	5.40	375.85	8.10	总计	**67470.28**	—	**15679.50**	—

* 湖南省2015年蔬菜产量根据2014年产量和2015年增长率计算得出；辽宁省2015年蔬菜增长率和水果增长率由2014年产量和2015年产量计算得出；天津市2015年蔬菜增长率由2014年产量和2015年产量计算得出。

资料来源：根据各省份2015年国民经济与社会发展公报统计得出，“—”表示数据缺失。

2. 水果供应略有增长，产量基本满足市场需求

2015年，除海南、北京、内蒙古等3个省（自治区、直辖市）外，大部分省（自治区、直辖市）的水果产量都有不同程度的增加，其中增幅最大的是贵州省，增长率高达15.7%（表1-1）。目前，我国水果生产主要集中在河南、山东、陕西、广东、广西、安徽等省份，水果年产量皆超过1000万吨。河南仍然是我国水果产量最高的省份，2015

年产量达到 2665.10 万吨，较上年增长 4.10%，且产量远高于第二位的山东，高出近 1000 万吨。

（三）畜产品

1. 主要畜产品基本满足市场需求

图 1-3 显示，2015 年全国肉类总产量 8625 万吨，比上年下降 1.0%。其中，猪肉产量 5487 万吨，下降 3.3%；牛肉产量 700 万吨，增长 1.6%；羊肉产量 441 万吨，增长 2.9%；禽肉产量 1826 万吨，增长 4.3%；禽蛋产量 2999 万吨，增长 3.6%；牛奶产量 3755 万吨，增长 0.8%。不同品种的畜产品较上年有增有减，总体以增产为主，基本满足国内不断增长的市场需求。

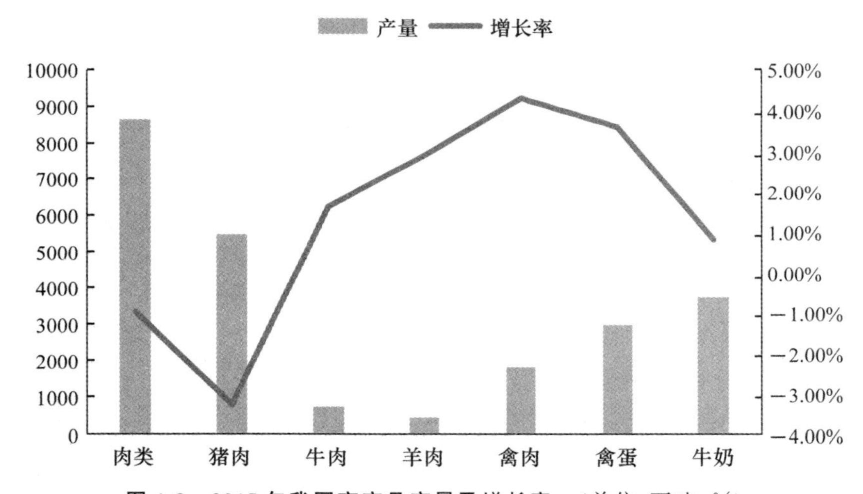

图 1-3 2015 年我国畜产品产量及增长率 （单位：万吨，%）

资料来源：根据国家统计局《中华人民共和国 2015 年国民经济和社会发展统计公报》整理。

2. 肉类产量有所下降

图 1-4 显示了 2015 年我国主要省份肉类总产量及其增长率。可以看出，肉类生产在各省份间呈现相对集中、不均衡分布的特征。一是肉类生产主要集中在部分省份。如，山东、河南、河北、广东、辽宁、安徽、江西、广西、江苏、江西等省，肉类总产量都达到 300 万吨以上，是我国主要的肉类生产省份。二是肉类产量不均衡。如，山东肉类总产量达 762 万吨，而海南、山西、北京、青海等省（市）的产量只有几十万吨，尚不足山东的十分之一。三是各大多数省份的肉类总产量普遍下降，仅有安徽、福建和青海三个省份产量略有增长，增幅分别为 1.30%、1.30% 和 4.10%，浙江、北京、山西等省（市）降幅较大，降幅分别为 −16.60%、−7.40%、−4.70%。由于人口数量、消费文化、地理环境与其他要素禀赋的差异，特别是随着结构性调整，未来肉类生产在不同省份之间相对集中和不均衡分布的状态将会长期持续。

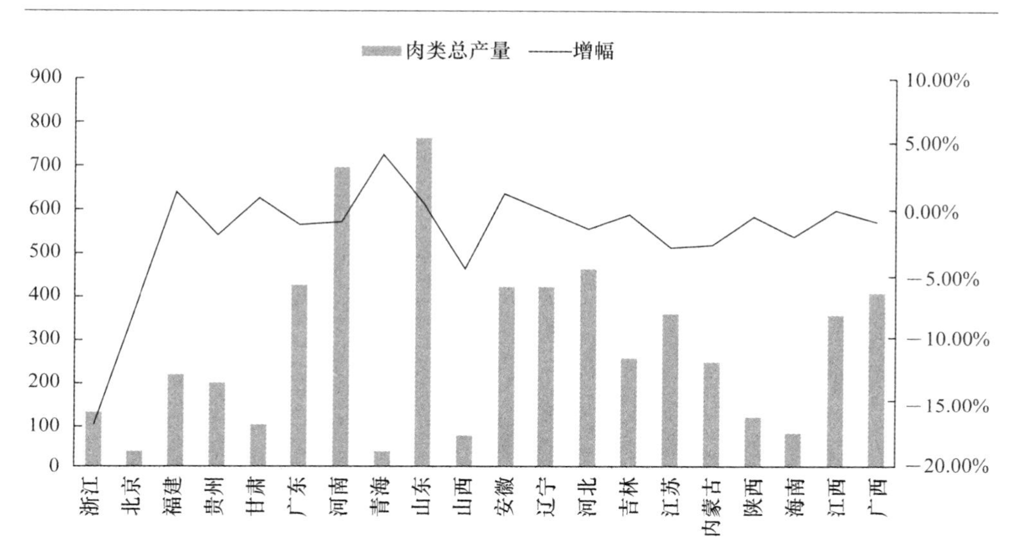

图 1-4　2015 年我国主要省份肉类总产量及其增长率　(单位:万吨,%)

资料来源:根据各省份《2015 年国民经济与社会发展公报》整理统计得出,部分省份数据缺失。

3. 禽蛋与牛奶产量略有增长

伴随居民生活水平的提高,禽蛋、牛奶在我国居民食品消费结构中的比重不断上升,日益成为消费者日常生活中重要的食品种类。2015 年,我国禽蛋和牛奶产量均有所增长,禽蛋与牛奶产量分别为 2999 万吨、3755 万吨,分别较上年增长 3.60%、0.80%。从总产量角度看,与肉类生产相似,禽蛋与牛奶的生产在各省份间也呈现不均衡分布的状态。山东、河南、河北、辽宁、江苏、安徽、吉林七个省份是禽蛋的主要生产省份,产量均超过 100 万吨,其中山东产量最高,达 423.90 万吨;内蒙古、河北、河南、山东、陕西和辽宁六个省(区)是牛奶的主要生产省份,产量均超过 100 万吨,其中内蒙古产量最高,高达 803.20 万吨。而北京、贵州、甘肃、海南和青海五个省份的禽蛋产量较少,产量不足 20 万吨,不足产量最高的山东省的二十分之一。福建、江西、广西、贵州、重庆等省(市)的牛奶产量较少,均不足 20 万吨。

表 1-2　2015 年全国主要省份禽蛋、牛奶和水产品产量　(单位:万吨,%)

	禽蛋		牛奶		水产品	
	产量	增长率	产量	增长率	产量	增长率
浙江	—	—	—	—	602.00	4.70
湖南	—	3.70	—	4.30	—	5.40
山东	423.90	9.20	275.40	−1.50	884.30	2.00
上海	—	—	27.69	2.40	30.18	0.50

（续表）

	禽蛋		牛奶		水产品	
	产量	增长率	产量	增长率	产量	增长率
江苏	196.20	0.80	59.60	−1.90	522.10	0.60
北京	19.60	−0.30	57.20	−3.80	6.60	−3.50
河北	373.60	3.00	473.10	−3.00	129.30	2.30
山西	87.20	4.30	91.90	−4.50	5.20	2.30
广东	98.00	−2.00	—	—	103.50	3.50
福建	25.94	0.46	14.95	−0.10	733.89	5.50
天津	20.20	4.00	68.00	−1.30	—	—
贵州	17.33	7.00	6.20	8.60	—	—
湖北	—	—	—	—	455.50	5.20
四川	—	0.90	—	−4.70	138.70	4.50
内蒙古	56.40	5.30	803.20	1.90	15.40	3.80
重庆	45.36	5.00	5.45	−4.30	—	—
黑龙江	—	—	—	—	—	—
河南	410.00	1.50	342.20	3.10	—	—
吉林	107.30	8.90	52.30	6.10	19.50	2.70
云南	26.00	7.10	55.00	−5.50	—	—
宁夏	—	—	—	—	—	—
辽宁	276.50	−1.00	140.30	6.90	523.70	1.60
安徽	134.70	9.90	30.60	9.90	230.40	3.00
海南	4.38	15.60	—	—	207.29	4.80
甘肃	11.69	5.32	59.87	10.42	1.49	4.20
江西	49.30	3.00	13.00	1.20	264.20	4.20
西藏	—	—	—	—	—	—
新疆	—	—	—	—	—	—
广西	22.90	3.20	10.10	4.20	345.62	4.10
陕西	58.06	6.50	189.92	−1.20	15.52	11.40
青海	2.26	3.70	31.50	3.30	1.06	17.10

* 福建省 2015 年禽蛋增长率由 2014 年产量和 2015 年产量计算得出。

资料来源：根据各省（自治区、直辖市）《2015 年国民经济与社会发展公报》整理统计得出，“—”表示数据缺失。

（四）水产品

1. 不同层次的水产品产量均实现新的增长

2015 年，全国水产品产量 6690 万吨，比上年增长 3.5%。其中，海水产品产量 3409.61 万吨，同比增长 3.44%；淡水产品产量 3290.04 万吨，同比增长 3.944%，海水产品与淡水产品的产量比例为 51∶49，海水产品占水产品中的比重再次超过50%。

图1-5显示,2015年,养殖水产品产量4942万吨,增长4.1%;捕捞水产品产量1748万吨,增长0.5%,养殖产品与捕捞产品的产量比例为74∶26,比重较上年有所增长。由此可见,我国水产品生产仍以人工养殖为主,比重近74%。养殖比重不断提高的原因主要在于,不断增长的水产品消费需求给生态环境和渔业可持续发展带来巨大威胁,世界各国都在加强对渔业资源的保护,纷纷通过人工养殖方式提高水产品产量以缓解日益严峻的过度捕捞问题。

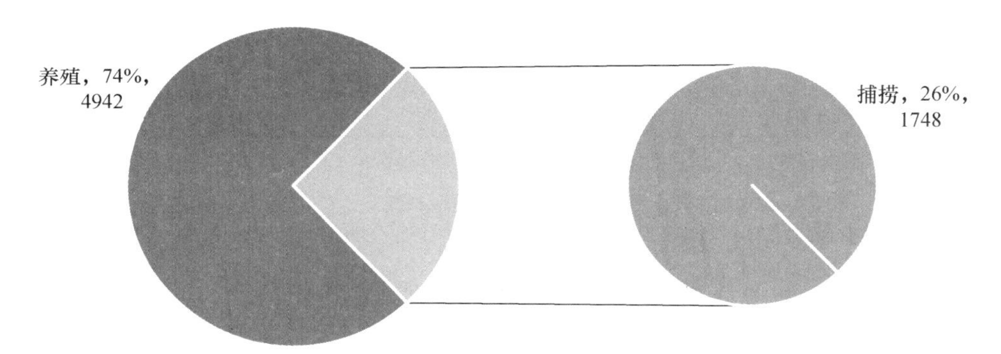

图1-5 2015年全国水产养殖产量 (单位:万吨)

资料来源:国家统计局:《中华人民共和国2015年国民经济和社会发展统计公报》。

2. 养殖产量增速高于捕捞产量

图1-6显示,2015年,全国海水养殖和淡水养殖产量分别为1875.63万吨和3062.27万吨,同比增长3.47%和4.31%。国内海洋捕捞和淡水捕捞产量分别为1314.78万吨和227.77万吨,同比增长2.65%和-0.77%。远洋渔业产量219.20万吨,同比增长8.12%,占水产品总产量的3.27%。水养殖产量依然远高于海水养殖产量,海洋捕捞产量依然远高于淡水捕捞产量。

3. 不同类型水产品产量增速差异大

我国水产品主要包括鱼类、甲壳类、贝类、藻类、头足类等五大类。2015年鱼类产量最大,超过3900万吨;其次为贝类,为1465.61万吨;甲壳类和藻类的产量相对较少,但较2014年产量仍略有增长(表1-3)。

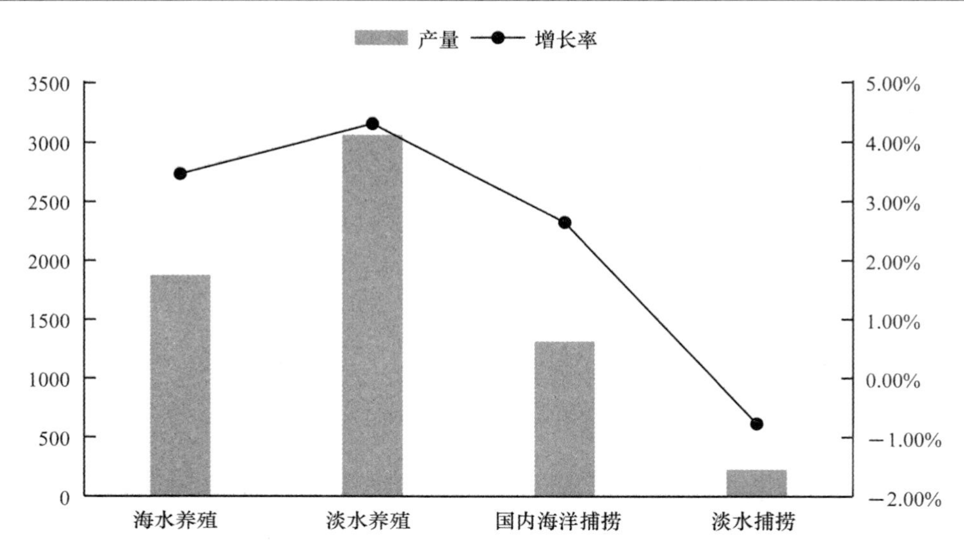

图 1-6 2015 年全国各类渔业产量及增长率 （单位:万吨,%）

资料来源:农业部渔业局:《2015 年全国渔业经济统计公报》。

表 1-3 2015 年全国主要水产品产量 （单位:万吨,%）

	海水养殖		淡水养殖		海洋捕捞		淡水捕捞		总产量
	产量	增长率	产量	增长率	产量	增长率	产量	增长率	
鱼类	130.76	9.92	2715.01	4.3	905.37	2.79	168.3	0.57	3919.44
甲壳类	143.49	0.08	269.06	5.11	242.79	1.34	31.1	−5.1	686.44
贝类	1358.38	3.18	26.22	4.39	55.6	0.79	25.41	−3.5	1465.61
藻类	208.92	4.22	0.89	4.35	2.58	6.22	0.04	42.97	212.43

资料来源:农业部渔业局:《2015 年全国渔业经济统计公报》。

二、粮食与主要农产品生产与消费的态势

虽然 2015 年我国粮食总产量再次突破 6 亿吨,达到了 62144 万吨的历史新高,实现“十二连增”,但粮食与主要食用农产品安全面临产量、库存和进口“三量齐增”的怪现象。中国海关统计数字显示,2015 年,我国谷物及谷物粉进口总量为 3270 万吨,与去年同期相比增加 67.6%,再创新高。其中,玉米进口量为 473 万吨,较 2014 年大增 82%;大豆进口总量高达 8169 万吨,同比增加 14.4%。伴随进口总量的年年攀升,国际市场波动将更为直接、迅速地传导到国内市场,给我国粮食安全造成极大的威胁,我国农业产业安全面临的风险和隐患加深。由于缺乏全面、权威的数据,难以对我国目前粮食与主要食用农产品的数量保障现状作出真

实的评价。此章节中的2011—2015年间主要农产品进口数据主要来自农业部国际合作司的《2011—2015年1—12月我国农产品进出口数据》，并依据2016年4月22日农业部发布的《中国农业展望报告(2016—2025)》，结合其他相关资料，就我国粮食与主要农产品生产与消费的态势作出分析。

(一) 稻麦供需基本平衡，进口保持稳定

2011—2015年间，国内对进口大米、小麦的需求不断增加，进口数量逐年增加。大米进口数量由2011年的59.8万吨增加到2015年的337.7万吨，增长了5.6倍；小麦进口数量由2011年的125.8万吨增加到2015年的300.7万吨，增长了近2.4倍(图1-7)。与此同时，在“藏粮于地、藏粮于技”战略的深入实施下，我国粮食产能进一步提升，完全能够确保谷物基本自给、口粮绝对安全的目标。2016年，预计稻谷面积稳中略增，产量和消费量分别为20899万吨、20803万吨；小麦面积稳中略减，产量和消费量分别为13010万吨、12027万吨。“十三五”期间，以优化品种结构、品质水平和节本增效为核心的供给侧结构性改革将取得明显成效，稻谷生产将保持稳定发展态势，消费持续增长，预计5年稻谷总产量和总消费量分别为10.38亿吨、10.34亿吨；小麦将呈现种植面积稳中有降、供需形势由宽松转为基本平衡的状态，预计5年小麦总产量和总消费量分别为6.59亿吨、6.55亿吨。

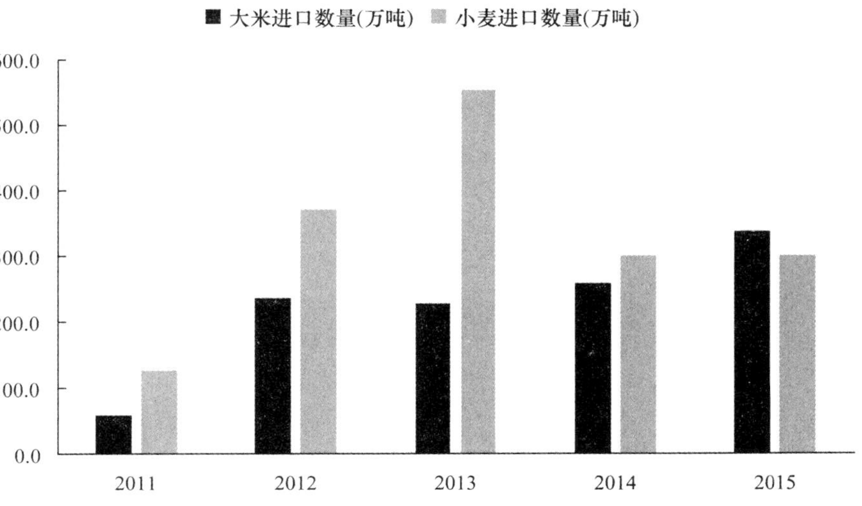

■ 大米进口数量(万吨)　■ 小麦进口数量(万吨)

600.0
500.0
400.0
300.0
200.0
100.0
0.0
2011　2012　2013　2014　2015

图1-7　2011—2015年间中国大米、小麦进口数量

资料来源：农业部：《2011—2015年1—12月我国农产品进出口数据》。

(二) 玉米种植面积大幅调减，库存压力有效释放

“十二五”期间，我国玉米进口数量由2011年的175.4万吨增加到2012年的

520.8 万吨峰值，2014 年回落至 259.9 万吨，但 2015 年又攀升至 473 万吨(图 1-8)。随着"镰刀弯"地区玉米结构调整的大力推进，未来 5 年玉米种植面积将大幅调减，阶段性供应过剩矛盾将有效解决，玉米去库存明显。2016 年，在各地实施玉米调减计划，预计全国玉米播种面积将减少 3.1%，其中，"镰刀弯"地区相关省份调减玉米面积将超过 1500 万亩，全年播种面积为 5.54 亿亩(3695 万公顷)，这是近 10 年来玉米面积首次下滑；玉米产量预计为 21517 万吨，比 2015 年减少 4.2%。"十三五"期间，玉米种植面积将大幅调减，预计年均下降 1.8%，到 2020 年玉米面积将减至 3441 万公顷，产量将减至 20567 万吨；同期玉米工业消费和饲用消费将保持较快增长，预计年均增长 3.0%，到"十三五"期末的 2020 年玉米消费总量将增加到 22192 万吨，库存压力缓解，玉米价格回归市场。

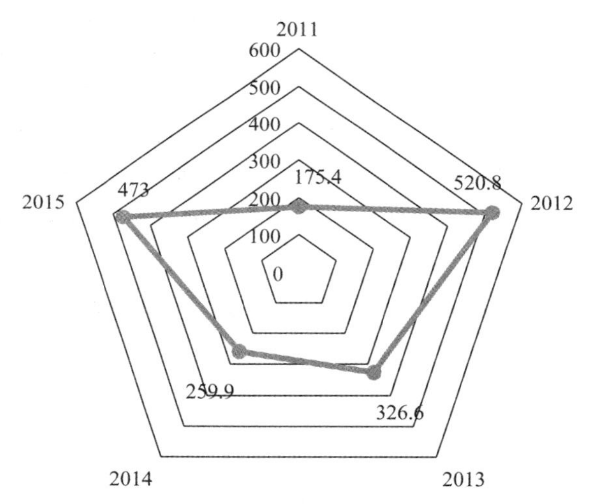

图 1-8 2011—2015 年间中国玉米进口数量 (单位：万吨)

资料来源：农业部：《2011—2015 年 1—12 月我国农产品进出口数据》。

(三) 油料产量恢复性增长，大豆进口明显放缓

受油菜籽收购政策调整影响，2016 年油料生产数据较 2015 年预测数有所下调。其中，花生和大豆面积、产量双双增长，油菜籽面积、产量显著缩减。预计 2016 年大豆面积将恢复性增长至 10320 万亩(688 万公顷)，产量为 1203 万吨，同比增长 3.6%。同时，中国每年进口的大豆稳步增长，以美国大豆为代表的海外大豆，已在中国市场形成了一定的综合竞争力，且由于进口到中国的关税极低，只有 3%左右，因而进口大豆价格比较便宜。2011—2015 年间，我国大豆进口数量由 5264 万吨稳步增加到 8169 万吨，增速逐渐放缓(图 1-9)。"十三五"期间，由于技术进步、种植结构调整等原因，油料产量呈稳中有增态势，而大豆进口年均增长率将由"十二五"时期的11.6%降至"十三五"时期的1.0%。预计在"十三五"期末的2020年油料产量将达到4970万吨；油籽进口量为9193万吨，其中大豆进口量为8556万吨。

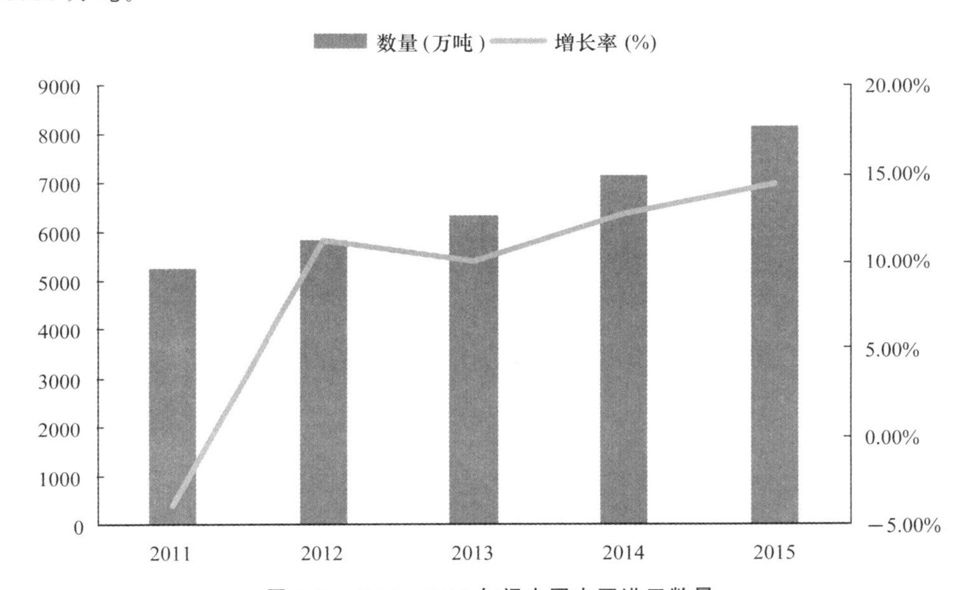

图1-9　2011—2015年间中国大豆进口数量

资料来源：农业部：《2011—2015年1—12月我国农产品进出口数据》。

(四) 菜、果、蛋、鱼产量稳步增长，国际贸易保持活跃

受收入水平提升和消费结构升级的影响，国内消费者对国外水果、蔬菜、水产品等的需求稳步增加。2011—2015年间，我国蔬菜进口数量由16.7万吨逐步增加到24.47万吨；水果进口数量由323.6万吨逐步增加到430万吨；水产品进口量由424.9万吨回落到408.13万吨(图1-10)。与过去10年相比，蔬菜、水果、禽蛋、水产品的产量增速明显放缓，预计2016年产量分别为7.74亿吨、2.75亿吨、3022.20万吨和6805.41万吨，同比分别增长0.63%、1.4%、0.8%、1.7%；"十三五"期间，产量年均增速分别为0.44%、1.37%、0.9%、1.3%，预计到2020年将分别达到7.88亿吨、2.92亿吨、3142.66万吨、7180.09万吨。贸易方面，继续保持传统优势农产品出口地位，预计到"十三五"期末的2020年，蔬菜、水果和水产品的出口量将分别达到1125万吨、560万吨、395.25万吨。

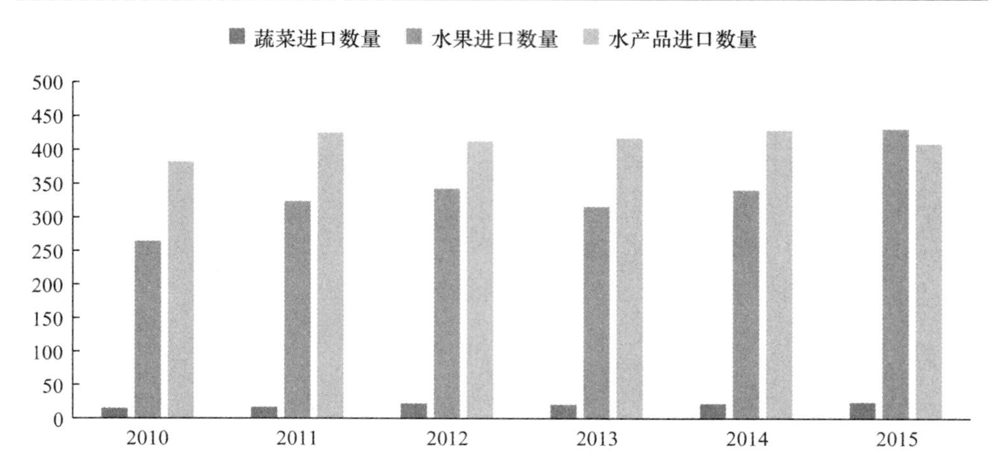

图 1-10 2010—2015 年间中国蔬菜、水果、水产品进口数量 （单位：万吨）

资料来源：农业部：《2010—2015 年 1—12 月我国农产品进出口数据》。

（五）肉、奶消费快于产量增长，进口急剧增加

"十二五"期间，我国肉类（猪牛羊禽）进口数量由 2011 年的 99.3 万吨逐步增加到 188.3 万吨；牛奶进口数量由 2011 年的 90.6 万吨逐步增加到 179.1 万吨，增长均较为迅速（图 1-11）。受人口增长、收入提高、城镇化率加快等因素影响，中国城乡居民肉类、奶制品消费量将保持较快增长。预计 2016 年猪牛羊禽肉总产量为 8460 万吨，总消费量为 8594 万吨，进口量为 201 万吨，分别同比增长 0.07%、

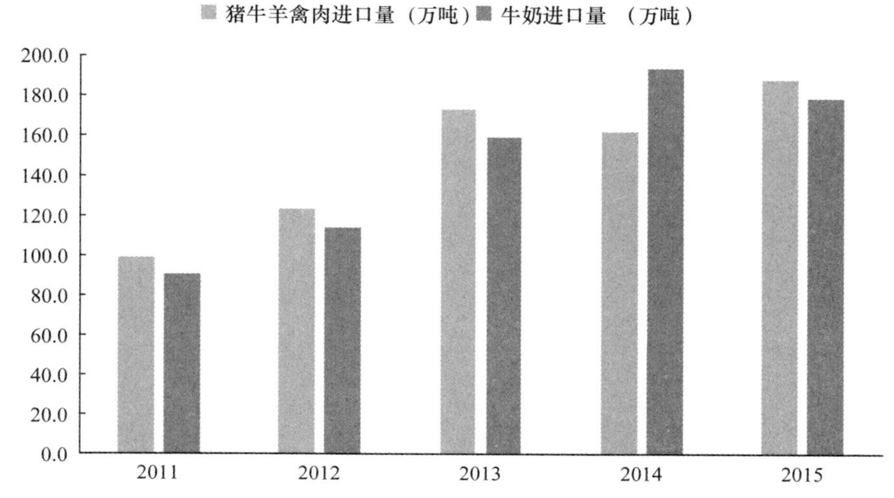

图 1-11 2011—2015 年间中国肉类、牛奶进口数量 （单位：万吨）

资料来源：根据农业部市场与经济信息司监测统计处的相关资料整理形成。

0.2%和6.9%;受中小散户退出、大规模牧场扩张放缓影响,预计奶制品产量为3879万吨,同比下降0.3%,消费量和进口量分别为5182万吨、1295万吨,分别同比增长3.4%、16.6%。“十三五”期间,猪牛羊禽肉总产量为43856万吨,总消费量为44256万吨,总进口量为1028万吨;奶产品总产量为20293万吨,总需求量为27376万吨,总进口量为7151万吨。

第二章 2015年中国主要食用农产品安全质量状况与监管体系建设

本章主要在本《报告2016》第一章的基础上，重点对我国主要食用农产品安全质量状况进行考察。考虑到农产品品种多而复杂，本章的研究主要以蔬菜与水果、畜产品和水产品等我国居民消费最基本的农产品为对象，基于农业部发布的例行监测数据来展开具体的分析。与此同时，考察2015年食用农产品质量安全监管体系建设的新进展，客观分析我国食用农产品质量安全中存在的主要问题。

一、基于例行监测数据的主要食用农产品质量安全状况

2015年农业部在全国31个省(自治区、直辖市)152个大中城市组织开展了4次农产品质量安全例行监测，[①]共监测5大类产品117个品种94项指标，抽检样品43998个，总体合格率为97.1%。其中，蔬菜、水果、茶叶、畜禽产品和水产品例行监测合格率分别为96.1%、95.6%、97.6%、99.4%和95.5%。“十二五”期间，我国蔬菜、畜禽产品和水产品例行监测合格率总体分别上升3、0.3和4.2个百分点，均创历史最好水平。食用农产品例行监测总体合格率自2012年首次公布该项统计以来连续4年在96%以上的高位波动，质量安全总体水平呈现“波动上升”的基本态势，但是不同品种农产品的质量安全水平不一。[②]

(一)蔬菜

农业部蔬菜质量主要监测各地生产和消费的大宗蔬菜品种。对蔬菜中甲胺磷、乐果等农药残留例行监测结果显示，2015年蔬菜的检测合格率为96.1%，较2014年下降0.2个百分点，但较2005年大幅提高了4.7个百分点。总体来看，自2006年以来持续呈现出良好势头，农药残留超标情况明显好转(图2-1)，并且自2008年以来，全国蔬菜产品抽检合格率连续8年保持在96%以上的高位波动，其中2012年检测合格率达到峰值，2013年、2014年、2015年检测合格率略有下降，这表明我国蔬菜农药残留超标状况得到有效遏制。未来随着农药残留监测标准

---

① 目前农业部例行监测的范围为各省、自治区、直辖市和计划单列市约153个大中城市，其中各省和自治区抽检省会城市和2个地级市，地级市每隔2—3年进行调整。

② 数据来源于农业部关于农产品质量安全检测结果的有关公报、通报等。

的严格实施，农产品监管部门力度的持续强化，稳步提高蔬菜产品质量安全水平仍有较大的空间。

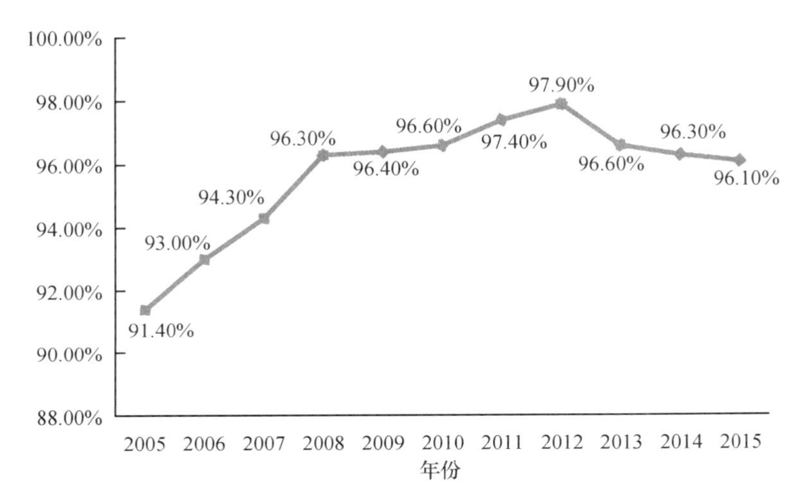

图 2-1　2005—2015 年间我国蔬菜检测合格率

资料来源：农业部历年例行监测信息。

（二）畜产品

农业部对畜禽产品主要监测猪肝、猪肉、牛肉、羊肉、禽肉和禽蛋。对畜禽产品中“瘦肉精”以及磺胺类药物等兽药残留开展的例行监测结果显示，2015 年畜禽产品的监测合格率为 99.4%，较 2014 年提高 0.2 个百分点，较 2005 年提高了 2 个百分点，自 2009 年起已连续 6 年在 99%以上的高位波动（图 2-2）。这表明我国畜禽产品质量安全一直保持在较高水平。其中，备受关注的“瘦肉精”污染物的监测合格率为 99.9%，[①]比 2013 年又提升了 0.2 个百分点，连续 8 年稳中有升，城乡居民普遍关注的生猪瘦肉精污染问题基本得到控制并逐步改善。

（三）水产品

农业部主要监测对虾、罗非鱼、大黄鱼等 13 种大宗水产品。对水产品中的孔雀石绿、硝基呋喃类代谢物等开展的例行监测结果显示，水产品合格率自 2006 年开始上升，到 2009 年达到高峰 97.2%，但自 2012 年开始，连续两年下降至 93.6%，2015 年水产品检测合格率为 95.5%，较 2014 年提高了 1.9 个百分点。虽在一定程度上受到监测范围扩大、参数增加等因素影响，水产品合格率自 2006 年

① 2015 年“瘦肉精”的数据为 2015 年上半年国家农产品质量安全例行监测数据。参见《2015 年上半年中国农产品总体合格率为 96.2%》，2015-06-16[2016-07-01]，http://finance.sina.com.cn/money/future/20150616/081622442569.shtml。

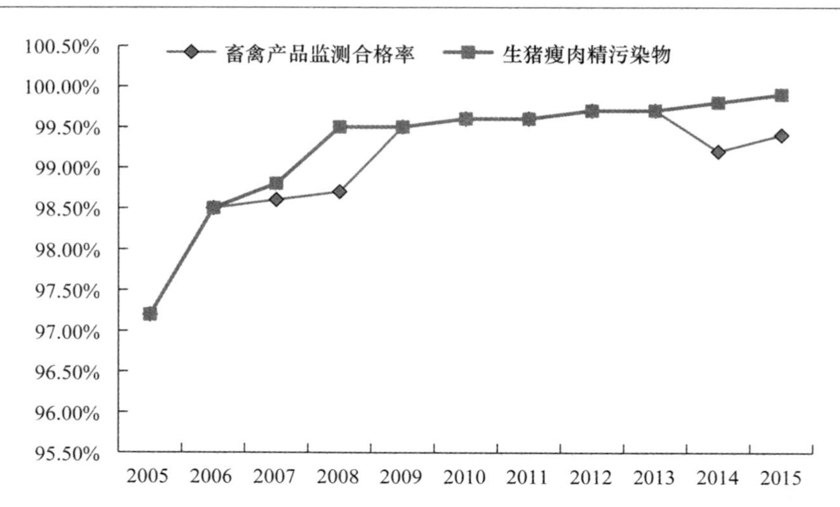

图 2-2 2005—2015 年间我国畜禽产品、瘦肉精污染物例行监测合格率

资料来源:农业部历年例行监测信息。

开始上升,到 2009 年达到高峰 97.2%,但合格率为 2008 年以来的最低值且连续三年低于 96%,在五大类农产品中合格率位列最低(图 2-3)。这也表明,我国水产品质量安全水平稳定性不足,总体质量"稳中向好"态势有所逆转,应该引起水产品从业者以及农业监管部门的高度重视。

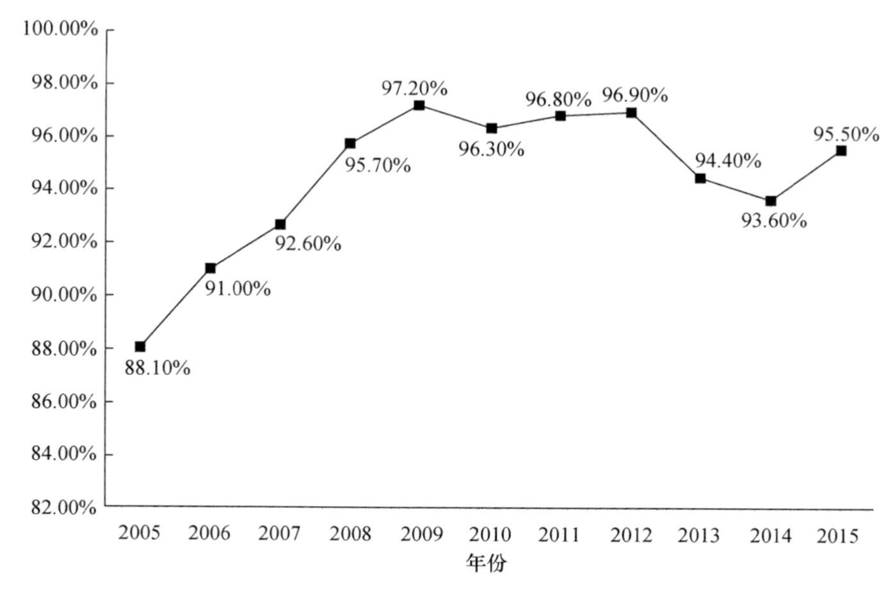

图 2-3 2005—2015 年间我国水产品质量安全总体合格率

资料来源:农业部历年例行监测信息。

(四) 水果

农业部对水果中甲胺磷、氧乐果等农药残留开展的例行监测结果显示,2015 年水果的合格率为 95.6%,较 2014 年下降 1.2 个百分点,较 2009 年首次纳入检测时仍回落了 2.4 个百分点。总体来看,自 2009 年以来(2010 年、2011 年数据未公布),我国水果合格率相对比较平稳(图 2-4),检测合格率一直处于 95%以上的高位波动,这表明我国水果质量安全状况虽然总体平稳向好,但仍有一些问题需要解决。

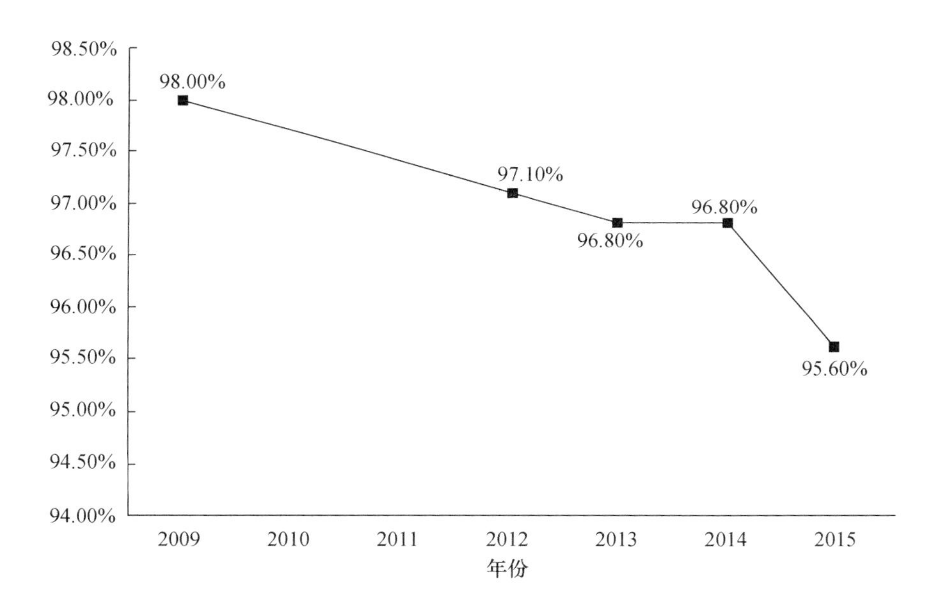

图 2-4 2009—2015 年间我国水果例行监测合格率

资料来源:农业部历年例行监测信息。

(五) 茶叶

对茶叶中的氟氯氰菊酯、杀螟硫磷等农药残留开展的例行监测结果显示,2015 年茶叶的合格率为 97.6%,较 2014 年提高了 2.8 个百分点,近四年茶叶合格率的波动幅度远高于其他大类产品(图 2-5)。这表明我国茶叶质量安全水平仍不稳定,质量提升有较大的空间。

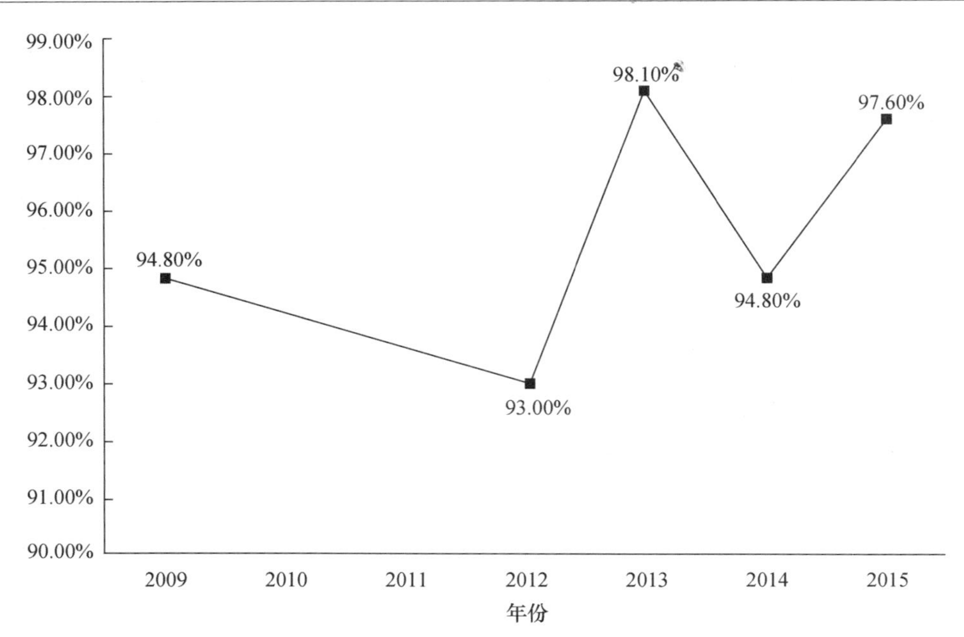

图 2-5 2009—2015 年间我国茶叶例行监测合格率

资料来源:农业部历年例行监测信息。

二、食用农产品质量安全监管体系建设进展

食用农产品质量安全是食品安全的源头,事关人民群众身体健康和生命安全,事关农业农村经济可持续发展和全面建成小康社会目标实现。[①] 2015 年,各级政府继续高度重视农产品质量安全问题,协调保持《食品安全法》和《农产品质量安全法》两法并行,以开展农产品质量安全监管年活动为统领,深入推进监管体系建设,坚持"产出来"和"管出来"两手抓、两手硬,努力保障农产品质量安全。

(一) 监测体系不断完善

20 世纪 80 年代,我国食用农产品质量安全监管体系建设开始起步,[②]经过 30 余年的努力,我国已初步建成相对完备的监管体系。但就目前状况来看,各地食品安全事故频频发生,这不仅严重威胁了广大人民群众的生命健康及社会安定和谐,更是暴露出我国食品安全监管体系尚存在亟需填补的漏洞,完善食品安全监

① 农业部:《国家农产品质量安全县创建活动方案(农质发[2014]15 号)》,农业部网站,2014-11-28[2015-02-25],http://www.moa.gov.cn/govpublic/ncpzlaq/201411/t20141128_4256375.htm。

② 农业部:《全国农产品质量安全监测体系建设规划(2011 年—2015 年)》,农业部网站,2012-09-26[2015-03-15],http://www.moa.gov.cn/govpublic/FZJHS/201209/t20120926_2950575.htm。

管体系现已成为整个社会不得不优先解决的问题。2015年,各级政府以及监管主体进一步发挥各自职能功效,努力优化我国的食用农产品质量安全监管体系。

1. 监管机构逐步健全

食品安全直接关系人民群众的健康和生命安全,是重大的基本民生问题。中国共产党第十八次全国代表大会以后,新一届政府机构实施新一轮改革,优化了农产品与食品的监管机构。目前,我国食用农产品监管机构分为中央和地方两个层级,分工各有侧重。

在中央层级中,2013年全国人大批准将农产品质量安全监管部门由五大部门精简为农业部和食品药品监督管理总局两大部门,2014年两部门签订合作框架协议,联合印发《关于加强食用农产品质量安全监督管理工作的意见》,建立联动机制,形成"从农田到餐桌"全程监管的合力。2015年,农业部和食品药品监督管理总局进一步厘清监管职责,细化任务分工,协作配合明显增多,联合下发了《关于进一步加强畜禽屠宰检验检疫和畜禽产品进入市场或者生产加工企业后监管工作的意见》《关于豆芽生产过程中禁止使用6-苄基腺嘌呤等物质的公告》等文件。在地方层级,我国食用农产品质量安全监管机构在稳定中逐步发展。截至2015年年底,我国所有的省份、88%的地市、75%的县市和97%的乡镇已建立农产品质量安全监管机构,落实监管服务人员11.7万人,支持建设农产品质检体系建设项目1710个,对质检机构负责人及主管局长实行轮训,部省地县四级农检机构达到3332个,落实检测人员3.5万人。在执法体系方面,99%的农业县开展了农业综合执法工作,落实在岗执法人员2.8万人。①

2. 农产品质量安全属地责任逐步强化

2015年农业部公布了《107个国家农产品质量安全县(市)创建试点单位名单以及配套的管理办法》(涉及103个县、威海市等4个市,具体参见表2-1、表2-2)。② 这批创建试点单位涵盖全国31个省(自治区、直辖市)和新疆生产建设兵团。总体思路是以"菜篮子"产品主产县为重点,"产""管"并举,推动各地落实属地管理责任,探索建立有效的监管模式,以点带面,整体提升农产品质量安全监管能力和水平。为加强农产品质量安全县管理,农业部同步出台了《国家农产品质量安全县暂行管理办法(暂行)》,建立了"定期考核、动态管理"工作机制,不定期开展监督检查,每2—3年开展一次考核。

---

① 《农产品质量安全稳中向好未发生重大质量安全事件》,中国农业新闻网,2016-01-25[2016-07-02],http://news.wugu.com.cn/article/20160125/702788.html。

② 农业部:《107个国家农产品质量安全县(市)创建试点单位名单以及配套的管理办法》,2015-08-04[2016-06-28],http://www.gov.cn/xinwen/2015-08/04/content_2908605.htm。

表 2-1 国家农产品质量安全县创建试点单位名单

省份	质量安全县(市、区)	省份	质量安全县(市、区)
北京市	房山区、平谷区	广东省	高明区、翁源县、梅县区、陆丰市
天津市	静海县、武清区	广西壮族自治区	富川县、武鸣区、平乐县
河北省	滦平县、玉田县、曹妃甸区、围场县	海南省	琼海市、澄迈县
山西省	新绛县、太谷县、怀仁县	重庆市	荣昌县、潼南县、垫江县
内蒙古自治区	喀喇沁旗、阿荣旗、扎赉特旗	四川省	安县、苍溪县、西充县、邻水县
辽宁省	法库县、大洼县、朝阳县、东港市	贵州省	遵义县、印江县、罗甸县
吉林省	敦化市、榆树市、公主岭市	云南省	凤庆县、元谋县、砚山县
黑龙江省	阿城区、宁安市、龙江县	西藏自治区	白朗县
上海市	浦东新区、金山区	陕西省	阎良区、洛川县、富县
江苏省	张家港市、建湖县、姜堰区、海门市	甘肃省	永昌县、靖远县
浙江省	余杭区、衢江区、嘉善县、德清县	青海省	湟中县、互助县
安徽省	太湖县、宣州区、金寨县、和县、长丰县	宁夏回族自治区	永宁县、利通区
福建省	尤溪县、云霄县、福清市、福鼎市	新疆维吾尔自治区	昌吉市、伊宁县、疏附县
江西省	永修县、新干县、新建县	新疆生产建设兵团	一师十团
山东省	商河县、广饶县、寿光市、沂南县、成武县	大连市	瓦房店市
河南省	内黄县、新野县、汝州市、修武县	青岛市	胶州市
湖北省	江夏区、五峰县、云梦县、潜江市、松滋市	宁波市	奉化市
湖南省	东安县、常宁市、君山区、浏阳市		

表 2-2 国家农产品质量安全市创建试点单位名单

省份	质量安全市	省份	质量安全市
山东省	威海市	四川省	成都市
广东省	云浮市	陕西省	商洛市

3. 例行监测范围进一步扩大

2001年，农业部首次在北京、天津、上海、深圳四个试点城市开展蔬菜药残、畜产品瘦肉精残留例行检测，2002年、2004年农业部逐渐将监测工作扩展至农药、兽药残留，以及水产品等。历经十余年，我国农产品质量安全监测工作不断完善。2015年全年，农业部按季度组织开展了4次农产品质量安全例行监测，共监测全国31个省（区、市）152个大中城市5大类产品117个品种94项指标，抽检样品43998个。

4. 风险评估能力明显提升

近年来，农业部根据《农产品质量安全法》《食品安全法》和《食品安全法实施条例》规定，全面推进农产品质量安全风险评估工作，健全风险评估体系，建有100家专业性或区域性风险评估实验室、145家主产区风险评估实验站。[①] 以风险评估实验室和试验站为依托，我国初步建立起了以国家农产品质量安全风险评估机构（农业部农产品质量标准研究中心）为龙头、农产品质量安全风险评估实验室为主体、农产品质量安全风险评估实验站为基础的三级风险评估网络。[②] 2015年国家农产品质量安全风险评估项目，重点对蔬菜、果品、茶叶、食用菌、粮油作物产品、畜禽产品、生鲜奶、水产品、蜂产品等重要"菜篮子"和"米袋子"农产品质量安全状况进行专项评估，对农产品在种养和收贮运环节带入的重金属、农兽药残留、病原微生物、生物毒素、外源添加物等污染物进行验证评估；对农产品质量安全方面的突发问题进行应急评估；对禁限不绝的禁限用农兽药、瘦肉精、孔雀石绿、硝基呋喃等问题进行跟踪评估。2015年度国家农产品质量安全风险评估财政专项，共设14个评估总项目，34个评估项目；同时设立农产品质量安全风险隐患基准性验证评估项目、农产品质量安全突发问题应急处置项目和农产品质量安全风险交流项目。[③]

① 农产品质量安全监管局：《陈晓华副部长在2016年全国农产品质量安全监管工作会议上的讲话》，中华人民共和国农业部，2016-01-28[2016-04-20]，http://www.moa.gov.cn/govpublic/ncpzlaq/201604/t20160420_5102113.htm。

② 《农业部认定145家农产品质量安全风险评估实验站》，新华网，2014-01-13[2016-07-08]，http://www.gov.cn/jrzg/2014-01/13/content_2565740.htm。

③ 农产品质量安全监管局：《农业部关于印发"2015年度国家农产品质量安全风险评估项目计划"的通知》，中华人民共和国农业部，2015-07-27[2016-07-08]，http://www.cnfood.com/news/37/183358.html。

表 2-3 2011—2015 年间农产品质量安全风险评估发展情况

发展情况	2011 年	2012 年	2013 年	2014 年	2015 年
重要事件	遴选出首批专业性和区域性农业部农产品质量安全风险评估实验室	建立国家农产品质量安全风险评估制度	着手编制全国农产品质量安全风险评估体系能力建设规划	认定首批主产区风险评估实验站；全面推进风险评估的项目实施	全面推进风险评估的项目实施
风险评估实验室数量	65 个（专业性 36 个，区域性 29 个）	65 个（专业性 36 个，区域性 29 个）	88 个（专业性 57 个，区域性 31 个）	98 个（专业性 65 个，区域性 33 个）	98 个（专业性 65 个，区域性 33 个）
风险评估实验站数量	0	0	0	145 个*	145 个*
风险评估项目实施	对 8 大类农产品进行质量安全风险摸底评估	对 21 个专项进行风险评估	对 9 大类食用农产品中的十大风险隐患进行专项风险评估	对 12 大类农产品进行专项评估、应急评估、验证评估和跟踪评估	共设 14 个评估总项目，34 个评估项目，重点针对“菜篮子”和“米袋子”农产品质量安全状况进行专项评估

资料来源：根据中央 1 号文件、农业部农产品质量安全监管相关文件整理形成。

* 风险评估实验站于 2013 年 10 月组织申报，2014 年 1 月公布认定名单。风险评估实验站用于承担风险评估实验室委托的风险评估、风险监测、科学研究等工作。

5. 可追溯平台建设取得突破性进展

食用农产品质量安全追溯能及时发现问题、查明责任，防止不安全产品混入，是一种有效管用的监管模式。近年来，农业部以及部分省、市在种植、畜牧、水产和农垦等行业开展了农产品质量安全追溯试点。但试点相对分散、信息不能共享，难以发挥应有的作用。2014 年，经国家发改委批准，我国农产品质量安全可追溯体系建设正式破题，纳入《全国农产品质量安全检验检测体系建设规划（2011—2015）》，总投资 4985 万元。① 农业部已增设追溯管理部门，②国家级农产品质量安全追溯管理信息平台和农产品质量安全追溯管理信息系统即将进入正式建设阶段。③ 2016 年 1 月 27 日，国家农产品质量安全追溯管理信息平台建设项目正式由

① 农业部：《2014 年国家深化农村改革、支持粮食生产、促进农民增收政策措施》，2014-04-25[2016-06-28]，http://www.moa.gov.cn/zwllm/zcfg/qnhnzc/201404/t20140425_3884555.htm。

② 《农业部农产品质量安全中心增设追溯管理处》，中国农产品质量安全网，2014-01-31[2016-07-01]，http://www.aqsc.gov.cn/zhxx/xwzx/201410/t20141031_132848.htm。

③ 农业部：《陈晓华副部长在全国农产品质量安全监管工作会议上的讲话》，2015-01-22[2016-06-21]，http://www.moa.gov.cn/sjzz/jianguanju/dongtai/201502/t20150204_4395814.htm。

国家发展和改革委员会以发改农经[2015]625号批准建设，并进行国内公开招标。[①] 2016年3月1日，农业部对项目进行批复：项目概算总投资4381万元，其中工程建设费用3865.14万元，工程建设其他费用430.33万元，预备费85.53万元，资金来源为中央预算内投资。[②]

（二）专项整治取得阶段性成效

2015年，农业部在巩固已有整治成果的基础上，开展了7个专项整治行动（农药及农药使用、瘦肉精、生鲜乳、养殖抗菌药、生猪屠宰、水产品和农资打假），[③]继续严厉打击非法生产、销售、使用农业投入品和非法添加有毒有害物质等危害食用农产品质量安全的违法违规行为。整个“十二五”期间，专项整治共出动执法人员1989万人次，检查生产企业1370万家次，查处问题23.8万起，清理关闭生猪屠宰场1107个，为农民挽回经济损失38.3亿元。同时，三聚氰胺连续6年监测全部合格；“瘦肉精”监测合格率处于历史最好水平，基本打掉地下生产经营链条；高毒农药和禁用兽药得到较好控制；一些区域性、行业性的问题得到有效遏制。[④]

1. 农资市场秩序稳中向好

2015年，陆续开展了农资打假保春耕、农资打假夏季百日、“红盾护农”及“质检利剑”等执法行动，农业、工商、质监等部门共出动执法人员120多万人次，检查农资企业71万家，整顿市场13.7万个，查获假劣农资1.1万吨，配件2万台套，查处案件4.59万起。农业部监测抽检，种子、农药、肥料、兽药合格率分别为98.5%、84.2%、92.9%、96%。中消协统计，农业生产资料类投诉量为4461件，同比减少了1093件，占比由0.9%下降到0.7%。农资打假为粮食丰收、农民增收和农产品质量安全提供了重要保障。[⑤]

2. 监管打击力度持续增强

表2-4是2010—2015年间农产品质量安全执法情况。2015年，各地普遍加大了对违法犯罪分子行政处罚和刑事打击力度。2015年，农业、工商、质监等部门

① 中国政府采购网：《农业部农产品质量安全中心国家农产品质量安全追溯管理信息平台建设项目应用软件开发招标公告》，2016-01-27[2016-05-24]，http://www.caigou2003.com/tender/notice/1916759.html。

② 农业部发展计划司：《农业部办公厅关于国家农产品质量安全追溯信息管理平台建设项目初步设计的批复》，2016-03-01[2016-07-01]，http://www.moa.gov.cn/zwllm/tzgg/tfw/201603/t20160301_5034380.htm。

③ 《农业部2015年开展7大专项整治行动》，中工网，2015-02-18[2016-06-20]，http://news.eastday.com/eastday/13news/auto/news/china/u7ai3500054_K4.html。

④ 农业部：《陈晓华副部长在全国农产品质量安全监管工作会议上的讲话》，2016-04-20[2016-06-22]，http://www.cvonet.com/news/detail/203110.html。

⑤ 《2016农资打假专项行动启动》，新华网，2016-03-01[2016-06-02]，http://news.xinhuanet.com/fortune/2016-03/01/c_128765098.htm。

共移送公安机关案件 92 件，涉案人员 7690 多人，依法取缔无证无照经营企业 435 家，吊销证照企业 144 家，暂停财政补助资质 15 家。各级公安机关破获制售假劣农资案件 834 件，抓获犯罪嫌疑人 1300 多人。各级检察院共受理假劣农资案件 27 件 31 人，起诉 32 件 54 人。各级法院共审理假劣农资案件 53 件，审结 46 件，生效判决 68 人。案件查处、行政处罚和司法惩处、行刑衔接的力度进一步加大。①

表 2-4　2010—2015 年间农产品质量安全执法情况

执法项目	2010 年	2011 年	2012 年	2013 年	2014 年	2015 年
出动执法人员	279 万人次	416 万人次	432 万人次	310 万人次	417.7 万人次	413.6 万人次
检查企业	162 万家次	289 万家次	317 万家次	274 万家次	233 万家次	256.6 万家次
查处问题	6.3 万起	4.1 万起	5.1 万起	5.1 万起	4.51 万起*	4.9 万起
挽回损失	9.4 亿元	7 亿元	11.7 亿元	5.68 亿元	4.7 亿元	3.4 亿元

资料来源：国务院新闻办公室：《2014 年中国人权事业的进展》白皮书。

3. 服务农民工作深入推进

2015 年各部门共进村 9396 个，入户 24056 家，抽检样品 8929 批次，免费检测化肥样品 8929 批次，举办现场宣传咨询活动 1.87 万场次，培训农民群众 890 多万人次，受理农民投诉举报 5600 多件，回访案件 2011 件，为农民挽回直接经济损失 5.4 亿元。"十二五"期间，各地各部门累计立案查处假劣农资案件 32.5 万个，检查企业 629.7 万个次，市场 131.9 万个次，为农民挽回经济损失 30.5 亿元，农资市场不断净化，农资质量状况呈现趋稳向好的态势，为我国农产品质量安全做出了重要贡献。②

表 2-5　2012—2015 年间我国农资打假执法情况

	2012 年	2013 年	2014 年	2015 年
检查农资企业	194.3 万家	97.8 万家	92.2 万余家	71 万家
整顿农资市场	27.9 万个	34 万个	26.2 万个	13.7 万个
查处假劣农资案件	7.9 万件	6.2 万件	6.1 万件	4.59 万件
挽回直接经济损失	18.9 亿元	8 亿元	5.4 亿元	5.4 亿元

资料来源：根据农业部相关资料整理。

---

① 《2016 农资打假专项行动启动》，新华网，2016-03-01[2016-06-02]，http://news.xinhuanet.com/fortune/2016-03/01/c_128765098.htm。

② 《2016 农资打假专项行动启动》，新华网，2016-03-01[2016-07-01]，http://news.xinhuanet.com/fortune/2016-03/01/c_128765098.htm。

(三)标准化体系建设成果显著

食用农产品标准化生产是保障和提升质量安全的治本之策,也是转变农业发展方式和建设现代农业的重要抓手。[①] 目前,农业部积极推进质量安全标准化体系建设,取得了显著的成果。

1. 农残标准制修订工作进程加快

2005年,我国时隔24年后首次修订食品农药残留监管的唯一强制性国家标准——《食品中农药最大残留限量》(GB2763-2005)。2012年,我国再次对GB2763开展修订,新标准涵盖了322种农药在10大类农产品和食品中的2293个残留限量,较原标准增加了1400余个,改善了之前许多农残标准交叉、混乱、老化等问题。2014年,国家卫生和计划生育委员会、农业部联合发布了涵盖387种农药在284种(类)食品中3650项限量标准的GB2763-2014,其中1999项指标国际食物法典已制定限量标准,我国有1811项等同于或严于国际食物法典标准。[②]同期,农业部还组织制订了《加快完善我国农药残留标准体系工作方案(2015—2020)》,计划用5年时间新制定农药残留限量标准及其配套检测方法7000项,基本健全我国农药残留标准体系。[③] "十二五"期间,在农产品标准制修订上,制定了农药残留限量标准4140项、兽药残留限量标准1584项、农业国家标准行业标准1800余项,清理了413项农残检测方法标准。各地因地制宜制定1.8万项农业生产技术规范和操作规程,加大农业标准化宣传培训和应用指导,农业生产经营主体安全意识和质控能力明显提高。

表2-6 GB2763-2005、2012、2014基本情况对比

	2005年	2012年	2014年
限量农药种类	201种	322种	387种
覆盖农产品数量	114种(类)	10大类	284种(类)
残留限量标准数量	873项	2293项	3650项

资料来源:根据GB2763相关情况对比整理。

① 罗斌:《我国农产品质量安全发展状况及对策》,《农业农村农民(B版)》2013年第8期。

② 《我国最严谨的农药残留国家标准发布》,中国粮食信息网,2014-03-29[2016-05-01],http://www.grain.gov.cn/Grain/ShowNews.aspx? newsid=51231。

③ 《农产品质量安全监管迈上新台阶》,中国农业信息网,2014-12-30[2016-03-20],http://www.agri.cn/V20/SC/jjps/201412/t20141230_4316180.htm。

2. 标准化示范积极推进

“十二五”期间，投入 100 亿元专项资金支持开展农牧渔业标准化创建工作，重点是积极推进已有的“三园两场一县”（标准化果园、菜园、茶园，标准化畜禽养殖场、水产健康养殖场和农业标准化示范县）和“三品一标”（无公害农产品、绿色食品、有机农产品和农产品地理标志）的相关创建和管理工作，创建“三园两场”9674 个，创建标准化示范县 185 个，按照国家稳数量、保质量、强监管的要求，新认证“三品一标”产品 2.8 万个，累计认证产品总数达 10.7 万个，“三品一标”监测合格率稳定在 98%以上。其中 2014 年无公害农产品抽检总体合格率为 99.2%，绿色食品产品抽检合格率为 99.5%，有机食品抽检合格率为 98.4%，地标农产品连续 6 年重点监测农药残留及重金属污染合格率保持在 100%，上述产品合格率均明显高于例行监测总体合格率。①

（四）农产品质量安全法律保障机制逐步完善

2015 年国家最新修订了《食品安全法》，2013 年颁布了饲料管理条例等法律法规，启动了《农产品质量安全法》及农药、转基因管理条例的修订工作。高法高检出台了食品安全刑事案件适用法律的司法解释，把生产销售使用禁用农兽药、收购贩卖病死猪、私设生猪屠宰场等行为纳入了刑罚范围。农业部制修订了饲料、兽药、绿色食品、农产品监测管理办法等 10 多个部门规章，印发全程监管的意见等规范性文件，出台了 8 项监管措施和 6 项奶源监管措施。有 18 个省份出台了农产品质量安全地方法规，所有省份都把质量安全纳入政府年度考核内容，建立了问责机制。以国家法律法规为主体、地方法规为补充、部门规章相配套的法律法规体系不断完善。国家调整了农产品质量安全监管体制和职能分工，国办印发了加强农产品质量安全监管的通知，农业部与食品药品监管总局签订了监管合作协议，形成全过程监管链条。各地、各行业聚焦薄弱环节，建立了高毒农药定点经营实名购买、生产档案记录、监测抽查、检打联动等一系列行之有效的管理制度。

三、食用农产品质量安全中存在的主要问题

近年来，政府部门对农产品质量安全高度重视，经过多年的探索和努力，我国主要食用农产品质量安全工作取得了突破性的进展，保持着总体平稳、逐步向好的发展态势。然而由于农产品产地环境污染严重、农业投入品安全隐患突出等因素制约，我国农产品质量安全治理仍存在诸多问题，安全风险依然存在，食用农产

① 《落实监管责任确保品牌公信》，中国科技网，2015-03-20[2016-07-02]，http://www.wokeji.com/nypd/ywjj/201503/t20150320_1002914.shtml。

品质量安全事件频发的态势并没有得到有效遏制。而随着国民经济的快速发展和人民消费水平的提高,人们的健康安全意识逐渐增强,农产品质量安全问题已成为人们广泛关注的社会焦点问题。

(一) 2015年食用农产品质量安全风险事件

2015年我国发生了一系列农产品质量安全事件,暴露出我国食用农产品在重金属污染、农兽药残留、添加剂滥用、违法加工、病死禽畜处理不当及疫病等方面存在的问题,典型事件见表2-7。产生这些问题的成因复杂,与食用农产品的产地环境立体交叉污染严重、安全保障体系尚不完善及农业生产者的不道德等多种因素有关,治理的难度相当大,难以在短时期内彻底改善我国食用农产品质量安全状况。频发的食用农产品安全事故引发了消费者极大的担忧,严重打击了我国消费者对食用农产品安全的消费信心。

表2-7　2015年发生的典型的食用农产品质量安全热点事件

序号	问题种类	事件名称	事件简述	处理工作或事件影响
1	重金属(面源)污染	“四川辣椒重金属镉超标”事件	2015年8月,四川省宜宾市农业局就本年省级绿色食品例行抽检,发现其中3家企业辣椒重金属镉超标。	1. 约谈其属地农业局和3个绿色食品生产企业(专业合作社)负责人。 2. 取消3家企业年度“三品一标”奖励资格,提请上级部门取消这3家企业辣椒绿色食品认证。
		“河南葡萄酒铜超标”事件	2015年8月,河南出入境检验检疫局检出2批葡萄酒重金属(铜)超标,葡萄酒重金属超标会对人体产生危害。铜作为一种微量元素,正常情况下对人体是有益的,但过量摄入可能引发铜中毒,导致神经损伤。	1. 以重金属超标为由对不合格葡萄酒进行退运或销毁。
		“青岛贝类镉超标”事件	2015年8月,山东青岛市抽检生鲜水产品,4批次扇贝检出镉超标,最高超标近3倍。镉是一种重金属污染物,会在水体生物如鱼类、浮游动物等体内积累富集,并通过食物链将毒性放大,危害到人体健康。	1. 食品药品监管部门已立案查处,对相关违法商贩处以罚款。 2. 下一步食药部门将重点关注贝类等产品中重金属超标现象。

（续表）

序号	问题种类	事件名称	事件简述	处理工作或事件影响
2	农药残留	“菜地农药残留超标”事件	2015年4月，东莞市农业局第一季度共对68个蔬菜生产企业、农民专业合作组织及生产基地进行执法抽检。抽查结果显示，望牛墩镇寮厦菜地、中堂镇袁家涌菜地和万江街道新村菜地这3家菜地有关检测样品存在禁限用农药残留超标情况。	1. 铲除违规农产品。 2. 根据相关法规对检测不合格的单位进行查处，并将不合格生产单位列入重点监管名单。
		“济南毒韭菜”事件	2015年12月，济南市食药监局公布蔬菜及蔬菜制品抽检信息，共检查韭菜79批次，其中5批次不合格，农药超标残留200倍。	1. 按新食品安全法，对经营农残超标韭菜的商贩处以5万元以上的罚款。
		“福建品牌茶企农药残留”事件	2015年12月，国家食品药品监督管理总局发布新一期食品抽检名单，在共计9批次食品抽检不合格名单里，福建有3批次品牌茶叶均检出氰戊菊酯超标。长期饮用农药超标的茶叶，对人体健康有一定的潜在性风险。	1. 福建省食品药品监管部门按照规定，责令生产经营者及时采取下架、召回，查明原因，制定整改措施。 2. 2016年2月报国家食品药品监督管理总局并向社会公布。
3	违规使用兽药或兽药超标	“金字火腿兽药超标”事件	2015年10月，上市公司金字火腿生产的金华香肠被检出禁止使用的兽药——沙丁胺醇。	1. 金字火腿公司反映沙丁胺醇指标超标，系由猪肉原料带入的个别偶发性事件。 2. 金字火腿公司表示，将进一步加强原料采购管理，切实加大进厂原料抽检力度及生产过程中的抽检，力争杜绝事件发生。
		“金锣瘦肉精”事件	2015年9月，金锣公司生产的生鲜肉被抽检出含有瘦肉精——西马特罗。而早在2015年2月，国家食品药品监督管理总局公布的食品安全监督抽检结果显示，金锣集团生产的金锣王特级火腿肠被检出菌落总数超标12.6倍。2015年3月，央视曾报道疑似得过口蹄疫的康复猪能够顺利进入德州金锣工厂。	金锣表示立即停产，封存所有在产和库存产品，并积极配合调查。不过，对于这些产品是否召回，金锣公司只字未提。
		“河南蜂蜜添加抗生素”事件	2015年10月，北京市食品药品监督管理局发布食品安全抽检信息，由河南庆文食品有限公司生产的两种蜂蜜被检出抗生素——氯霉素。	1. 氯霉素会对人体造血系统产生严重不良反应。 2. 北京市食品药品监督管理局提醒，凡已购买上述不合格批次产品的消费者可凭购物小票和外包装向销售单位要求退货。

（续表）

序号	问题种类	事件名称	事件简述	处理工作或事件影响
4	违法加工	“僵尸肉”事件	2015年6月，海关总署开展打击冻品走私专项行动，查获42万吨僵尸肉，价值30多亿元。部分走私冻肉已经进入市场。僵尸肉是冰冻多年销往市场的冻肉，多为走私品，大多数超过生产保质日期，且未经过检验检疫，质量安全不能保证，用化学药剂加工调味品后变成卖相极佳的美味佳肴。	1. 对所有查获的走私冷冻肉品，海关均依法予以销毁。 2. 海关总署、公安部将会同有关部门部署全力追查走私入境冷冻肉品的来源及销售去向，包括幕后指使人、承运企业和相关人员、承储冷库经营企业和相关人员以及采购使用的食品生产经营者。 3. 政府新修订了食品安全法，对生产、销售环节实施严格管理，强化了生产经营者主体责任，也建立了严格的监管处罚制度。
		“僵尸木瓜”事件	2015年7月，浙江省宁波市江北区监管部门查获32.86吨“高龄”木瓜块，保质期两年多，但生产日期却都在五六年前。另有25吨过期品销往苏州一家生产果汁、果酱的企业。	监管部门向涉事企业开出140万元罚单，也是该区在食品安全流通环节领域开出的最大罚单。
		“浙江过期奶二次销售”事件	2015年11月，浙江温州绿惠饮料公司将过期一个月的早餐奶修改生产日期混充在刚出厂的鲜奶中，在不到半年时间内，这家企业加工过期早餐奶多达25万余瓶。	奶企负责人徐某、梁某等7人被公诉机关以生产、销售伪劣产品罪提起诉讼。
		“鸭血甲醛超标”事件	2015年3月，央视新闻曝光，北京市场上知名连锁火锅店呷哺呷哺、小肥羊等被检测出用猪血冒充鸭血进行造假。而路边麻辣烫抽检的假鸭血检测出较高含量的甲醛成分，每公斤含7毫克甲醛，高出国家最低检测标准2毫克。	1. 甲醛是一种世界卫生组织公认的强致癌物质，也是一种高毒性物质，到消化道后，会产生恶心、腹痛，甚至有便血等情况，还可引起浅表性胃炎。 2. 涉及的相关企业表明全部停售所有门店的鸭血产品，留待检验和确认，同时展开调查核实工作。

（续表）

序号	问题种类	事件名称	事件简述	处理工作或事件影响
5	食品添加剂滥用	“食品二氧化硫超标”事件	2015年9月，北京市食品药品监督管理局发布食品安全信息显示，“鸿乐”牌姜片、“塞翁福”牌珍珠菇、“欧米家”罗汉笋尖等5种农产品食品二氧化硫超标。	1. 少量的二氧化硫进入人体被认为是无害的，但超量则会对人体健康产生危害。 2. 北京市食品药品监督管理局已经对不合格产品在流通领域采取了停止销售的措施。
		“水产品非法添加剂”事件	2015年8月，国家食品药品监督管理总局抽检不合格水产品24批次。其中，部分水产品抗菌药物恩诺沙星超标，并抽检出部分水产品含有禁止添加的非食用物质孔雀石绿。	国家食品药品监督管理总局采取责令经营者立即停止销售等安全风险控制措施。
6	病死畜禽流通	“福建病死猪肉”事件	2015年4月，福建省高级人民法院公布，犯罪分子大量收购病猪、死猪，并雇人进行加工后销售，共有2000多吨病死猪肉流向消费者餐桌，金额高达4300余万元。	1. 判处涉案人员16年至2年6个月不等有期徒刑。 2. 倒查病死猪肉来源、去向，严肃追究大量出售、购买病死猪肉的养殖户、餐馆经营者等人员责任，提高违法成本。问责不履行监管职责、导致病死猪流入市场的人员。严惩，收受犯罪分子贿赂，为收购、销售病死猪肉提供便利的公职人员。
7	谣言	WHO“红肉致癌”风波	2015年10月，世界卫生组织下属的国际癌症研究机构（IARC）发布最新评估报告，红肉可能令人类致癌。世卫组织随后发表声明澄清，2002年所提出“人们应节制进食保藏的肉制品，以减少患癌的风险”的建议仍然有效。	1. 世界癌症基金会的评估是，每周吃不超过500克的红肉并不会增加肠癌的危险。 2. 营养专家建议，只要数量不过多，烹调时不用碳烤、烟熏、油炸的方法，烹调后不焦煳、不过咸，搭配适当谷物和蔬菜水果，就可以愉快吃肉了。
		“草莓乙草胺致癌风波”事件	2015年5月，北京市昌平区一则有关“草莓被检出含有乙草胺，可能致癌”的报道，使得消费者对草莓望而却步。随后，北京市多部门联合辟谣：种植草莓用不到乙草胺，“吃草莓致癌”说法不靠谱。	1. 引发了各地消费者的恐慌，草莓销售市场迅速走冷。 2. 昌平区加大了对农药企业、农产品种植过程中农药施用行为的执法检查。

数据来源：根据人民网、新华网、央视网等媒体报道整理形成。

（二）食用农产品质量安全风险在各个环节均有隐患

从供应链的角度来分析，我国食用农产品质量安全风险在农产品生产环节、加工环节、流通环节和消费环节等供应链全过程均有涉及。

1. 生产环节：生产环境污染严重，农兽药使用过量

伴随“毒豆芽”“毒韭菜”“病死猪”等食用农产品安全事件的频频发生，生产环境污染和农兽药使用过量问题已成为影响食用农产品生产环节质量安全的突出问题。当前我国农业面源污染已超过工业成为最大面源污染产业，我国90%以上的村庄的生活污水未经任何处理随意排放，导致农产品产地环境质量下降和污染问题日益凸显。[①] 同时，药残标准仍不健全，如2015年通过的《食品安全国家标准 食品中农药最大残留限量（草案）》中包含了433种农药4140项限量标准中，我国蔬菜农药残留指标数目和指标涉及的农药种类都比较少。残留指标数目分别是食品法典委员会（CAC）的7%，欧盟的9.9%；涉及的农药种类分别是食品法典委员会（CAC）的35.6%，是欧盟的68.4%（图2-6）。受标准化生产成本高、生产者自身素质低一味追求经济利润等因素的影响，我国农兽药的过量使用现象普遍，农作物亩均化肥用量也远高于世界平均水平（每亩8公斤），高达21.9公斤，是美国的2.6倍，欧盟的2.5倍。[②][③] 我国果树、蔬菜的施肥量已超出安全水平，据测算，我国9亿亩果树、蔬菜使用的化肥量，比约16亿余亩粮食使用的化肥量还要多500万吨。[④] 2015年我国水稻、玉米、小麦三大粮食作物化肥利用率为35.2%，

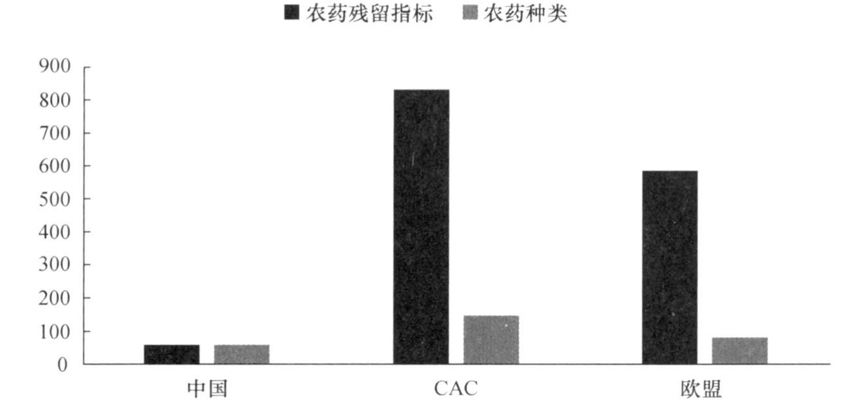

图2-6　中国、CAC和欧盟蔬菜药残标准情况对比

数据来源：中国质量新闻网。

① 中国环境报：《治理农业面源污染要把握好关键点》，中国环境网网站，2015-05-21[2016-07-08]，http://www.cenews.com.cn/gd/llqy/201505/t20150521_792650.html。

② 《到2020年农药使用量零增长行动方案》，农业部网站，2015-02-17[2015-02-28]，http://www.moa.gov.cn/zwllm/tzgg/tz/201503/t20150318_4444765.htm。

③ 邵振润：《农药减量靠什么来实现？》，《中国农药》2015年第6期。

④ 《到2020年农药使用量零增长行动方案》，农业部网站，2015-02-17[2015-02-28]，http://www.moa.gov.cn/zwllm/tzgg/tz/201503/t20150318_4444765.htm。

农药利用率为36.6%,农药的低效率使用不仅使农作物农药残留超标,还会使有害物质扩散至农业生产的水体、土壤、大气中,造成严重的面源污染。

2. 加工环节:加工标准体系相对滞后,实施效果制约质量安全生产

目前,我国食用农产品质量安全加工标准和信息体系建设仍较为落后。据统计,农业部拟在原有国家标准和行业标准的基础上,增加农产品加工标准122项。尽管如此,在5000项农业行业标准中,农产品加工标准仅有701项,占总数的14%,尤其是食用农产品加工方面的标准结构不尽合理,仅占标准总数的3.6%。在现有的农产品加工体系中,又存在缺乏系统性、基础研究薄弱、针对性不强、结构不合理、实施效果不明显等问题。① 与此同时,我国小而分散的加工企业和作坊构成了我国食用农产品加工行业的主体,其生产基础薄弱,技术落后,标准化实施程度很低,且一味节省生产成本而降低对保障农产品质量安全水平的投入,致使食用农产品的生产与加工存在较大的风险。2015年,农业部农产品加工局发布的《关于我国农产品加工业发展情况的调研报告》中指出,总体看来,我国农产品加工率只有55%,远远低于发达国家的80%。且主产区加工业落后。产加销未能整体构建,缺乏产能转移承接平台,中、西部只占到全国的29.9%和15.3%。

3. 流通环节:供应组织化程度、溯源体系建设尚不完善

当前,我国食用农产品供应组织化程度较低,难以结成有效的供应链合作伙伴,不仅表现为食用农产品供应组织中主体的自组织能力较差,还体现为核心主体管理、协调整个流通环节的作用不明显。同时,我国食用农产品的物流运输设备落后,缺乏严格的保鲜技术和防菌设备等运输条件,容易形成大批有害细菌与微生物的侵入与繁殖,导致食源性疾病的发生与扩散。据统计,目前我国通过冷链流通的农产品比例不足10%,而发达国家的肉禽的冷链流通率已达100%,蔬菜、水果的冷链流通率也已达95%以上。② 目前,在国家范围内建立农产品质量安全可追溯体系以加强农产品质量安全控制已成为一种发展趋势。为此,我国在建设食用农产品可追溯体系方面不断进行着有益探索,取得了一定的成果。但仍存在溯源标准不统一、溯源信息不完整、真实性不足,各部门、环节缺乏有效衔接,强制性的法律依据缺失,溯源技术落后等问题无法得到有效解决。③ 而食用农产品在生产、加工、流通过程中的标准化实施程度低也对溯源体系的建设产生了较大的阻碍,制约着食用农产品质量安全水平的提升。

---

① 《2014—2018年农产品加工(农业行业)标准体系建设规划》,农业部网站,2013-06-27[2016-05-10],http://www.moa.gov.cn/zwllm/ghjh/201306/t20130627_3505314.htm。

② 原朝阳、杨维霞:《供应链环境下农产品物流运输优化策略探析》,《商业经济研究》2016年第7期。

③ 曹庆臻:《中国农产品质量安全可追溯体系建设现状及问题研究》,《中国发展观察》2015年第6期。

4. 消费环节：消费者缺乏对食用农产品质量安全的认知水平

频发的食用农产品质量安全风险事件引发了消费者对食用农产品的极大担忧，引起了消费者的广泛关注。但消费者对食用农产品质量安全的认知水平仍然较低，无法有效区分食用农产品的安全性，食物中毒事件仍时有发生(表2-8)。

表2-8　2013—2015年间我国发生的食物中毒情况统计

中毒原因	2013年			2014年			2015年		
	报告起数	中毒人数	死亡人数	报告起数	中毒人数	死亡人数	报告起数	中毒人数	死亡人数
微生物性	49	3359	1	68	3831	11	57	3181	8
化学性	19	262	26	14	237	16	23	597	22
有毒动植物及毒蘑菇	61	718	79	61	780	77	68	1045	89
不明原因或尚未查明原因	23	1220	3	17	809	6	21	1103	2
合计	152	5559	109	160	5657	110	169	5926	121

资料来源：根据国家卫生计生委相关资料整理。

2015年，国家卫生计生委收到食物中毒事件报告169起，中毒5926人，死亡121人(表2-9)。其中，微生物性食物中毒事件中毒人数最多，占全年食物中毒总人数的53.7%，主要是由沙门氏菌、副溶血性弧菌等引起。有毒动植物及毒蘑菇引起的食物中毒事件报告起数和死亡人数最多，分别占全年食物中毒事件总报告起数和总死亡人数的40.2%和73.6%。中毒原因包括毒蘑菇、未煮熟四季豆、乌头、钩吻、野生蜂蜜等，其中，毒蘑菇引起的食物中毒事件占该类事件总起数的60.3%。化学性食物中毒则主要由亚硝酸盐、毒鼠强、氟乙酰胺及甲醇等引起。[①] 由于消费者处于信息不对称的弱势地位，无法有效辨别食用农产品的安全性，使得食物中毒事件常有发生，而“三品一标”类的安全农产品的价格偏高，普通消费者难以承受。为此，政府亟须对食用农产品质量安全严格监管，防范食物中毒刻不容缓。

① 国家卫生计生委：《国家卫生计生委办公厅关于2015年全国食物中毒事件情况的通报(国卫办应急发〔2016〕5号)》，2016-02-19[2016-04-01]，http://www.nhfpc.gov.cn/yjb/s7859/201604/8d34e4c442c54d33909319954c43311c.shtml。

表 2-9　2015 年我国发生的食物中毒原因分类状况

中毒原因	报告起数	中毒人数	死亡人数
微生物性	57	3181	8
化学性	23	597	22
有毒动植物及毒蘑菇	68	1045	89
不明原因或尚未查明原因	21	1103	2
合计	169	5926	121

5. 全程监管存在缺陷，预警应急管理不足

一系列食用农产品质量安全风险事件和食物中毒公共卫生事件的发生，暴露出了我国食用农产品在供应链全过程中的弊端。2015 年新《食品安全法》明确实施相对集中的食品安全监管体制，但我国食用农产品质量安全全程监管仍存在一系列的问题。一是职能交叉重复，在农业部和食品药品监督管理总局的分工中，前者的"食用农产品"质量安全监管与后者的"食品"安全监管存在职能交叉重叠和权限模糊；[①]二是监管与检测技术方法水平参差不齐，严重制约食用农产品质量安全的保障水平。在预警应急方面，我国食用农产品质量安全风险预警体系尚处于起步阶段，预警管理责任主体不明确，管理制度缺位，预警技术装备手段落后，难以应对突发性事件。[②] 而在舆情预警方面，2015 年的负面舆情占比约为 27.13%，较往年略有下降，但恶意攻击类舆情信息有所增长。[③] 面对突发性的质量安全风险事件和负面舆情信息，政府各部门未有明确的职能规定，难以尽职尽责，且相互协调能力较差，问题出现后相互推诿、逃避责任。为此，未来我国亟须构建合理的食用农产品质量安全预警系统，以防范质量安全风险并快速有效地解决突发性质量安全事件。

（三）农业生产方式亟须调整

产地污染是造成我国食用农产品质量安全风险事件的根本原因，包括水污染、土壤污染和大气污染等问题。这里以农药使用为例，展开简单的分析。

农药作为控制农林作物病虫害的特殊商品，在保护农业生产、促进食用农产品稳定增长等方面发挥着极其重要的作用，是现代化农业不可或缺的生产物质。但农药的过量施用严重污染农业生产环境，并通过在农作物内的聚集严重影响食用农产品的质量安全，对人体产生极大的危害。现阶段，农药的过量使用已成为

① 马英娟：《走出多部门监管的困境——论中国食品安全监管部门间的协调合作》，《清华法学》2015 年第 3 期。

② 李爽：《浅谈食品质量安全预警管理》，《科技创新与应用》2016 年第 6 期。

③ 李祥洲、钱永忠、邓玉等：《2015—2016 年我国农产品质量安全网络舆情分析及预测》，《农产品质量与安全》2016 年第 1 期。

农业面源污染的主要来源。根据江南大学食品安全研究基地近年来对全国10多个省(自治区、直辖市)城乡居民的大样本跟踪调查数据统计,"农药残留超标"是我国城乡居民普遍担忧的食用农产品质量安全风险。2015年农业部发布的全年农产品质量安全例行监测信息显示,农产品总体合格率达97.1%。然而,受我国农业生产方式等多种因素影响,农产品质量问题还时有发生。[①] 在现实条件下,农药仍是重要的农业生产资料。为此,必须加快推进农业生产方式转变,有效控制农药使用量,保障农业生产安全、食用农产品质量安全,促进农业可持续发展。

农药过量施用的负面影响突出,我国开始通过管理和技术上的优化来改善农药施用,以控制农药的合理使用量。《农药管理条例》第27条规定,使用农药应当遵守国家有关农药安全、合理使用的规定,按照规定的用药量、用药次数、用药方法和安全间隔期施药。第36条规定,任何单位和个人不得生产、经营和使用国家明令禁止生产或撤销登记的农药。国家明令禁止使用的农药有甲胺磷、六六六、滴滴涕等33种,限制使用、撤销登记的农药有甲拌磷、涕灭威、灭线磷等17种。目前,我国农药面源污染局部有所好转,但总体上,我国农业生产过程中的农药使用量仍在增长。

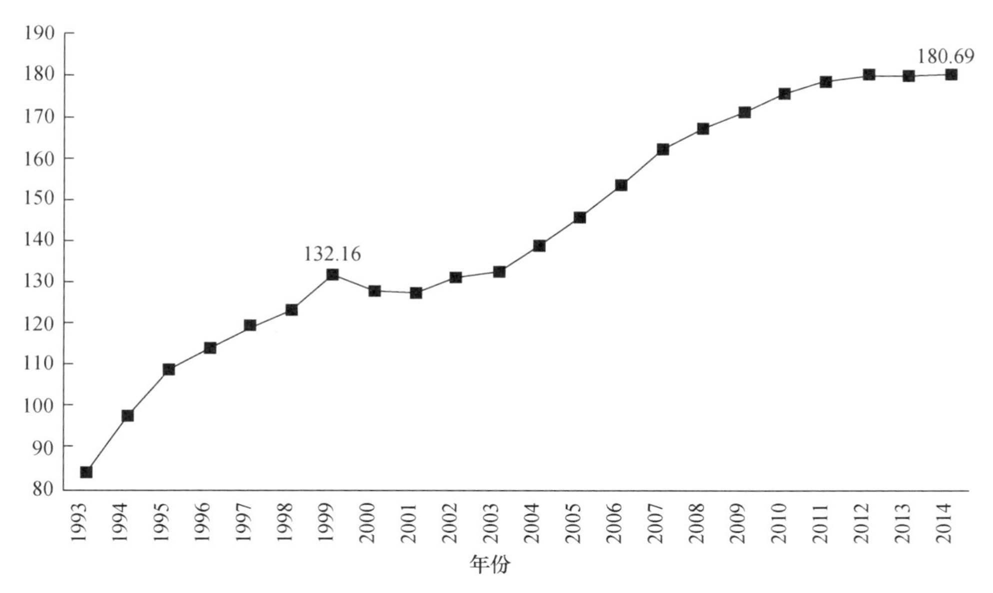

图2-7　1993—2014年间中国化学农药施用量　(单位:万吨)

资料来源:根据《中国统计年鉴》整理形成。

① 《农业部发布2015年全年农产品质量安全例行监测信息》,农业部网站,2016-01-20[2016-06-01],http://www.moa.gov.cn/zwllm/zwdt/201601/t20160120_4991311.htm。

数据显示，1993 年我国农药使用量为 84.50 万吨，1995 年我国农药使用量则突破了 100 万吨，达到了 108.70 万吨；2006 年农药施用量超过 150 万吨，达到 153.71 万吨，2013 年则达到了 180.19 万吨的高峰(图 2-7)。与 1993 年相比，2013 年的农药使用量增长将近 100 万吨，是 1993 年的 2.13 倍，21 年间的农药使用量年均增长率达 4.30%，按这一增长率，2015 年我国农药使用量将超过 200 万吨。此外，《2015 中国国土资源公报》数据显示，截止到 2015 年年末，全国耕地面积为 20.25 亿亩，因建设占用、灾毁、生态退耕、农业结构调整等原因减少耕地面积 450 万亩，通过土地整治、农业结构调整等增加耕地面积 351 万亩，年内净减少耕地面积 99 万亩。由此可知，2015 年我国每公顷耕地平均农药使用量将超过 14.81 公斤。而在江苏这样的发达省份，年农药用量达 7.95 万吨，虽然用量逐年下降，但目前亩耕地农药用量仍是全国平均水平的 1.4 倍。

由病虫草害引起的农作物在生长过程中的损失最多可达 70%，合理的农药施用可以挽回 40%左右的损失。为此，施用农药是防病治虫的重要措施。然而，随着我国耕地面积持续减少，农药施用量却大幅度持续上涨，与发达国家的农药施用量形成了鲜明的对比。以法国为例，法国是农业生产大国，占欧盟农业生产的 18%。近年来，法国的农药施用量大幅度下降，相关数据显示，法国农药销售量呈结构性下调的趋势，农药有效成分的销售量从 1998 年的 12.05 万吨下降到 2011 年的 6.27 万吨，减少了 48%。其中有机合成农药的销售量从 8.91 万吨下降到 4.88 万吨，减少了 45.2%；铜和硫类农药的销售量从 3.14 万吨下降到 1.39 万吨，减少了 55.7%。出于保障粮食增产和农民增收的需要，农药的施用在现阶段我国的农业生产中仍扮演着不可或缺的角色，但由于农药施用量过大，加之施药方法不够科学，导致农药残留超标的问题。目前我国是世界第一农药生产和施用大国，2007 年中国化学农药产量达 173.1 万吨，首次超过美国成为世界第一大化学农药生产国。2015 年则达到 374.4 万吨的历史最高点。与此同时，我国单位面积化学农药的平均用量比世界平均用量高 2.5—5 倍，每年遭受残留农药污染的作物面积达 12 亿亩。而更令人担忧的是，由于农药技术水平等限制，农业部公布 2015 年我国农药实际利用率为 36.6%，比发达国家低 15—25 个百分点，大量的农药施用使得农业生态环境恶化，农业生产的水环境、土壤环境及大气环境均不同程度地受到影响，造成的食用农产品污染日益加剧。为此，我国亟须调整农药生产结构与农药施用行为。

四、强化农业生产使用的农用化学品的质量监管

农产品质量安全关乎农业生产发展，是促进国民经济又好又快发展的关键所在。需从供应链全程监管的角度，把握好生产、加工、流通、消费每一环节的监控

过程，实现真正意义上的食用农产品全程监管，而这是一个长期的工作。从短期来看，重点必须解决农业生产使用的农用化学品的质量监管，这对提升食用农产品质量安全水平具有基础性的作用。虽然农业部几乎每年均组织包括农用化学品在内的农用生产资料专项打假，但此方面的投诉仍然不断，而这些投诉也仅仅反映问题的冰山一角，更多的问题并没有充分暴露。表2-10是中国消费者协会发布的2015年农用生产资料类受理投诉的相关情况统计表。从总体上看，目前我国生产的农用化学品质量仍然需要强化监管，提升质量。这里以兽药质量为例简单说明。

（一）兽药质量监督抽检的总体情况

全国31个省级兽药监察所和中国兽医药品监察所组织完成了2015年第四季度兽药质量监督抽检计划，农业部发布了《关于2016年第一期兽药质量监督抽检情况的通报》。通报指出，2015年第四季度共完成兽药（不包括兽用生物制品）监督抽检4856批，合格4673批，不合格183批（可分别参见农业部网站的相关资料），合格率为96.2%，比2014年第三季度（95.3%）提高0.9个百分点，比2014年同期（94.9%）提高1.3个百分点。其中，兽药监测抽检共抽检3760批，合格3615批，合格率96.1%；兽药跟踪抽检共抽检516批，合格499批，合格率96.7%；兽药定向抽检共抽检74批，合格72批，合格率96.4%；兽药鉴别抽检共抽检503批，合格485批，合格率96.4%。

（二）兽药质量环节性监督抽检的情况

从抽检环节看，生产环节抽检767批，合格753批，合格率98.2%，比2015年第三季度（96.2%）提高2.0个百分点；经营环节抽检3454批，合格3319批，合格率96.1%，比2015年第三季度（94.8%）提高1.3个百分点；使用环节抽检635批，合格601批，合格率94.5%，比2015年第三季度（96.1%）下降1.6个百分点。

（三）不同品种的兽药质量监督抽检情况

从产品类别看，化药类产品共抽检2051批，合格1991批，合格率97%，比2015年第三季度（96%）提高1个百分点；抗生素类产品共抽检1657批，合格1618批，合格率97.6%，比2015年第三季度（95.9%）提高1.7个百分点；中药类产品共抽检1091批，合格1011批，合格率92.6%，比2015年第三季度（93.1%）下降0.5个百分点；其他类产品共抽检3批，合格2批，合格率66.7%。2015年第四季度共完成兽用生物制品监督抽检113批，合格111批，不合格2批（见表2-13），合格率98.2%。从2015年第四季度抽检情况看，鉴别和含量不合格仍然是兽药质量检验不合格的主要项目，部分产品含量较低甚至为0，个别产品含量无法测定；其次是改变组方违法添加其他兽药成分的现象依然存在。因此，各级地方政府农业部门要按照农业部公告第2071号规定，对不符合质量要求的兽药生产单位，必须从重处罚的,依法予以从重处罚。对符合撤销兽药产品批准文号、吊销兽药生产许可证的,应继续实施撤号、吊证处罚。对鉴别检验不合格的,各检验机构要进一步开展检验,确认是否存在改变制剂组方、非法添加其他药物成分等违法行为,为处罚提供技术支持。同时,要组织开展查处活动,加强兽药质量信息通报,继续强化兽药企业日常监管,保障经营市场兽药的合法性。

表 2-10 2015 年农用生产资料类受理投诉的相关情况统计表

类别	总计	质量	安全	价格	计量	假冒	合同	虚假宣传	人格尊严	售后服务	其他
农用生产资料类	4461	3288	95	41	91	86	213	47	—	282	318
农用机械及配件	1489	1105	3	16	5	6	66	6	—	207	75
化肥	482	353	6	9	28	17	11	8	—	3	47
农药	—	—	—	—	—	—	—	—	—	—	—
种子	1029	736	14	6	22	38	89	19	—	16	89
饲料	132	97	3	2	9	5	5	—	—	3	8
其他	1329	997	69	8	27	20	42	14	—	53	99
农业生产技术服务	37	13	2	—	5	2	2	2	—	2	9

资料来源:根据中国消费者协会《2015 年全国消协组织受理投诉情况分析》,由作者整理形成。

第三章　2015 年中国食品工业生产、市场供应与结构转型

确保食品工业稳定增长，促进食品工业的结构转型，这对具有 13 亿多人口的中国具有特别重要的意义。本章将重点考察“十二五”收官之年的 2015 年我国食品生产与市场供应的基本情况，研究食品工业内部结构与区域布局的变化，并基于技术创新国际比较分析食品工业结构转型的状况，展望未来我国食品工业的发展态势。

一、食品工业发展状况与在国民经济中的地位

2015 年，我国食品工业保持了健康发展，生产增长平稳，产业结构不断优化，效益继续改善，投资规模扩大，价格平稳运行。按可比价格计算，2015 年，食品工业主要经济指标比上年均有不同程度提高，继续为拉动消费增长、促进经济发展发挥重要的支柱产业作用。

（一）在国民经济中保持支柱产业地位

2015 年，在国内经济下行压力加大、增速放缓的形势下，全国食品工业顺应市场变化，推进结构调整，实现生产平稳增长，产业规模继续扩大，经济效益持续提高，组织结构不断优化，区域食品工业协调发展。

2015 年，全国食品工业实现主营业务收入继续攀升，达到 11.3 万亿元，比 2014 年增长 3.67%；食品工业总产值占全国工业总产值的比重达到 12.0%，比 2010 年的 8.8%提高 3.2 个百分点；若不计烟草制品业，食品工业增加值同比增长 6.5%。食品工业在国民经济中的支柱产业地位进一步提升。[①] 分行业看，与 2014 年相比，2015 年农副食品加工业增长 5.5%，食品制造业增长 7.5%，酒、饮料和精制茶制造业增长 7.7%，烟草制品业增长 3.4%。2015 年，食品工业完成工业增加值占全国工业增加值的比重达到 12.2%，对全国工业增长贡献率 10.8%，拉动全国工业增长 0.66 个百分点。表 3-1 显示，虽然 2015 年食品工业总产值占国内生

---

① 资料来源于中国食品工业协会常务副会长刘治的发言《2015 年全国食品工业发展趋稳向好》，http://paper.cfsn.cn/content/2015-11/21/content_31852.htm。

产总值的比例有所降低，但仍然保持16%以上的比重，继续巩固其在国民经济中的重要支柱产业地位。

表 3-1 2006—2015 年间食品工业与国内生产总值占比变化（单位：亿元、%）

年份	食品工业总产值	国内生产总值	占比
2006	24801	216314	11.47
2007	32426	265810	12.20
2008	42373	314045	13.49
2009	49678	340903	14.57
2010	61278	401513	15.26
2011	78078	473104	16.50
2012	89553	519470	17.24
2013	101140*	568845	17.78
2014	108933*	636463	17.12
2015	113000*	676708	16.70

注：* 表示该数值为食品工业企业主营业务收入。

资料来源：《中国统计年鉴》(2006—2014 年)、2013 年、2014 年国民生产总值数据来源于《2013 年、2014 年国民经济和社会发展统计公报》，2013—2015 年食品工业的有关数据来源于中国食品工业协会各年《食品工业经济运行情况》。

（二）主要食品品种满足国内需求

表 3-2 显示了 2015 年全国食品工业 21 个主要品种的产量，以及乳制品中液体乳和乳粉，软饮料中碳酸饮料、包装饮用水和果汁果蔬汁饮料等主要产品产量。

表 3-2 2015 年食品工业主要产品产量

（单位：万吨、万千升、亿支、%）

产品名称	全年产量	同比增长
小麦粉	14461.58	1.84
大米	13564.20	4.43
精制食用植物油	6734.24	8.45
成品糖	1475.37	−7.36
鲜、冷藏肉	3761.08	−1.78
冷冻水产品	844.13	1.28
糖果	345.47	6.68
速冻米面食品	524.17	0.40
方便面	1017.80	−0.65
乳制品	2782.53	4.60

（续表）

产品名称	全年产量	同比增长
其中：液体乳	2521.00	4.72
乳粉	141.95	−4.50
罐头	1212.60	2.02
酱油	1011.94	6.43
冷冻饮品	306.99	0.02
食品添加剂	790.07	11.86
发酵酒精	1016.74	4.23
白酒（折65度，商品量）	1312.80	5.07
啤酒	4715.72	−5.06
葡萄酒	114.80	−0.73
软饮料	17661.04	6.23
其中：碳酸饮料类（汽水）	1794.50	7.42
包装饮用水类	8766.09	10.29
果汁和蔬菜汁饮料类	2386.54	1.06
精制茶	241.81	−1.90
卷烟	25890.61	−0.80

资料来源：中国食品工业协会：《2015年食品工业经济运行情况》。

2015年主要食品产量大部分实现同比增长，食品添加剂增加幅度最大，达到11.86%。而糖果、酱油产量同比增长超过6%。但由于行业调整或者受进口产品冲击，包括成品糖、鲜冷藏肉、方便面、乳粉、啤酒、葡萄酒、精制茶和卷烟等8种主要食品产量较2014年同比有所下降，尤其成品糖、啤酒产量同比分别下降了7.36%和5.06%。表3-3显示，虽然2011—2015年间我国主要食品产量有增有减，但食品工业仍较好地满足了人民群众日益增长的消费需求，有效地保障了食品供应的数量安全。

表3-3　2011—2015年间我国主要食品产量比较

（单位：万吨、万千升、%）

产品	2011	2012	2013	2014	2015	累计增长	年均增长
食用植物油	4331.90	5176.20	6218.60	6534.10	6734.24	47.46	13.86
成品糖	1169.10	1406.80	1589.70	1660.10	1475.37	26.63	6.55
肉类	7957.00	8384.00	8536.00	8707.00	8625.00	8.24	2.10
乳制品	2387.50	2545.20	2676.20	2651.80	2782.53	17.60	4.14

（续表）

产品	2011	2012	2013	2014	2015	累计增长	年均增长
罐头	972.50	971.50	1041.90	1171.90	1212.60	23.10	6.17
软饮料	11762.30	13024.00	14926.80	16676.80	17661.04	42.96	12.54
啤酒	4898.80	4902.00	5061.50	4921.90	4715.72	－3.63	－0.91

资料来源：各年份数据分别来源于中国食品工业协会相关年度的《食品工业经济运行情况综述》，以及国家统计局的《中华人民共和国国民经济和社会发展统计公报》。

（三）经济效益持续增长且对社会贡献持续扩大

2015年，规模以上食品工业企业实现主营业务收入在2014年10.89万亿元的基础上又增至11.30万亿元，高出全部工业3.80个百分点，增幅比上年收窄3.40个百分点，而农副食品加工业的贡献率一直保持高达57.21％以上，同时酒、饮料和精制茶制造业的营业收入也保持在食品工业分行业中增长第一的态势（见图3-1）。

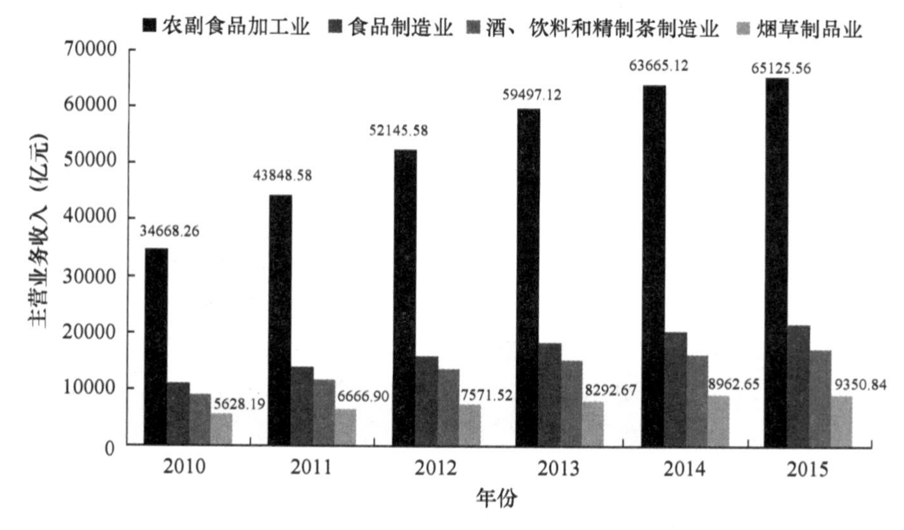

图3-1 2010—2015年间我国食品工业分行业主营业务收入

资料来源：中国食品工业协会：《2015年食品工业经济运行情况》《中国统计年鉴》(2011—2015)。

2015年食品工业实现利润总额8028.03亿元，较2014年的7900.08亿元增长了1.62％，高出全部工业8.20个百分点，比上年扩大4.70个百分点。其中食品制造业利润增长最快，2015年较2010年增长了80.43％。虽然农副食品加工业对食品工业利润总额的贡献率有所降低，但仍在四大分行业中保持最高的40％以上的占比（见图3-2）。

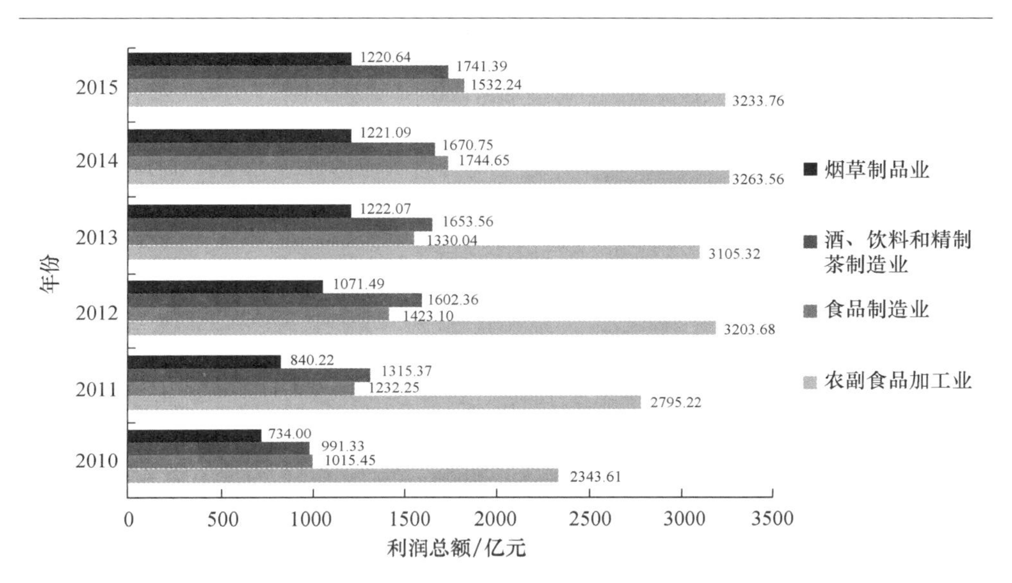

图 3-2 2010—2015年间我国食品工业分行业利润总额

资料来源：中国食品工业协会：《2015年食品工业经济运行情况》《中国统计年鉴》(2011—2015)。

2015年食品工业上缴税金总额也由2014年的9241.55亿元增加到2015年的9642.93亿元，增长了4.34%，高出全部工业1.60个百分点。其中食品制造业上缴的税金总额增长最为迅猛，同比增长10.02%，而酒、饮料和精制茶制造业的上缴税金在上年同比下降的情况下，2015年反弹至同比增长3.55%(见表3-4)。

表 3-4 2014年、2015年我国主要食品行业上缴税金总额 (单位：亿元、%)

食品行业	2014年	同比增长	2015年	同比增长
农副食品加工业	1391.05	4.21	1419.37	3.06
食品制造业	788.43	7.59	850.11	10.02
酒、饮料和精制茶制造业	1119.04	−0.09	1165.87	3.55
烟草制品业	5943.03	9.40	6207.59	4.63
食品工业	**9241.55**	**7.21**	**9642.93**	**4.72**

资料来源：中国食品工业协会：《2014年食品工业经济运行情况》《2015年食品工业经济运行情况》。

表 3-5 2014 年、2015 年食品工业盈利能力对比

行业名称	2015 年		2014 年	
	主营收入利润率(%)	成本费用利润率(%)	主营收入利润率(%)	成本费用利润率(%)
全部工业平均水平	5.76	6.18	5.94	6.39
食品工业总计	7.08	8.05	6.99	7.95
农副食品加工业	4.97	5.25	4.83	5.10
食品制造业	8.44	9.24	8.23	9.00
酒、饮料和精制茶制造业	10.07	11.47	9.97	11.39
烟草制品业	13.05	38.49	13.98	43.28

资料来源:中国食品工业协会:《2015 年食品工业经济运行情况》。

表 3-5 显示了 2015 年食品工业盈利能力。2015 年食品工业的主营收入利润率、成本费用利润率分别较 2014 年提高了 0.09%和 0.10%,其中最大的增幅来自食品制造业,而烟草制造业的盈利能力则有所下降。总体而言,2015 年食品工业主营收入利润率和成本费用利润率分别比全部工业平均水平高出 1.32%和 1.87%。

(四)重点行业保持平稳增长

受限于资料的可得性,在此以粮食加工业、食用油加工业、乳品制造业、屠宰及肉类加工业、制糖业等为例,分析重点行业的发展状况。[①]

1. 粮食加工业

2015 年,受益于粮食产量的"十二连增",我国粮食加工业继续保持较快增长速度。2015 年 6394 家规模以上的粮食加工企业实现主营业务收入 13403.4 亿元,占食品工业主营收入的比重达到 11.8%,比上年增长了 7.4%;利润总额 660.7 亿元,比上年提升 4.1%。其中生产大米 13564.20 万吨,小麦粉 14461.58 万吨,分别较 2014 年增长了 4.43%和 1.84%,但显然增速放缓(图 3-3)。

虽然我国粮食加工业的谷物原料进口量不大,但我国粮食加工业也面临一些主要问题,其中一是针对粮食进口量攀升的进出口调控如何推进,二是如何解决仓储运输和加工环节导致的粮食损失浪费现象,尤其在加工过程中,片面追求"精、细、白"导致粮食加工环节浪费的现象较为严重。

2. 食用油加工业

2015 年我国食用油加工业 2050 家规模以上企业,主营业务收入 10025.7 亿

① 中国食品工业协会:《食品工业"十二五"期间行业发展状况》,《中国食品安全报》2015 年 3 月 31 日。

元，利润总额356.5亿元。同时2015年，我国精制食用植物油的产量达到6734.24万吨，较2014年同比增长8.45%（图3-3）。2015年，玉米油、葵花子油、山茶油等小油种成为增长较快的品类，被越来越多的消费者所接受并选择。

但我国食用加工油的原料油籽仍然严重依赖进口，带动食用油加工业对外依赖程度较高，加工产能过剩成为一直以来食用油加工行业的主要问题。国内油料作物特别是大豆持续减产，导致进口量增加。油脂价格持续较低，限制了加工企业利润增长，我国本土油料加工产业经营难度越来越大。

3. 乳品制造业

2015年，我国规模以上乳品制造企业达到638家，主营业务收入3328.5亿元，完成利润总额241.7亿元的总体规模。较2014年，规模以上乳品制造企业的主营业务收入和利润总额分别同比增加了1.7%和7.7%。2015年，我国乳制品产量达到2782.5万吨，同比增长4.6%。其中液体乳产量2521.0万吨，同比增长4.72%；而乳粉产量142.0万吨，同比下降了4.50%（图3-3）。乳制品行业的增速减缓，主要是由于2013—2014年间的高价格、市场逐渐成熟以及政府反腐的溢出效应所造成。小幅的人民币贬值并没有对奶制品进口需求产生过多影响。

2015年，我国乳品制造业面临的现实问题是，乳制品生产增长较为缓慢，而原料奶价格仍维持高位，包括乳粉在内的部分产品产量处于下降趋势。究其原因，一方面是随着整体经济发展步伐放缓，乳制品消费增长乏力，而另一方面，国内相对国外形成高成本、高价格的格局，加之我国消费者对国产乳制品仍然信心不足，造成乳品进口量大幅增加，对国内乳品生产形成了冲击。

4. 屠宰及肉类加工业

2015年，规模以上屠宰及肉类加工企业达到3940家，实现主营业务收入13291.0亿元，利润总额658.4亿元，较2014年同比分别增加了4.07%、4.4%和5.0%。其中鲜、冷藏肉的产量虽然达到3761.08万吨，仍较2014年同比下降1.78%（图3-3）。

由于货币贬值对我国猪肉和禽肉的进口量影响有限，加上我国猪肉的人均消费量已经达到较高水平，其增长已基本饱和，未来的消费增长将主要来自牛肉和禽肉。而自2012年起，由于我国牛肉国内市场长期处于供给短缺状态，增加了对于进口牛肉的依赖，而禽类的消费量也由于相对较低的价格得到较大增长。总体而言，屠宰及肉类加工业已经按照“十二五”发展规划要求，实现了传统组织结构向现代组织结构的加速转变，产业集中度和专业化分工协作水平也逐步提高，龙头企业也随之发展壮大，行业集中度显著提高。2015年，屠宰及肉类加工业的大中型企业数量在行业内所占比例已经达到20.3%，其占全行业资产总额、销售收入及利润总和的比重分别为65.5%、61.6%、60.9%，比“十一五”末的2010年均有显著提高。

5. 制糖业

2015 年我国制糖业达到 297 家规模以上企业，主营业务收入为 1200.6 亿元，实现利润总额 88.2 亿元，较 2014 年同比分别增长 6.7%和 393.4%。而成品糖产量为 1475.4 万吨，比上年减产 7.36%（图 3-3）。

我国食糖供应缺口仍然较大，但由于内外糖价差价大，进口糖数量较多，国内糖业亏损局面难以扭转。2015 年制糖业生产企业的亏损面达到 41.4%，亏损额达到 22.7 亿元。大量的走私进口糖一定程度影响了我国制糖业的健康有序发展。

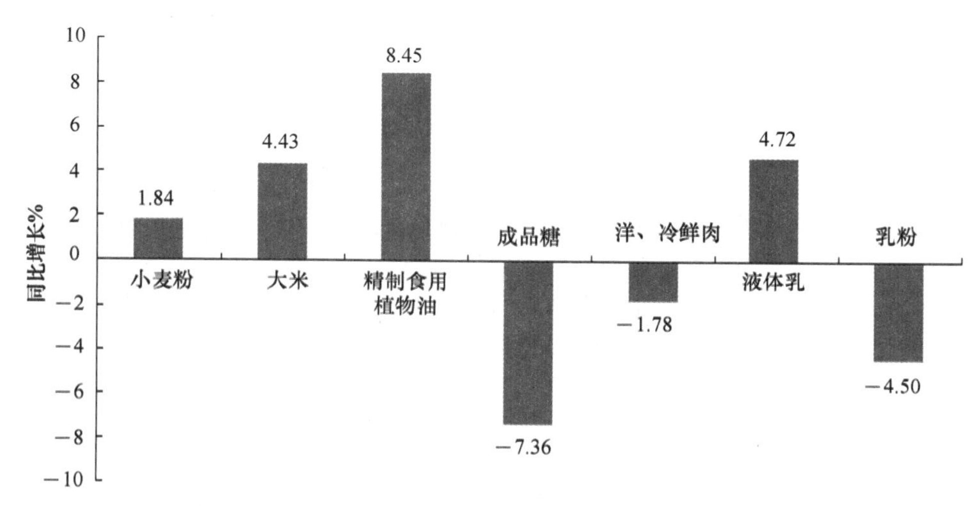

图 3-3 2015 年食品工业重点行业主要产品产量较 2014 年增长情况

资料来源：中国食品工业协会：《2015 年食品工业经济运行情况》。

（五）食品价格水平涨幅波动较为平稳

2015 年我国食品消费价格同比上涨 2.3%，较上年下降 0.8 个百分点，涨幅继续回落。全年月度食品价格涨幅在 1.1%到 3.7%之间波动（图 3-4）。同时，2015 年全年猪肉价格上涨 9.5%，蔬菜价格上涨 7.4%，烟草上涨 4.3%，粮食价格上涨 2.0%，水产品上涨 1.8%，价格下降的有，蛋品价格下降 7.0%，羊肉下降 5.5%，鲜果价格下降 3.8%，油脂价格下降 3.2%，乳制品下降 1.1%，酒类则下降 0.8%。而从出厂价格来看，全年食品出厂价格与上年同期持平，整个工业生产者出厂价格同比下降 5.2%。从购进价格来看，农副产品购进价格同比下降 2.3%。

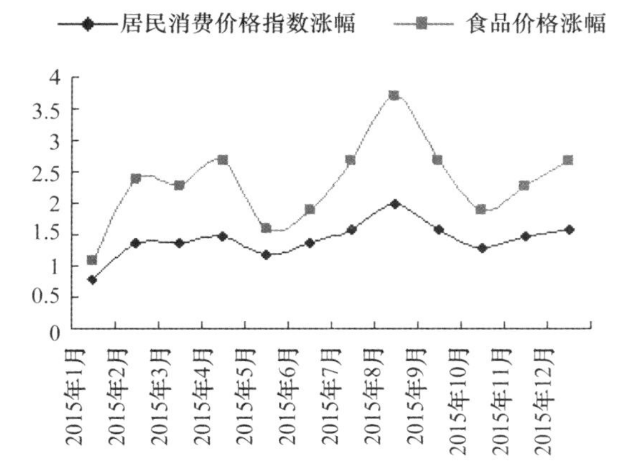

图 3-4　2015 年食品消费价格指数走势　（单位：%）

资料来源：中国食品工业协会：《2015 年食品工业经济运行情况综述》。

（六）固定资产投资规模扩大

2015 年全国食品工业完成固定资产投资突破 2 万亿元，达到 20205.7 亿元，较 2014 年增加了 8.06%，增速高出制造业 0.3 个百分点。2010—2015 年间，全国规模以上食品工业固定资产投资仍保持规模扩大态势，但增速明显放缓。同时，食品工业投资额占全国固定资产投资额 3.6%，占比比上年的 3.7%略有下降。投资和消费需求的共同拉动，使食品工业保持了稳定健康的发展。

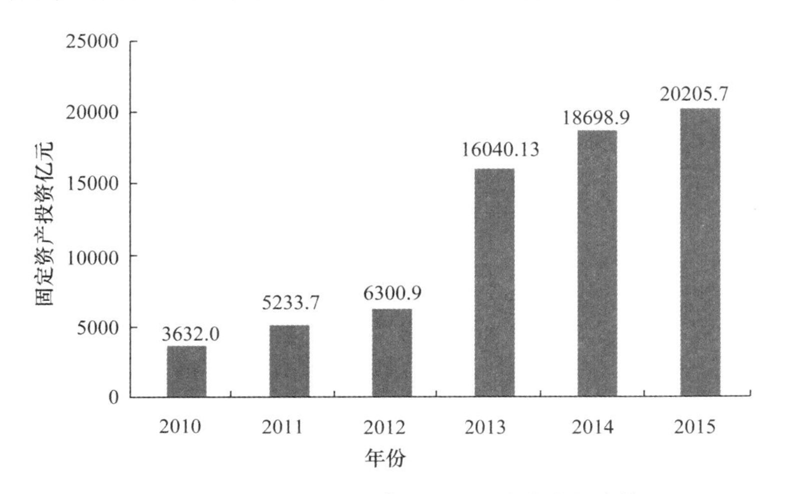

图 3-5　2010—2015 年间食品工业固定资产投资情况

资料来源：中国食品工业协会：《2015 年食品工业经济运行情况》、《中国统计年鉴》（2011—2014）。

从分行业分析，农副食品加工业，食品制造业，酒、饮料和精制茶制造业以及烟草制品业完成固定资产投资额分别为 10761.2 亿元、5089.0 亿元、4090.1 亿元和 265.4 亿元。较 2014 年分别同比增长 7.70％、14.40％、4.40％和－6.50％(图 3-6)。

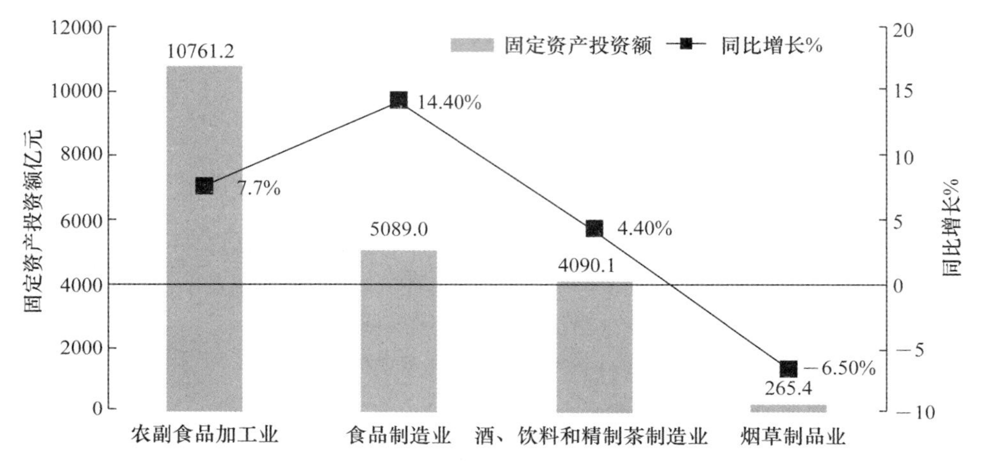

图 3-6　2015 年食品工业分行业固定资产投资情况　(单位:亿元、%)

资料来源:中国食品工业协会:《2015 年食品工业经济运行情况》。

二、食品工业行业结构与区域布局

2015 年，我国食品工业的行业结构与区域布局呈现出逐步均衡协调的发展格局。

(一) 食品工业内部结构

2015 年，我国农副食品加工业增加值按可比价格计算同比增长 5.5％，食品制造业增长 7.5％，酒、饮料和精制茶制造业增长 7.7％，烟草制品业则增长了 3.4％，增幅分别比上年同期下降 2.2％、上升 1.1％、增加 1.2％和下降 4.8 个百分点。与 2005 年相比，食品工业四大分行业的主营业务收入的走势表现出较大的差异性，内部结构不断调整。图 3-7 显示，2015 年我国农副食品加工业的主营业务收入较 2005 年增加了 513.52％，年均增长率为食品工业四大分行业之首。而食品制造业，酒、饮料和精制茶制造业，烟草制造业的主营业务收入分别达到 21700.34 亿元、17292.46 亿元、9350.84 亿元，分别比 2005 年增长了 474.17％、459.75％、229.17％。[①] 烟草制造业的增长速度仍然明显低于整个食品产业的增长速度。

① 相关部门没有公布 2015 年食品工业四大行业的产值数据，在这一部分的分析中，有关 2015 年食品工业四大行业产值的数据由主营业务收入代替并计算。

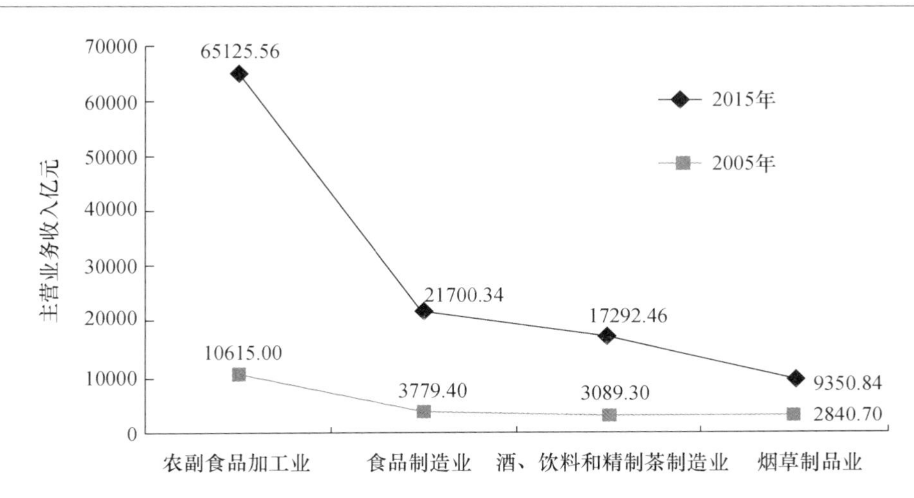

图3-7　2005年和2015年食品工业四大行业主营业务收入对比

资料来源:《中国统计年鉴》(2006)、2015年数据来自国家统计局与中国食品工业协会《2015年食品工业经济运行情况》。

而将2005年和2015年食品工业四大分行业产值占食品工业总额的比重进一步对比分析发现,2015年农副食品加工业,食品制造业,酒、饮料和精制茶制造业与烟草制造业产值占食品工业总产值的比重分别较2005年增加了5.17%、0.53%、0.04%和−5.74%。可见,从行业产值来看,与2005年相比,2015年农副食品加工业在食品工业中所占比重继续保持增长且增幅最大,其次为食品制造业,酒、饮料和精制茶制造业,而烟草制造业在食品工业的比重则下降较为明显(图3-8)。显然,食品工业内部行业增速的变化是适应市场需求变动而相应调整的必然结果,虽然增减不一,但总体反映了基于市场需求的供给侧调整,体现了内部结构优化供给的良好态势。

(二)食品工业的区域布局

2015年,从东、中、西、东北几大区域看,中部地区收入增长最快;西部地区利润增长最快;东北三省的收入、利润、税金等主要经济指标已连续两年负增长。从占比情况分析,与2014年相比,东北地区占比呈现下降态势,而中部和西部地区的占比则略有提高。从东、中、西部三大区域的食品工业总产值分析,从2005年的3.13∶1.24∶1,2012年的2.24∶1.32∶1,2014年的2.87∶1.42∶1,到2015年的2.17∶1.45∶1,[①]呈现出我国食品工业的区域布局逐步向中部地区转移的发

① 相关部门没有公布2014年、2015年食品工业四大行业的产值数据,在这一部分的分析中,2014年、2015年均以食品工业主营业务收入代替产值数据来计算分析。

展态势。而随着区域布局调整，食品工业强省的分布也有所变动。2005 年，东、中、西部拥有的食品工业总产值排名前 10 位省份数量分别为 7∶1∶2，而 2012 和 2013 年东、中、西、东北地区拥有的食品工业总产值排名前十位的省份数量均分别为 4∶3∶1∶2，2014 年、2015 年这一比例均保持在 4∶4∶1∶1。与 2005 年相比，2015 年食品工业总产值排名前十位的省份数量中，东部地区减少 3 个，中部地区增加 4 个，西部地区则减少 1 个。可见，无论是东部地区还是西部地区，食品工业的强省都在向中部地区布局。

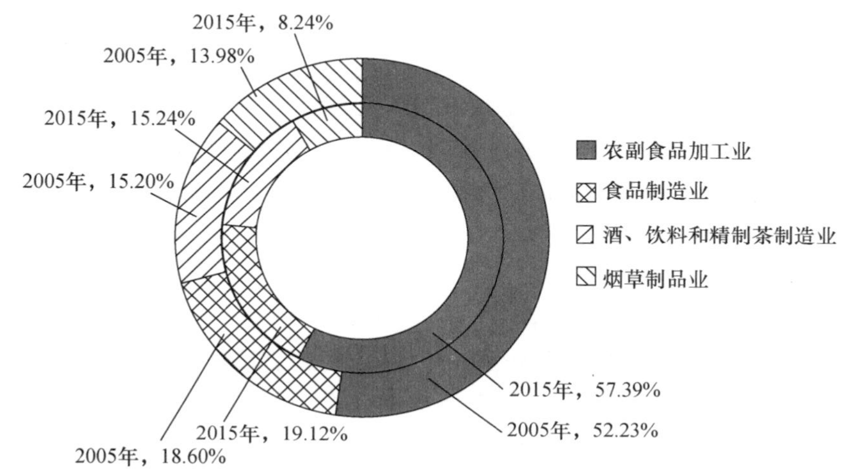

图 3-8　2005 年和 2015 年食品工业四大行业的比重比较

资料来源：根据《中国统计年鉴》(2006)、国家统计局与中国食品工业协会《2015 年食品工业经济运行情况》。

表 3-6　2015 年分地区的食品工业经济效益　(单位：个、亿元、%)

	企业数	主营业务收入	占比	同比增长	利润总额	占比	同比增长
食品工业总计	39647	113469.21	100	4.61	8028.02	100	5.94
东部地区	15489	47729.92	42.06	4.76	3444.16	42.90	8.27
中部地区	11337	31943.39	28.15	8.60	2122.97	26.44	5.58
西部地区	8232	22022.41	19.41	7.20	1965.65	24.48	9.45
东北地区	4589	11773.49	10.38	−9.04	495.24	6.17	−16.13

资料来源：中国食品工业协会：《2015 年食品工业经济运行情况》。

表 3-6 中，2015 年我国东部、中部、西部和东北地区的食品工业完成主营业务收入分别占同期全国食品工业的 42.06%、28.15%、19.41%、10.38%。与 2014 年相比，东部地区主营业务收入同比增长 4.76%、西部地区同比增长 8.60%、西部地区同比增长 7.20%、东北地区则减少了 9.04%。

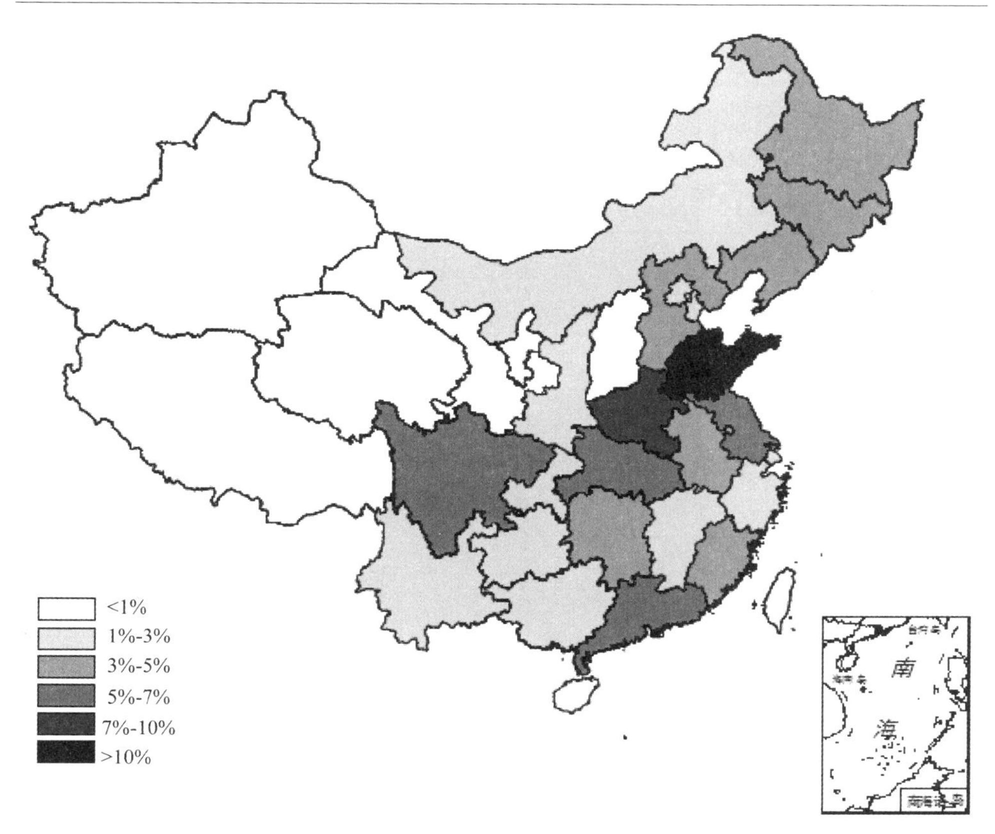

图 3-9　2015 年食品工业各省份主营业务收入占比的区域分布图

资料来源：国家统计局与中国食品工业协会《2015 年食品工业经济运行情况》。

2015 年食品工业主营业务收入排在前 10 位的省份是，山东省、河南省、湖北省、江苏省、四川省、广东省、湖南省、福建省、安徽省和吉林省，共实现主营业务收入 74328.0 亿元，占全国食品工业 66.5%。与 2014 年相比，前 6 名位置没有变化，而后 4 名中，吉林替代辽宁进入了前 10。图 3-9 中，从 2015 年各省(自治区)的食品工业主营业务收入占比全国食品工业的总体区域格局来看，山东省以 15.09%的占比独占鳌头，其后为河南的 9.34%。中部地区除了山西省仅以 0.57%的占比地处食品产业格局洼地之外，中部地区的各省(区)显然已经逐步接受了东部各省(市)的产业转移，除了特别不发达的西部地区新疆维吾尔自治区、甘肃省、宁夏回族自治区、青海省、西藏自治区和沿海的海南省之外，我国东部和中部各省的食品工业布局均显示出良好的发展势头。总体而言，2005—2015 年间我国食品工业发展呈现出东部地区继续保持优势地位、中部地区逐步承接产业转移、西部地区仍处于基础发展阶段的区域格局。

而中国食品工业协会发布的《2015 中国食品行业 100 强企业》也进一步证实了以上的总体格局。表 3-7 中，我国食品工业具有一定影响力的百强企业仍主要布局于山东省、广东省、上海市、江苏省等东部沿海地区，虽然包括河南省、四川省等中部地区也有百强企业落户，但总体状况仍落后于东部沿海地区。

表 3-7　2015 中国食品行业 100 强企业所在省域分布

省份	百强企业个数
贵州	1
海南	1
山西	1
安徽	2
福建	2
广西	2
湖北	2
吉林	2
辽宁	2
内蒙古	3
黑龙江	4
北京	5
河南	5
四川	5
天津	5
浙江	5
河北	6
江苏	7
上海	8
广东	11
山东	21
合计	100

资料来源：中国食品工业协会主办的 2015 中国食品博览会发布。

三、食品工业的供给侧改革：与美国技术创新投入的比较

经过三十年的高速发展，虽然我国食品工业已在很大程度上满足了人民需求，但发展非常不平衡的问题也日趋严重。东部发达地区的食品供给开始由不发达地区提供，原料质量水平和产业发展水平还无法完全满足日益增长的消费水平需求。而我国食品生产方式加工技术的相对落后也使得食品生产效率不高，市场

上高品质安全食品供给严重缺位，不仅难以与国际产品竞争，甚至无法满足国内消费者的品质需求，造成实质性的供给不良，也造成百姓对我国食品安全的信任危机。因此，以技术创新推动食品工业供给侧改革，以安全食品的有效供给提振消费信心，满足高端需求，从而带动消费结构升级，推动食品产业转型升级势在必行。本节将通过我国食品工业的创新投入与美国情况的比较，发掘我国食品工业供给侧改革的现实路径。

（一）食品工业的创新投入

技术创新在各个行业经济增长中的作用日益重要。近年来，我国食品工业的研发投入规模不断扩大，研发投入强度、授权专利数以及创造的技术创新收益不断提升。图3-10显示，2010—2014年间，我国食品工业的研发经费投入与研发项目数总体上呈现较为明显的增长态势。到2014年，两项指标分别较2010年增加了158%和178%，为我国食品工业转型升级提供了坚实的技术保障。

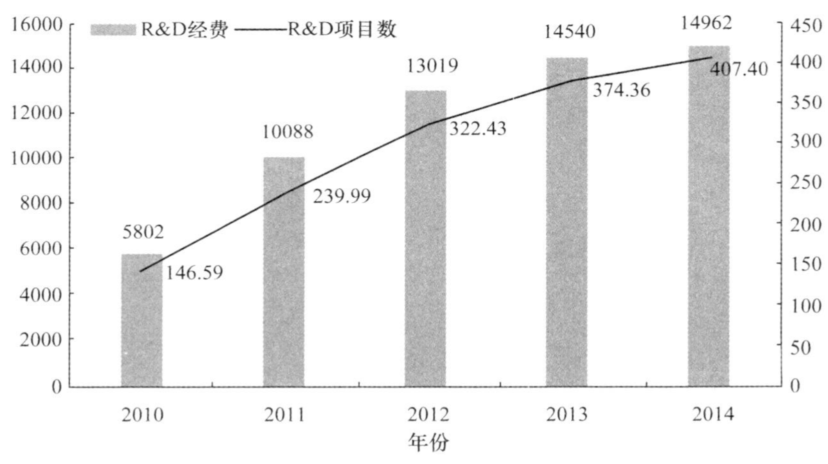

图3-10 2010—2014年间我国食品工业的技术创新投入 （单位：项、亿元）

资料来源：中国科技经费投入统计公报（2011—2015）。

但总体而言，现阶段我国食品工业初级产品仍占主要比重，产品缺乏高科技含量，而高附加值产品比重偏低。这一方面体现了我国食品工业创新能力不足，另一方面也带来诸如资源利用率不高、严重的环境污染问题等后果，都不利于可持续发展。因此，食品工业快速发展的实践和现代化进程的推进，对加快科技创新工作提出了迫切要求。加快科技进步、推动自主创新是食品工业转型升级的源泉和动力，是我国食品工业立足于国际舞台的关键。

（二）食品工业研发投入与创新产出：与美国比较

食品工业的科学与技术发展水平一般可以由食品工业研发经费投入强度、授权专利和技术创新收益等指标来反映。创新收益等指标是衡量一国进行研发

(R&D)投入绩效的重要指标,同时研发投入的不同水平又能带来不同的技术创新效果。但不同的国家研发经费投入所产生的创新绩效并非相同。就我国与美国食品工业研发投入与创新产出展开比较发现主要存在以下问题。

1. 食品工业科技研发经费投入强度不高

研发经费投入强度指研发经费占产品销售收入的比重,是国际上通用的反映一个国家或某个产业科技研发能力的核心指标。从表 3-8 的食品工业研发经费投入强度来看,美国食品工业研发经费投入强度远高于我国,从 2009 年到 2012 年,其研发经费投入强度分别是我国食品工业的 1.33 倍、1.71 倍、2.53 倍和 1.64 倍。由此可见,虽然近年来我国食品工业的创新投入显著增加证明了我国自主创新能力不断提升,但是与美国差距仍然很大。增加食品工业的研发投入、提高自主创新能力的供给侧改革势在必行。

表 3-8 2009—2012 年间中美食品工业研发经费投入强度比较

年份	中国	美国
2009	0.48	0.64
2010	0.49	0.84
2011	0.32	0.81
2012	0.50	0.82
2013	0.37	—
2014	0.39	—

数据来源:根据美国全国卫生基金会、《中国科技统计年鉴(2010—2015)》相关数据整理。
注:"—"表示数据暂时无法可得。

2. 食品工业授权专利不多

衡量技术创新收益的指标比较多,但专利不仅能够反映一国食品科技创新活动产出,而且能够反映一国科技创新成果水平,是反映技术创新收益的关键性、基础性指标。2009—2011 年间美国食品工业的专利申请数由 966 件增加到 3261 件,其中专利授权数由 371 件增加到 1398 件,分别增加了 237.58%和 276.82%。由图 3-11 显示,从平均专利申请数和授权数来看,2009—2011 年这三年间美国平均每个食品工业企业的专利申请数和授权数分别为 0.74 和 0.29,远远超过我国的 0.39 和 0.10。

企业技术创新的产出主要指收益性产出、技术性产出和竞争性产出三个方面。由于创新成本难以统计,国际上一般用新产品的销售份额来测度新产品对企业销售收入的贡献,本节主要对产品收益性产出进行分析。食品工业新产品销售收入是反映一国科技创新成果水平的重要指标。2009—2011 年间,美国食品工业企业中,34%的企业在产品或生产工艺方面有重大创新,新产品或新工艺的创新给企业带来的总利润为13928.3万美元。而2009—2011年间，我国食品工业企业新产品或新工艺的创新给企业带来的总收入为9454.6万元。

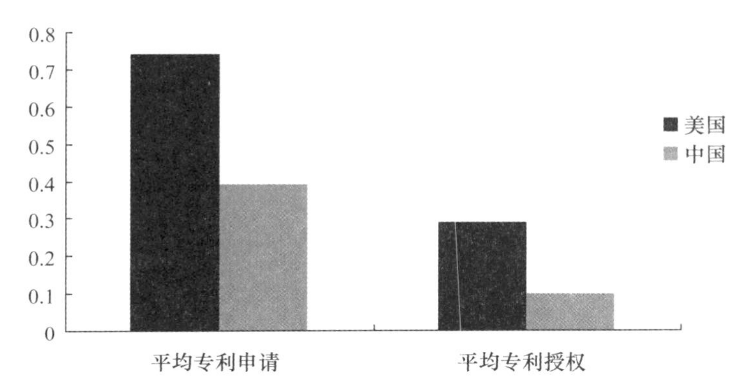

图3-11　中美食品工业平均专利申请数与专利授权数

数据来源：根据US Patent and Trademark Office相关数据整理而得。

3. 食品工业技术创新收益较低

利用表3-9中2006—2012年间我国和美国食品工业总产值、劳动力投入与固定资产投入数据，采用柯布—道格拉斯生产函数与索洛模型估算食品工业技术进步及其对食品工业产值增长的贡献率情况。

表3-9　2006—2012年间食品工业总产值、劳动力投入与固定资产投入

（单位：十亿美元/亿元、万人）

年份	工业产值(Y)		就业人数(L)(万人)		固定资产(K)	
	美国	中国	美国	中国	美国	中国
2006	664.30	24801.00	162.10	482.00	18.80	2898.75
2007	717.20	31912.00	162.20	519.00	19.00	3342.12
2008	775.50	42600.70	161.60	603.00	21.40	4173.03
2009	774.90	49678.00	157.80	593.00	22.10	5616.06
2010	804.30	63079.90	156.20	654.00	22.70	7141.50
2011	866.80	78078.30	157.50	682.00	23.70	9790.40
2012	906.10	90888.92	165.90	758.00	24.80	9031.00

数据来源：根据美国经济分析局和《中国工业经济统计年鉴》相关数据整理。

其中索罗模型计算食品工业科技进步的增长速度公式为$a=Gy-\alpha Gl-\beta Gk$，Gy，Gl，Gk分别是产出、就业人数、固定资产的增长率，α和β是产出对劳动力投入和资本投入的弹性。计算结果显示(图3-12)，2007年我国的食品工业科技进步增长速度急剧上升之后增长速度又放缓，2008年及之后，我国的科技进步增长速度和美国的差距变小，在 2007 年、2009 年和 2012 年都超过了美国。由此可见，近年来，我国食品科学技术水平虽无法与美国媲美，但食品科学技术进步的增速也正逐步加快，与包括美国在内发达国家的差距正在逐步缩小。

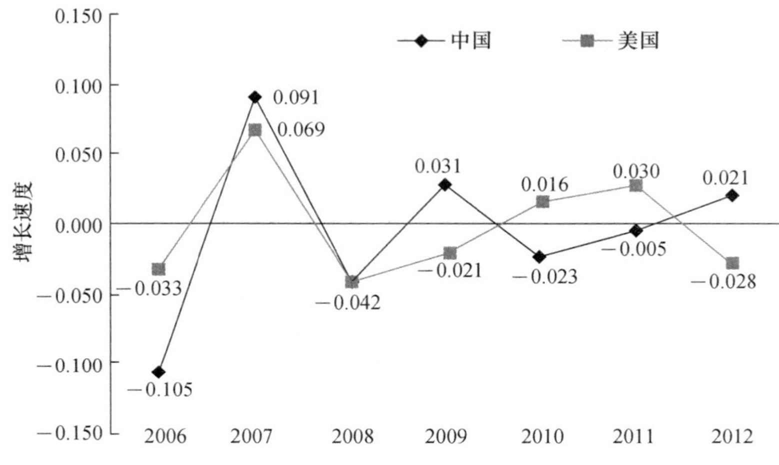

图 3-12 2006—2012 年间我国食品工业科技进步增长速度 (%)

利用表 3-9，构建柯布—道格拉斯生产函数 $Y=AK^{\alpha}L^{\beta}e^{\varepsilon}$，$Y$ 是产出，K 和 L 分别是资本和劳动，ε 是随机误差，α,β 相互独立而且 $\alpha+\beta\equiv1$ 不成立。

对函数两端取自然对数，可以得到 $\ln Y=\ln A+\alpha\ln L+\beta\ln K+\varepsilon$，再令 $Z=\ln Y$，$X_1=\ln K$，$X_2=\ln L$，并记 $m=\ln A$，得到 $Z=m+\alpha X_1+\beta X_2+\varepsilon$。

表 3-10 2006—2012 年间中美科技进步、劳动力及资本对食品工业增长的贡献率

单位：%

年份	科技进步贡献率		资本贡献率		劳动力贡献率	
	美国	中国	美国	中国	美国	中国
2006	−467.74	−49.54	549.26	120.00	18.47	29.54
2007	86.37	31.87	13.23	25.03	0.40	43.10
2008	−51.52	−12.63	153.89	34.83	−2.37	77.80
2009	469.35	18.39	−182.50	97.68	−186.85	−16.07
2010	43.05	−8.64	−13.91	47.25	70.86	61.39
2011	38.28	−2.20	56.14	73.21	5.58	28.99
2012	−62.63	−31.55	61.25	22.19	101.38	109.36

而利用索罗模型可以得出科技进步、资本投入以及劳动力投入对于产出增长的贡献率：$y-\alpha k-\beta l/y$，$\alpha k/y$，$\beta l/y$ 分别表示技术进步、资金和劳动对产出增长

的贡献率，其中分别表示产出、资金和劳动力的年平均增长率。

结合柯布—道格拉斯生产函数和索洛模型，最终计算得出食品工业产值增长中科技进步贡献率、资本投入贡献率和研发人员贡献率(表3-10)。

可见，从2006年到2012年，美国劳动力投入对食品工业增长的贡献率很低，除了2006年以外均在6%以下，有些年份甚至出现负贡献率的现象，出现这个现象的原因是美国食品工业就业增长率停滞不前，有些年份甚至出现了负增长。资本投入对食品工业增长有重要的正向推动作用。从2007年开始，除个别年份外，美国食品科技进步对食品工业增长的贡献率高于资本和劳动力投入对食品工业增长的贡献率，对食品工业增长有很大的正向推动作用，尤其是2009年达到了443.58%的高峰，2010年251.79%，2011年回落至35.81%，表明科技进步是拉动美国食品工业增长的关键因素。相比之下，我国食品科技进步对食品工业增长的贡献整体小于美国，但从2007年开始均稳定在33%以上，2011年达到33.71%，对食品工业的增长发挥了积极的作用。科学技术的发展对于资本要素和劳动力要素有很高的替代作用。

在2009年美国食品工业科学技术贡献率较高年份，资本投入贡献率和劳动力投入贡献率很低，表明随着科技进步的推进，食品工业的发展对于资本和劳动力的依赖度会随之降低。这也为我国以科技创新带动食品工业供给侧改革的目标指明了路径。

(三) 食品工业供给侧改革路径分析

经济发展和研发投入的过程中，科技政策很大程度的影响着各国研发投入的规模和方向。从美国的经验中总结促进食品工业科技创新的几点措施，可为未来我国食品工业的供给侧改革提供路径依据。

1. 注重科研人才的投入

科研人才对美国的经济增长的推动作用很强。随着美国经济的发展，其科研人员的投入力度也保持上升的水平，这也充分说明了美国对于人才的重视，科研人员的投入为美国的经济增长不断注入新的活力。而关于人才的培养，也要注重产学研三者的有效结合。比如，康奈尔大学通过设立乳制品技术研究中心、食品加工与放大中试工程中心、风味分析实验室，与当地企业共同建立了果蔬中试加工线、葡萄栽种与酿酒技术实验室，在资源高附加值等应用领域上不断研发新技术。产学研合作既确保了科技投入社会化供给能力的持续稳定增长，又推动了科技投入供给的社会化和多元化，有利于提高国家科技投入的整体水平。政府积极推动建立面向市场需求的科学团队将有利于提升我国的创新水平。

2. 注重国家政策的引导

美国政府注重科技创新，以确保其在科学技术领域的领先地位。为了推动科技成果的产业化应用，美国政府颁布了多部保护和鼓励 R&D 活动和科技成果转化的法规。1980 年美国通过了《技术创新法》，该法案明确了政府对于推动产业经济有很大的作用，这一部法案促进了政府同产业界的合作，将政府的技术同民间的资本结合起来，从而推动了相关产业的科技创新。1980 年还通过了《大学和小企业专利程度法》，鼓励私人企业投入资源，促进了产业的科技创新。

3. 注重创新激励机制的形成

通过市场激励来推动企业技术创新在美国的经济发展过程中已经得到了充分验证，我国在这方面还有欠缺。我国食品工业现有的激励措施效果还不明显，对企业技术创新调动的积极性还不是很强。美国在宏观层面上确立了明确的功能定位与科学的战略规划、在中观层面上建立了高效的薪酬激励机制、在微观层面上进行人才自我激励、培养人才的科学精神来支持技术创新活动都取得了显著成效。而我国同样可以营造有利于技术创新的社会氛围，提高人才技术创新的自觉性，利用人才驱动技术创新，带动食品工业供给侧改革。

四、食品工业的结构转型：基于绿色化的视角

（一）食品工业的环境保护

2015 年作为“十二五”规划收官和“十三五”规划开局的交替之际，随着创新发展的不断深入，我国食品工业在生态环境保护方面也取得一定成效。

1. 单位产值的废水、COD 与氨氮排放量持续下降

我国食品工业废水排放量在 2012 年达到峰值的 28.98 亿吨后，开始一定程度下降，2014 年为 26.74 亿吨。而其中化学需氧量（COD）排放和氨氮排放量也呈现明显下降态势，2014 年分别为 73.90 万吨和 3.57 万吨。综合食品工业总产值指标（2012 年后以食品工业主营业务收入指标代替），图 3-13 的数据进一步表明，与 2005 年对比，2009—2014 年间，无论是食品工业单位产值废水排放量，还是单位产值的 COD 排放量和单位产值的氨氮排放量均呈显著下降态势。可见，仅从废水排放的相关环境指标分析，我国食品工业对水环境影响已经逐年改善。

2. 单位产值 SO_2 排放量逐年趋好

2006—2013 年间，我国食品工业总产值逐年上升的同时，其 SO_2 排放量则一定程度表现为稳中有降的态势。2014 年较 2006 年增加了 35.35%。但分析单位产值 SO_2 排放量可以发现，与 2005 年相比，2009—2014 年间我国食品工业单位产值的 SO_2 排放量恰呈非常明显的下降趋势，由 2005 年的 1.8205 kg/万元下降为 2014 年的 0.4578 kg/万元。因此，从大气环境影响的重要指标分析，我国食品工业对大气环境的影响也呈逐年向好态势（图 3-14）。

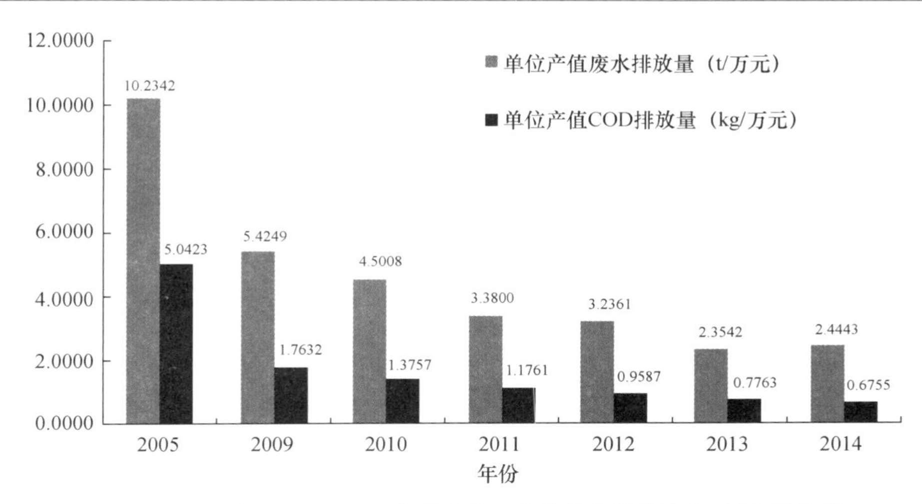

图 3-13　2005 年、2009—2014 年间食品工业单位产值的废水、COD 排放量

资料来源：根据《中国统计年鉴 2006》《中国环境统计年鉴 2010—2015》中相关数据计算而得。

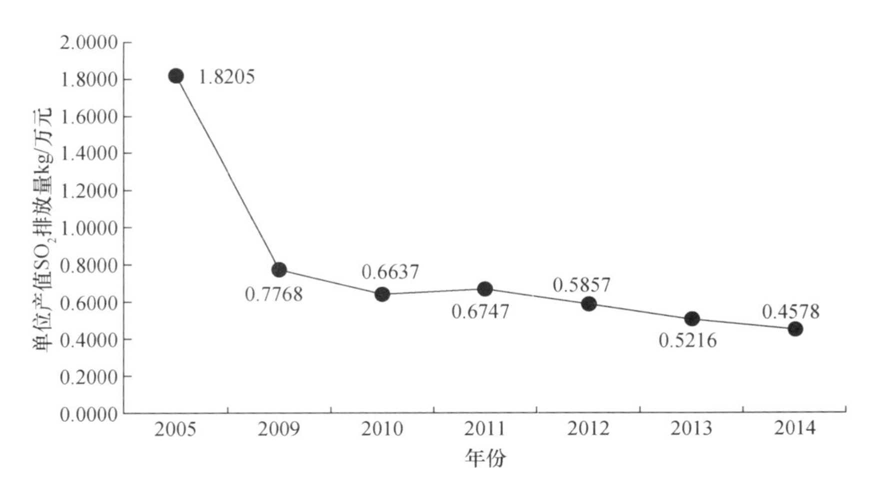

图 3-14　2005、2009—2014 年间食品工业单位产值的 SO_2 排放量

资料来源：根据《中国统计年鉴 2006》《中国环境统计年鉴 2010—2015》中相关数据计算而得。

3. 单位产值的固废产生量实现较大改善

与 2005 年相比，食品工业的固体废弃物仍主要由农副食品加工业和饮料制造业产生。图 3-15 中，尽管食品工业整体固体废弃物产生量增幅不大，但 2014 年仍较 2005 年增加了 24.33%。但综合食品工业总产值分析，与 2005 年相比，2009—2014 年间，食品工业单位产值固废产生量的下降趋势较为显著，由 2009 年的 0.0745 t/万元下降为 2014 年的 0.0341 t/万元。可见,我国食品工业在固体废弃物排放方面的环境保护状况同样有较大改善。

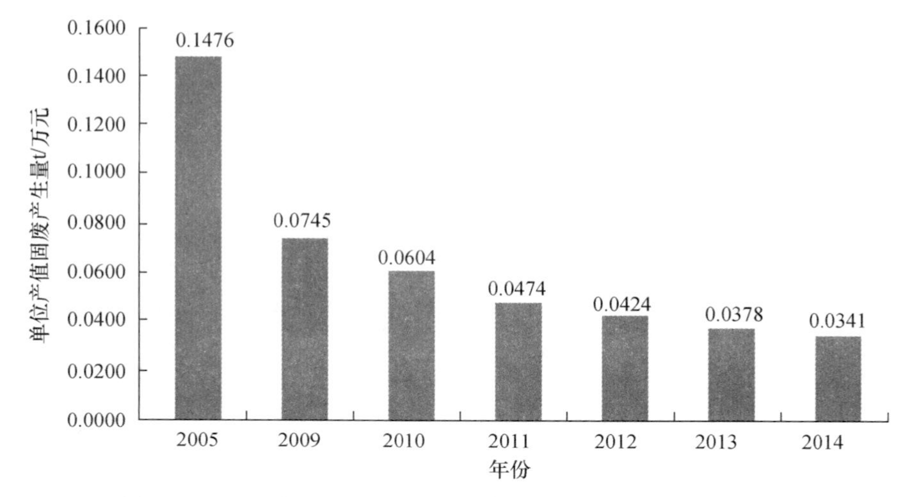

图 3-15　2005 年、2009—2014 年间食品工业单位产值固废产生量

资料来源:根据《中国统计年鉴 2006》《中国环境统计年鉴 2009—2015》中相关数据计算而得。

(二) 食品工业的资源节约状况

与逐步减少的环境影响相类似,我国食品工业在资源节约方面的工作也取得了一定成效。

1. 食品工业能源效率实现新的提升

相较于 2005 年,2009—2014 年间我国食品工业单位产值的能源消耗量逐年下降,表明能源效率正在显著提高。2014 年,食品工业单位产值的能源消耗量仅为 0.0704 tce/万元,与 2005 年的 0.3204 tce/万元相比减少了 78.03%,能源效率提高了 3.55 倍。当然,食品工业能源消费结构的优化升级尚有较大空间。以煤炭为主,石油为辅,清洁能源占比较小的总体格局尚未发生根本性改变。2014 年我国食品工业的能源消耗中,38.82%是煤炭消耗,2.76%为石油制品,天然气消耗仅为 2.18%,与 2012 年 32.6%是煤炭消耗,4.17%是石油制品,2.22%的天然气相比,煤炭和石油制品占比有所提升(图 3-16)。

2. 食品工业的低碳特征逐步稳定

与 2005 年相比,2009—2014 年间我国食品工业单位产值碳排放量呈现稳中有降态势。在 2005 年达到峰值的 0.4325 tCO_2e/万元后,2009—2014 年间稳中有降,2014 年较 2009 年下降了 61.93%,可见,食品工业的低碳特征已经呈现逐步趋稳态势(图 3-17)。

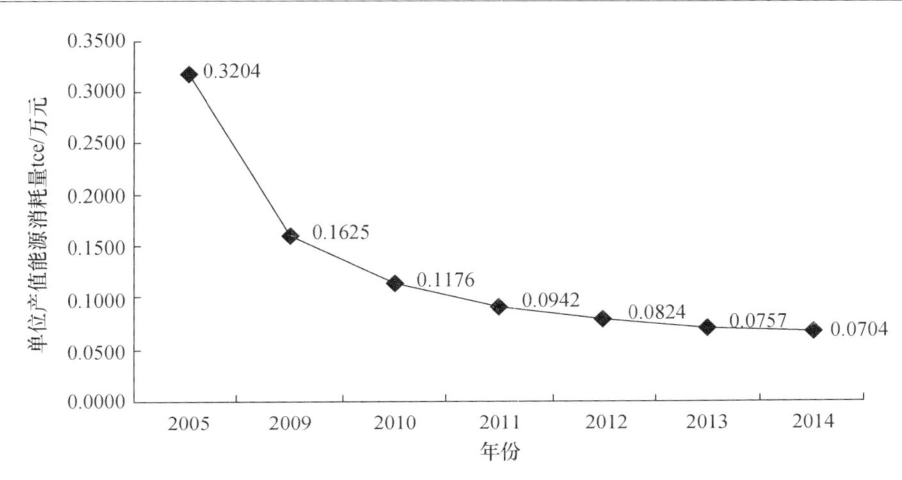

图 3-16　2005 年、2009—2014 年间食品工业单位产值能源消耗量

资料来源：根据《中国统计年鉴 2006》《中国能源统计年鉴 2010—2015》中相关数据计算而得。

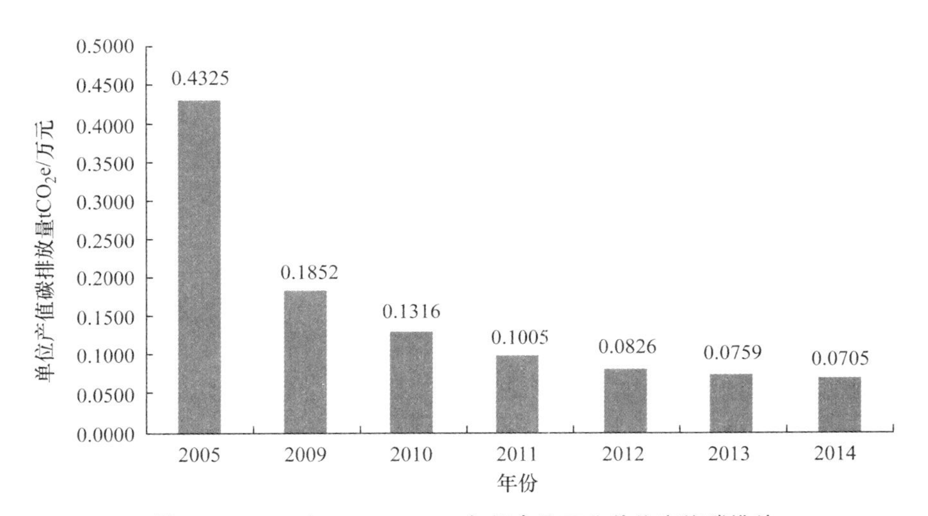

图 3-17　2005 年、2009—2014 年间食品工业单位产值碳排放

资料来源：根据《中国统计年鉴 2006》《中国能源统计年鉴 2010—2015》中相关数据计算而得。

五、食品工业的总体发展及未来趋势

（一）总体发展特征

我国食品工业已经形成了初步的现代化规模和体系，但农业发展开始显现出与食品工业对接不足的发展短板。2015 年，农产品销路不畅的问题依然存在，“大米掺假”“草莓乙草胺风波”等涉及食品安全的事件，都和农产品品质问题相关。2016年中央农村工作会议指出，要挖掘农业内部潜力，促进一、二、三产业（农业、工业、服务业）的融合发展，用好农村的资源、资产和资金，多渠道增加农民收入成为必须要面对的现实问题。许多中国食品生产企业开始面向上游寻求与农产品生产的融和。例如乳制品生产企业努力升级奶源质量以及在饲养和加工阶段严格遵守标准。同时，为了保障上游原材料供应的安全，下游企业开始尝试掌控上游资源。这一切都表明未来我国食品工业发展的总体特征是，食品工业增速放缓效益稳定增长、企业组织结构不断优化、固定资产投资保持快速增长、区域食品工业协调发展、对外贸易总体水平发展较快。

（二）未来发展定位

2015年是我国经济发展“十二五”规划的收官之年，更是稳增长调结构、创新和开放发展的重要之年，食品工业要主动适应经济发展新常态，坚持稳中求进总基调，以提质增效为中心，以消费增长为推动力，以科技创新为支撑，不断优化、调整产业结构，加快转型升级，保持平稳健康发展。根据中国食品工业协会的《食品工业2015及“十二五”期间行业发展状况》报告，食品工业“十二五”规划目标基本完成，“十三五”期间，食品工业将步入稳增长、创新发展、开放发展的“新常态”。

1. 稳定增长

适应国家战略要求抓住京津冀协调发展、长江经济带等战略机会，食品行业将大有可为。“十三五”规划设定的GDP目标年均6.5%左右，而食品工业要实现年均增7%；主营业务收入达16万亿元以上。

2. 质态提升

创新是发展的基点。随着信息技术、生物技术、纳米技术、新工艺、新材料转化为新业态、新产品，由“工业4.0”与“互联网+”提供的全球化历史机遇，有助于食品工业形成新的商业模式与社会价值实现模式。而且随着中国经济由外需向内需驱动的转换，经济增长质量和可持续性也将得到提升。

3. 市场多元

未来的食品、农产品需求增长与经济总体增长相类似，即由过去的数量驱动逐渐转化为价值驱动，由吃得多向吃得好转换。居民食品消费方式将逐步演变，食品由生存性消费向健康性、享受型消费转变，由吃饱、吃好向基本保障食品安全、健康，满足食品消费多样化转变。同时消费进一步多样化，带动新食品的研发，食品市场供应的不断丰富。

4. 结构转型

由于产品同质化、企业竞争不断加剧以及经营成本的不断抬升，中国食品产业正在遭受“成本地板上升”和“价格天花板下降”的双重挤压，行业收入和利润双双下滑，倒逼食品产业必须直面30年来最艰难的转型期，即摆脱以依靠“同质化、价格战”为主的终端竞争，需要积极创新推动产业转型升级，依靠智能化、信息化、网络化重构企业商业模式。另一方面，资源环境制约加剧，节能降耗、治理污染任务艰巨，也迫使食品工业部分行业要面临解决能耗、水耗和污染物排放较高的现状，必须增强危机意识，树立绿色、低碳发展理念，大力发展循环经济。重点在发酵、酿酒、制糖、淀粉等行业，加快节能减排技术改造，推广清洁生产和综合利用新技术、新工艺。

5. 开放发展

“一带一路”的发展机遇，为我国食品工业稳步推进双向开放、促进国内国际要素有序流动提供了有力支撑。食品工业进出口要进一步协调平衡，国际市场将深度融合。要更加注重利用国内国际两个市场、国内国际两种资源，在确保国内生产的基础上适度进口，从而有效保障国家食品安全和粮食安全将成为重要路径。

第四章　2015年中国食品加工制造环节的质量安全状况

本章基于国家食品药品监督管理总局发布的2015年食品安全监督抽检的基本数据，并选取我国传统大宗消费的食品品种，努力刻画2015年各大类食品抽检合格率的真实情况，多角度地研究食品加工制造环节的质量安全状况与变化态势，并努力挖掘可能存在较大食品安全风险的食品品种，为相关监管工作和食品安全消费提供参考。

一、2015年加工制造环节食品质量国家抽查状况

为进一步科学统筹食品安全的监督抽检工作，充分发挥改革后全国食品药品监管系统的作用，更好地分析利用海量数据，更为准确、全面地把握全国食品安全的整体状况，2015年国家食品药品监督管理总局进一步完善了监督抽检工作，按照统一制定计划、统一组织实施、统一数据汇总、统一结果利用“四统一”的要求全面展开监督抽检，并且突出重点品种、重点区域、重点场所和高风险品种的监督抽检力度，监督抽检涵盖了25类食品大类（包含保健食品和食品添加剂，下同），抽样对象覆盖了大陆地区各省、自治区与直辖市的所有获证生产企业。与此同时，按照国家、省、市、县四级体系明确监督抽检的分工体系，科学配置相关监管资源，统一按照企业规模、业态形式、检验项目等确定抽检对象和内容，最大程度地防范了系统性、区域性的食品安全风险。[①]

（一）抽查的总体状况

2015年，国家食品药品监督管理总局在全国范围内组织抽检了172310批次食品样品，其中检验不合格样品5541批次，样品合格率为96.8%，比2014年提升了2.1%。在抽检的25大类食品中，粮、油、肉、蛋、乳等大宗日常食品合格率均接近或高于96.8%的平均水平。图4-1的数据表明，国家质量抽查合格率的总水平由2006年的77.9%上升到2015年的96.8%，提高了18.9%。2010年以来，国家

① 需要说明的是，本章节中2012年及以前的国家质量抽检合格率等数据来源于国家质检总局，2013年以后数据均来源于国家食品药品监督管理总局。

质量抽查合格率一直稳定保持在95.0%以上。

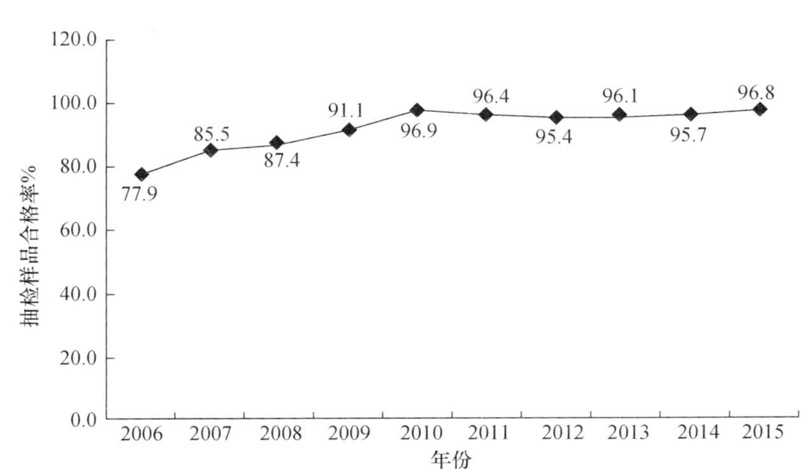

图4-1　2006—2015年间食品抽检合格率变化示意图

资料来源：2005—2012年数据来源于中国质量检验协会官方网站，2013—2015年的数据来源于国家食品药品监督管理总局官方网站。

（二）不合格样品的区域分布

2015年，国家食品药品监督管理总局在各省、自治区、直辖市抽检的不合格样品，其生产企业主要位于广东省、山东省、四川省、湖南省和浙江省，这些省域企业生产的不合格食品数量占当年抽检样品不合格数量的5%以上；其后分别为广西壮族自治区、河南省、安徽省、陕西省、吉林省、江苏省、江西省、山西省、黑龙江省和河北省，这些省域企业生产的不合格食品数量占当年抽检样品不合格数量的3%—5%；而福建省、辽宁省、新疆维吾尔自治区、重庆市、湖北省、甘肃省、内蒙古自治区、贵州省和上海市的企业抽检样品不合格数量占当年样品抽检总量的1%—3%；北京市、宁夏回族自治区、天津市、云南省和海南省企业生产的不合格食品样品占当年样品抽检总量的1%以下（图4-2）。

（三）主要大类食品抽查合格率

2015年，国家食品药品监督管理总局分阶段对粮食及粮食制品、食用油和油脂及其制品、肉及肉制品、蛋及蛋制品、蔬菜及其制品、水果及其制品、水产及其水产制品、饮料、调味品、食糖、酒类、焙烤食品、茶叶及其相关制品和咖啡、薯类及膨化食品、糖果及可可制品、乳炒货食品及坚果制品、豆类及其制品、蜂产品、冷冻饮品、罐头、乳制品、特殊膳食食品、食品添加剂、餐饮食品、保健食品等25类大食品进行了监督抽检，共抽检了1048家大型生产企业生产的20468批次产品，样品合格率为99.4%，其中抽检的18家大型经营企业集团24328批次，样品合格率为

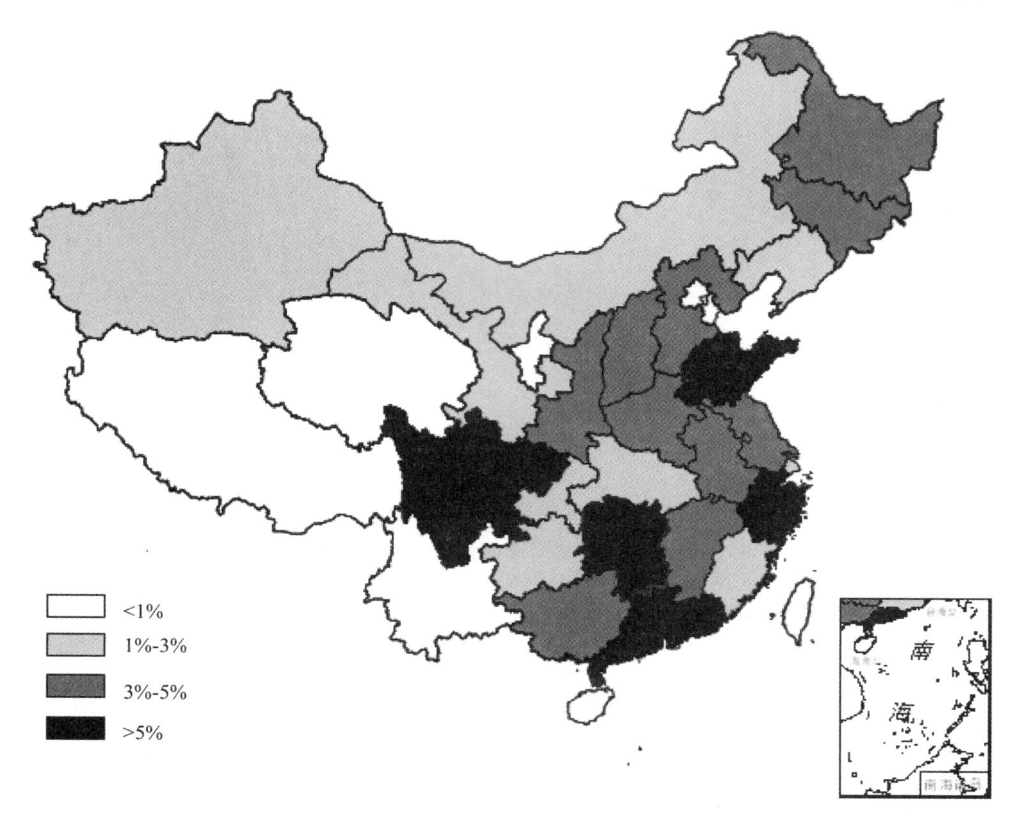

图 4-2 2015 年国家食品药品监督管理总局抽检不合格食品的生产企业分布示意图

资料来源：国家食品药品监督管理总局官方网站。

98.1%(图 4-3)。

在抽检的 25 个大类食品中，粮、油等大宗日常食品消费品合格率均接近或高于 96.8%的平均水平。图 4-3 显示，2015 年国家监督抽检合格率为 99.5%及以上的品种分别是食品添加剂和乳制品，位居前两位，其后是茶叶及其相关制品和咖啡、糖果及可可制品，均为 99.3%。而合格率最低的食品品种为饮料和冷冻饮品，均仅达到 94.1%。焙烤食品以 94.8%的合格率，水果及其制品、水产及水产制品均以 95.3%的合格率排位较后。与 2014 年相比，25 类食品中有 19 类食品的抽检合格率有所提升，其中豆类及其制品、餐饮食品和酒类合格率提高的幅度较大。虽然饮料样品合格率也有较大的提升，但与其他品种相比，合格率仍然垫底，值得相关监管部门重视。主要大类食品的抽检结果如下：

1. 粮食及其粮食制品。2015 年，共抽检粮食及其粮食制品样品 23942 批次，

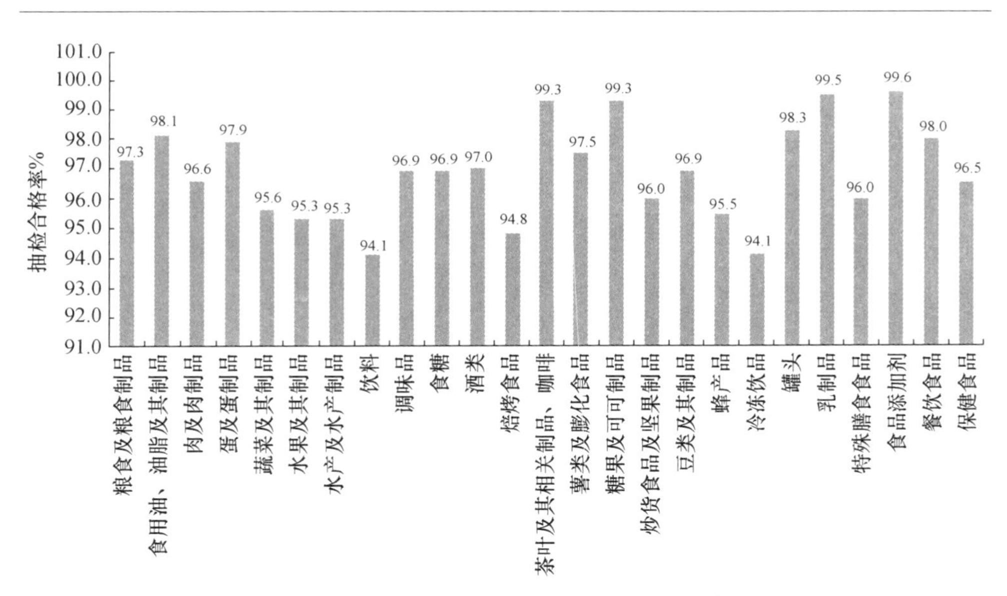

图4-3　2015年食品安全监督抽检合格率示意图

资料来源：国家食品药品监督管理总局发布2015年食品安全监督抽检情况。

样品合格数量23301批次，不合格样品数量641批次，合格率达到97.3%。抽检覆盖104470个企业产品样品，主要包括大米、小麦粉、粉丝粉条等淀粉制品、米粉制品、速冻面米食品（水饺、汤圆、元宵、馄饨、包子、馒头等）及方便食品等。如图4-4所示，大米制品的合格率较高，达到99.9%；其次分别为小麦粉、方便食品和生湿面制品，均达到98.5%以上的合格率。紧随其后的是速冻米面食品和米粉制品，两者合格率分别为97.3%和97.0%，而玉米粉合格率仅96.2%，为最低，究其原因，主要是霉菌、大肠菌群、黄曲霉毒素B1超过标准值。粉丝粉条则以96.3%的合格率位居粮食及其制品样品抽检合格率的倒数第二，其主要不合格项目是铝含量超标。需要指出的是，与2014年方便食品的抽检合格率仅为93.75%相比，2015年合格率有了明显提高。

2. 食用油、油脂及其制品。2015年，共抽检食用油、油脂及其制品样品为9510批次，抽检项目达到19项，样品合格数量为9329批次，合格率达到98.1%。主要为食用植物油，涉及品种有芝麻油、花生油、调和油、大豆油、菜籽油和玉米油、葵花子油、棉籽油和山茶油等。其中玉米油样品抽检合格率最高，达到99.9%，棉籽油样品抽检合格率最低，为93.0%。其他品种的合格率由高到低依次为调和油99.8%、大豆油99.0%、芝麻油98.6%、花生油98.2%、葵花子油97.3%和山茶油97.3%（图4-5）。这些样品主要抽检不合格项目为过氧化值、溶剂残留量、苯并(a)芘、酸值、黄曲霉毒素B1等超标。需要指出的是，虽然棉籽油

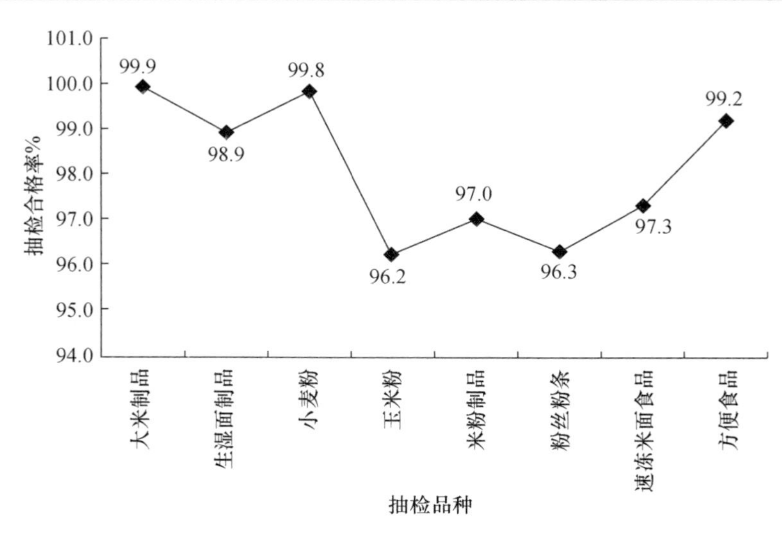

图 4-4 2015 年粮食及其制品样品
国家食品药品监督管理总局抽检合格率

资料来源:根据国家食品药品监督管理总局官方网站食品抽检信息整理所得。

抽检样品仅有 57 个,但其中就有 4 个产品样品不合格。针对棉籽油生产企业的监管显然需要进一步加强。

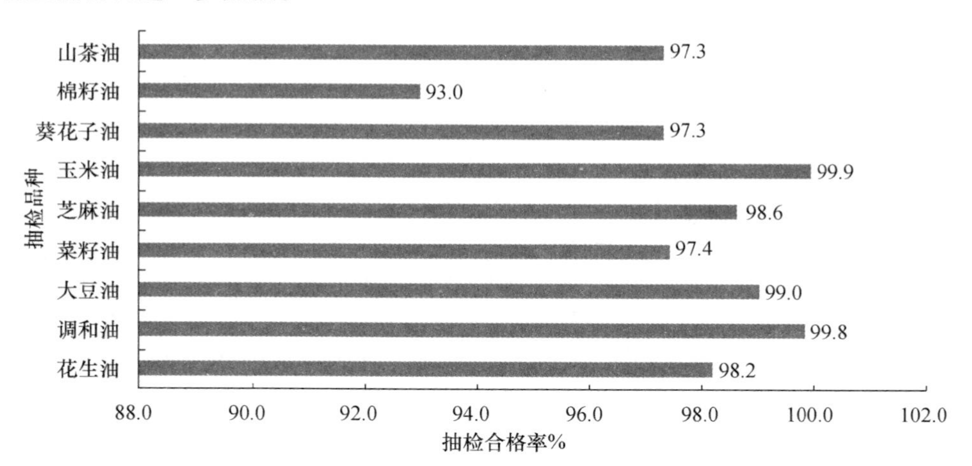

图 4-5 2015 年食用油、油脂及其制品样品
国家食品药品监督管理总局抽检合格率

资料来源:根据国家食品药品监督管理总局官方网站食品抽检信息整理所得。

3. 肉及肉制品。2015 年,共抽检肉及肉制品样品 18344 批次,覆盖 47 个抽检项目，13819个产品样品，合格率96.6%。其中抽检样品主要包括酱卤肉制品、腌腊肉制品、熏烧烤肉制品、熏煮香肠火腿制品和熟肉干制品等食品类别。其中熏煮香肠火腿制品样品抽检合格率最高，为98.4%，其后分别为酱卤肉制品的97.9%、腌腊肉制品的97.5%、熟肉干制品的97.4%和熏烧烤肉制品的97.0%（图4-6）。与2014年相比，除了腌腊肉制品抽检合格率有所下降以外，其余类别均有所上升，其中虽然熏煮香肠火腿制品的抽检合格率提升明显，但仍然在肉及肉制品类别中位居最末位。

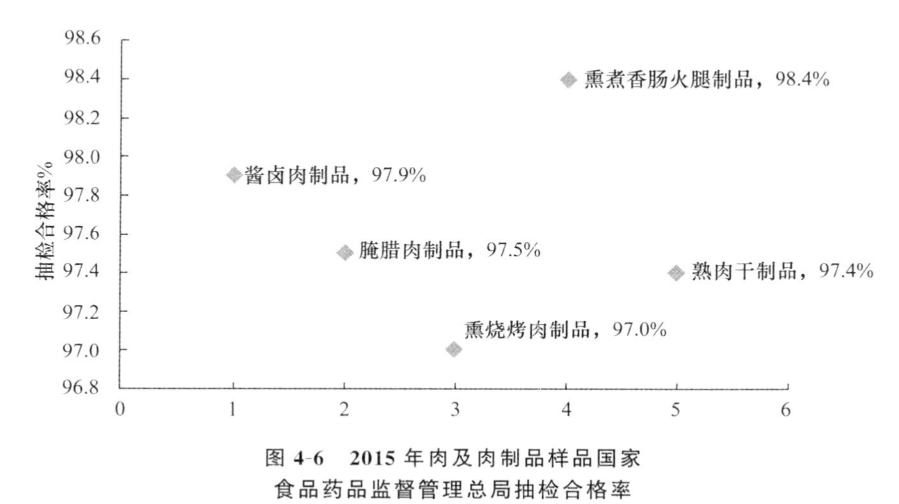

图4-6　2015年肉及肉制品样品国家食品药品监督管理总局抽检合格率

资料来源：根据国家食品药品监督管理总局官方网站食品抽检信息整理所得。

4. 蛋及蛋制品。2015年，共抽检蛋及蛋制品样品2339批次，样品合格数量达到2291批次，合格率为97.9%。主要包括鲜蛋，其他再制蛋、皮蛋（松花蛋）、干蛋类、冰蛋类等。其中鲜蛋合格率与2014年一致，仍为100%，其他再制蛋抽检合格率为99.4%，比2014年提升1.15%，皮蛋（松花蛋）抽检合格率最低，为97.6%，比2014年99.3%的合格率下降明显。抽检不合格项目主要是菌落总数超标（图4-7）。

5. 蔬菜及其制品。2015年，共抽检蔬菜及其制品样品5482批次，样品合格数量为5241批次，合格率达到95.6%。主要涉及酱腌菜、蔬菜干制品（自然干制品、热风干燥蔬菜、冷冻干燥蔬菜、蔬菜脆片、蔬菜粉及制品）、食用菌制品等。其中酱腌菜样品抽检合格率最低，仅为93.3%，抽检不合格项目主要是苯甲酸、大肠菌群、环己基氨基磺酸钠（甜蜜素）等超标。蔬菜干制品样品抽检合格率为最高的97.3%，抽检不合格项目主要是总砷、铅、镉等超标，干制食用菌样品抽检合格率是95.8%，抽检不合格项目主要是镉、二氧化硫等超标（图4-8）。

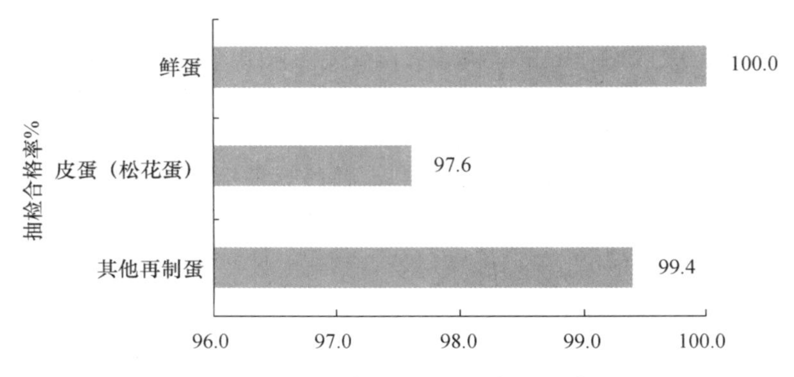

图 4-7　2015 年蛋及蛋制品样品国家食品药品监督管理总局抽检合格率

资料来源：根据国家食品药品监督管理总局官方网站食品抽检信息整理所得。

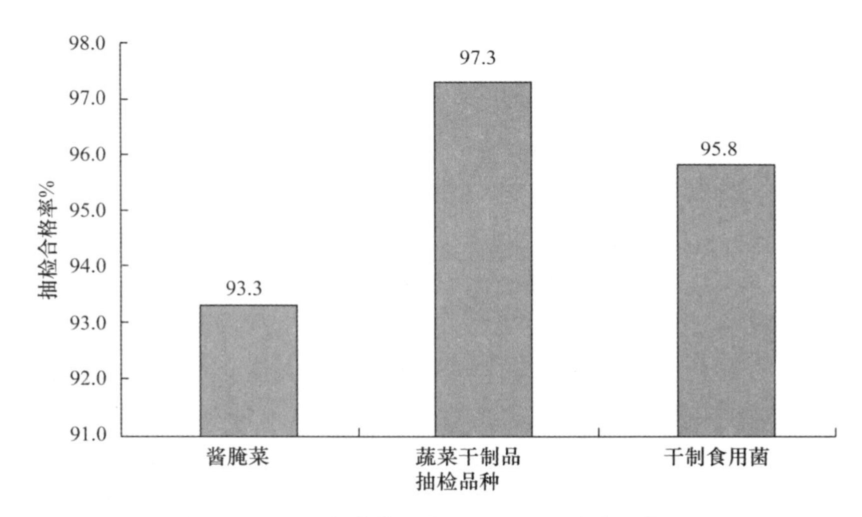

图 4-8　2015 年蔬菜及其制品样品国家食品药品监督管理总局抽检合格率

资料来源：根据国家食品药品监督管理总局官方网站食品抽检信息整理所得。

6. 水果及其制品。2015 年，共抽检水果及其制品样品 4615 批次，涵盖了 42 个抽检项目，不合格样品数量 215 批次，合格率为 95.3%。主要包括蜜饯、水果干制品、果酱等。其中蜜饯制品样品抽检合格率最低，为 92.5%，不合格项目主要是环己基氨基磺酸钠（甜蜜素）、二氧化硫残留量、糖精钠、苯甲酸等超标。水果干制品样品抽检合格率为 94.2%，主要在菌落总数、苯甲酸、山梨酸等项目超标。而果酱样品抽检合格率最高，为 98.4%。针对蜜饯制品生产企业的监管力度有待进一步加强(图4-9)。

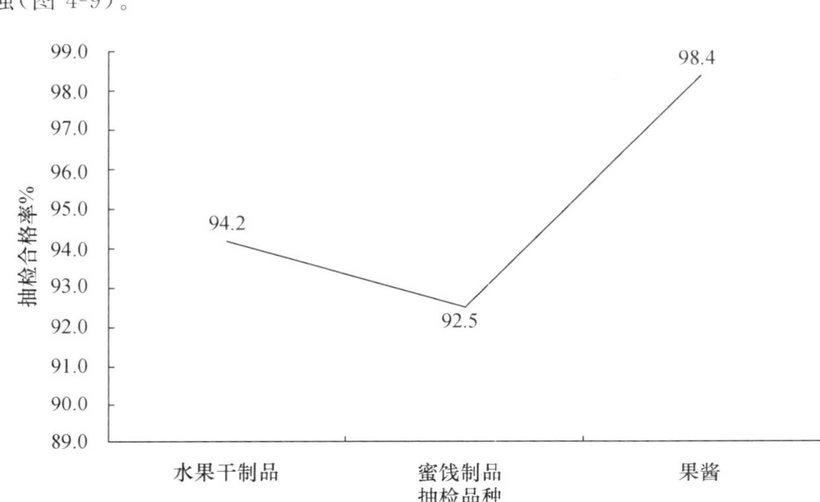

图4-9　2015年水果及其制品样品国家食品药品监督管理总局抽检合格率

资料来源:根据国家食品药品监督管理总局官方网站食品抽检信息整理所得。

7. 水产品及水产制品。2015年,共抽检水产品及水产制品样品6560批次,不合格样品数量为309批次,合格率达到95.3%。抽检的水产品及水产制品范围主要包括淡水鱼虾类、海水鱼虾类、熟制动物性水产品(可直接食用)、其他动物性水产干制品、其他盐渍水产品等。其中,其他盐渍水产品样品抽检合格率最低,为90.1%,不合格项目主要是明矾(以铝计)超标。而其他动物性水产干制品样品抽检合格率最高,达到96.2%,不合格项目主要是山梨酸、亚硫酸盐(以二氧化硫残留量计)超标。另外熟制动物性水产品(可直接食用)样品抽检合格率为95.8%,主要是因为大肠菌群、金黄色葡萄球菌、菌落总数等指标超出国家标准。海水鱼虾类样品抽检合格率为95.2%,不合格项目主要是为恩诺沙星(以恩诺沙星与环丙沙星之和计)、呋喃西林代谢物、孔雀石绿、喹乙醇(以3-甲基喹啉-2-羧酸计)超标。淡水鱼虾类样品抽检合格率93.1%,主要是由于恩诺沙星(以恩诺沙星与环丙沙星之和计)、孔雀石绿、呋喃西林代谢物、呋喃唑酮代谢物、土霉素等指标超标(图4-10)。

8. 饮料。2015年,共抽检饮料样品13507批次,涉及56个抽检项目,不合格样品数量802批次,合格率为94.1%。抽检的饮料主要包括饮用纯净水、天然矿泉水、其他瓶(桶)装饮用水、果蔬汁饮料、碳酸饮料(汽水)、含乳饮料、茶饮料、其他蛋白饮料(植物蛋白饮料、复合蛋白饮料)等。主要不合格项目为亚硝酸盐、酵母、霉菌、溴酸盐、蛋白质、电导率、高锰酸钾消耗量、游离氯、大肠菌群、界限指

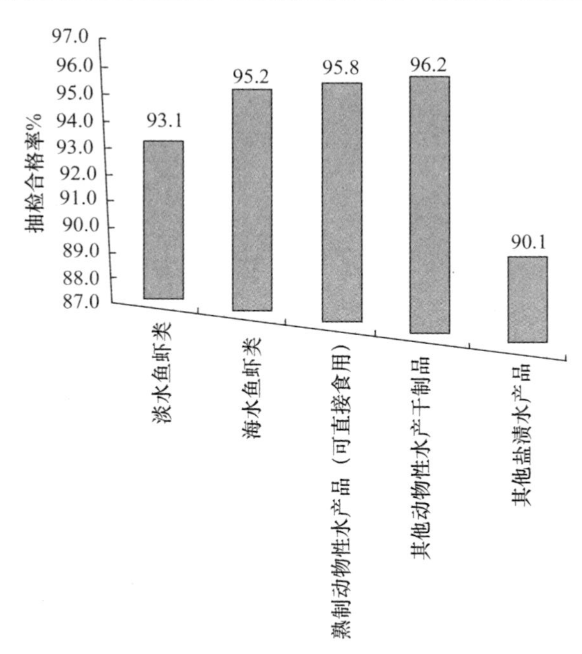

图 4-10　2015 年水产品及水产制品国家食品药品监督管理总局抽检合格率

资料来源：根据国家食品药品监督管理总局官方网站食品抽检信息整理所得。

标—偏硅酸、界限指标—锶、铜绿假单胞菌、余氯等。其中天然矿泉水中铜绿假单胞菌超标尤其应受到关注。在抽检饮料中，饮用纯净水合格率为 91.8%，为饮料类样品抽检合格率最低，其次由低到高分别为其他瓶（桶）装饮用水，样品抽检合格率为 92.7%，天然矿泉水样品抽检合格率为 96.2%，其他蛋白饮料（植物蛋白饮料、复合蛋白饮料）样品抽检合格率 99.0%，含乳饮料样品抽检合格率 99.6%，而果蔬汁饮料、碳酸饮料（汽水）和茶饮料样品抽检合格率均为 100%（图 4-11）。

9. 调味品。2015 年，共抽检调味品数量达到 11495 批次，不合格数量为 361 批次，合格率为 96.9%。包括酱油、食醋、味精和鸡精调味料、固态调味料、半固态调味料等均受到抽检。其中酱油样品抽检合格率 96.3%，食醋样品抽检合格率 97.3%，味精和鸡精调味料样品抽检合格率 98.9%，固态调味料样品抽检合格率 94.5%，半固态调味料样品抽检合格率为 96.7%。显然，调味品中固态调味料质量有待进一步提升，而味精和鸡精调味料样品抽检合格率在调味品中排名最高（图 4-12）。

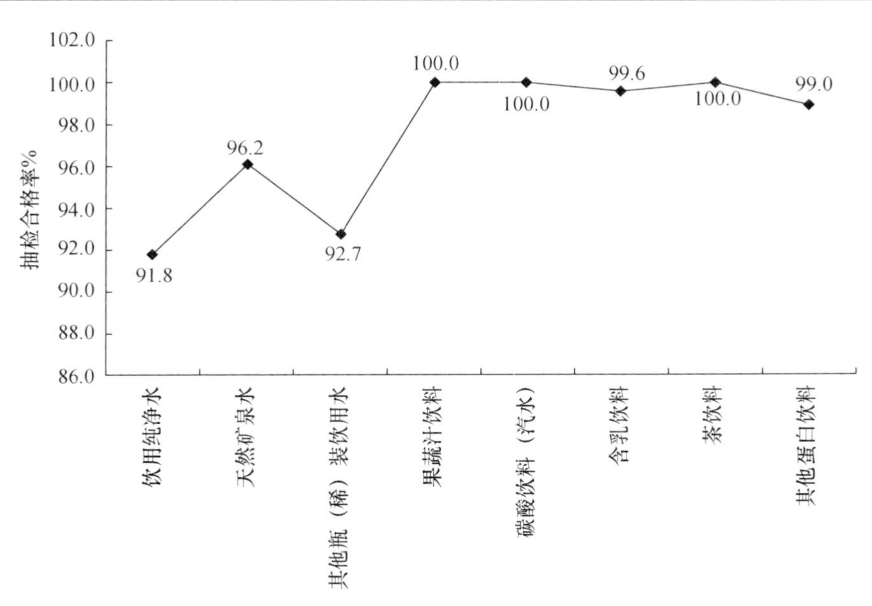

图4-11　2015年饮料国家食品药品监督管理总局抽检合格率

资料来源：根据国家食品药品监督管理总局官方网站食品抽检信息整理所得。

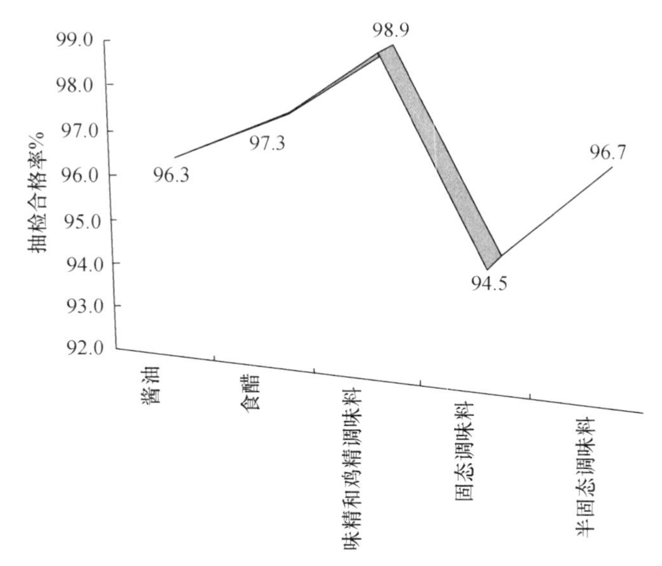

图4-12　2015年调味品国家食品药品监督管理总局抽检合格率

资料来源：根据国家食品药品监督管理总局官方网站食品抽检信息整理所得。

10. 酒类。2015年，酒类样品抽检数量达到15963批次，合格数量为12705

批次，合格率达到 97.0%。抽检主要涉及白酒、黄酒、啤酒、葡萄酒及果酒和其他发酵酒等。其中白酒样品抽检合格率为 96.1%，不合格项目主要为酒精度、固形物、氰化物、甜蜜素、糖精钠、安赛蜜等超标。黄酒样品抽检合格率 97.5%，啤酒样品抽检合格率 100%，葡萄酒样品抽检合格率 97.9%，果酒样品抽检合格率 95.6%，其他发酵酒样品抽检合格率 97.2%。抽检中发现，果酒样品、白酒样品的质量需要引起高度重视(图 4-13)。

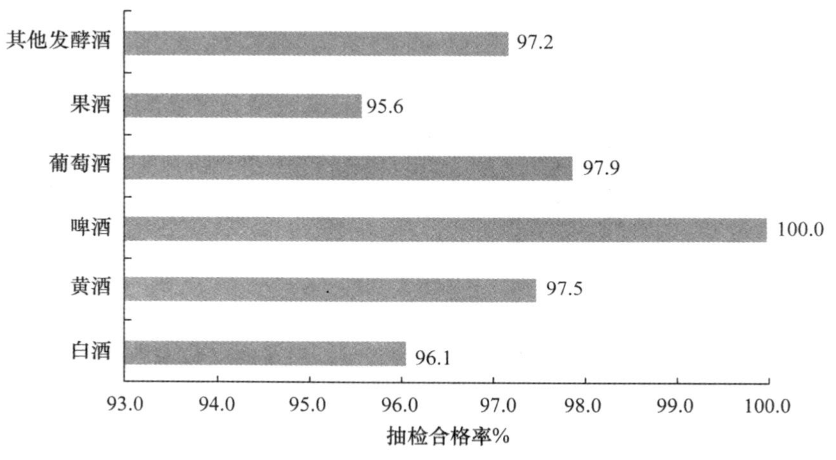

图 4-13 2015 年酒类国家食品药品监督管理总局抽检合格率

资料来源：根据国家食品药品监督管理总局官方网站食品抽检信息整理所得。

11. 焙烤食品。2015 年，抽检焙烤食品样品为 7672 批次，其中 402 批次不合格，合格率为 94.8%。抽检样品主要包括糕点、饼干、粽子、月饼等。其中粽子和月饼抽检合格率较高，分别为 100.0%和 97.2%，面包样品抽检合格率为焙烤食品样品中最低的 92.3%，而糕点和饼干样品抽检合格率分别为 94.5%和 94.6%。检出焙烤食品样品不合格的检测项目主要为菌落总数(图 4-14)。

12. 茶叶及其相关制品、咖啡。2015 年，共抽检茶叶及其相关制品、咖啡样品 3605 批次，涉及 28 个抽检项目，合格率 99.3%。抽检样品主要包括茶叶、代用茶、速溶茶类和其他含茶制品，抽检结果显示，茶叶样品合格率为 98.8%，代用茶样品抽检合格率为 97.3%，主要问题是铅含量超标。而速溶茶类、其他含茶制品样品抽检合格率则均为 100%(图 4-15)。

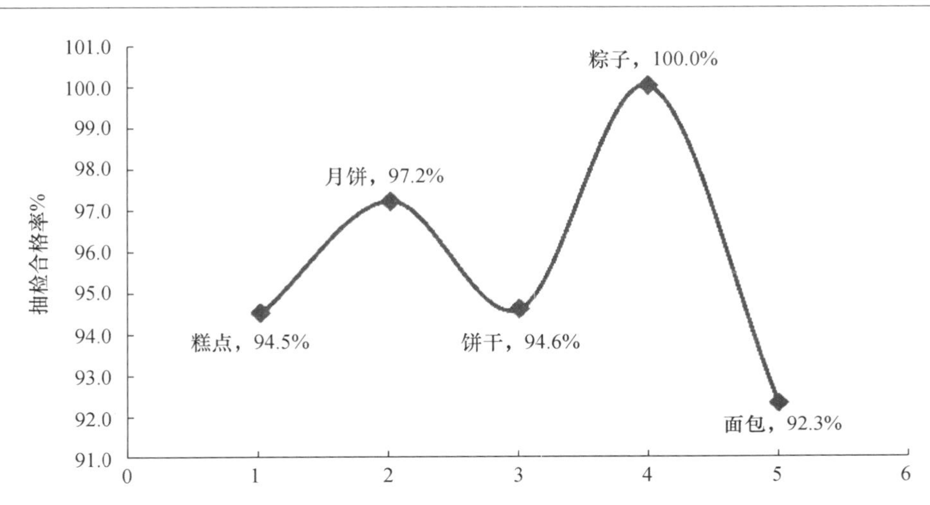

图 4-14　2015 年焙烤食品国家食品药品监督管理总局抽检合格率

资料来源：根据国家食品药品监督管理总局官方网站食品抽检信息整理所得。

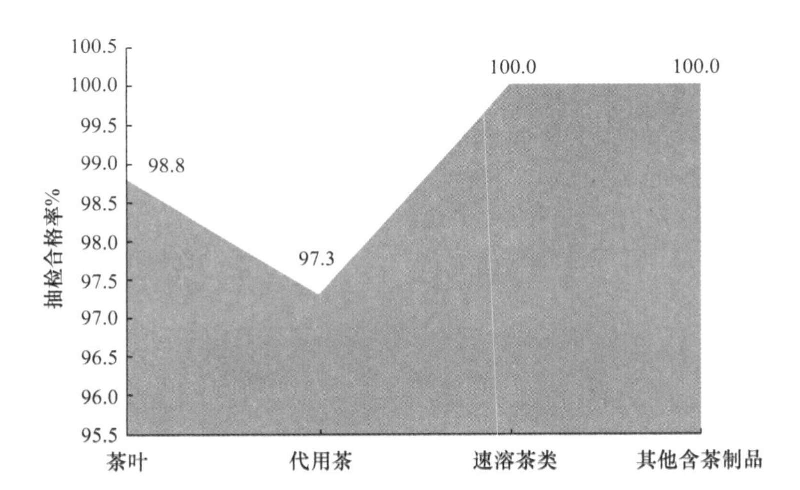

图 4-15　2015 年茶叶及其相关制品、咖啡国家食品药品监督管理总局国家食药监管抽检合格率

资料来源：根据国家食品药品监督管理总局官方网站食品抽检信息整理所得。

13. 特殊膳食食品。2015 年，特殊膳食食品样品抽检 4063 批次，涉及 67 个抽检项目，163 批次不合格，样品合格率 96.0%。抽检样品主要包括婴幼儿配方食品、婴幼儿谷类辅助食品等。其中婴幼儿配方食品样品抽检合格率 99.3%，而婴幼儿谷类辅助食品样品抽检合格率仅为 91.5%，主要不合格项目为钠、维生素 A、维生素 B2、烟酸、菌落总数等指标不符合国家标准，相关生产企业的食品质量安全需要引起重视(图 4-16)。

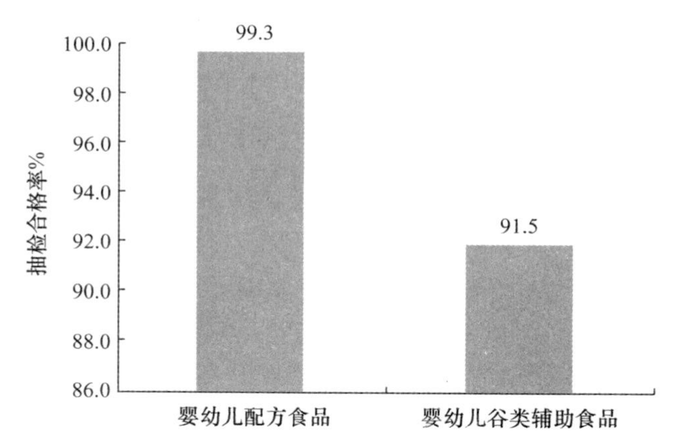

图 4-16　2015 年特殊膳食食品国家食品药品监督管理总局抽检合格率

资料来源:根据国家食品药品监督管理总局官方网站食品抽检信息整理所得。

14. 食品添加剂。2015 年,各省(区、市)局共新颁发食品添加剂生产许可证 217 张。截至 2015 年 11 月底,全国共有食品生产许可证 170195 张,食品添加剂生产许可证 3349 张,食品添加剂生产企业 3288 家。2015 年,针对食品添加剂生产企业共抽检食品添加剂样品 2476 批次,抽检样品合格率 99.6%。主要包括食品用香精和明胶、复配食品添加剂等。其中食品用香精样品抽检合格率为 99.8%,明胶样品抽检合格率为 99.0%,而复配食品添加剂样品抽检合格率为 100.0%(图 4-17)。

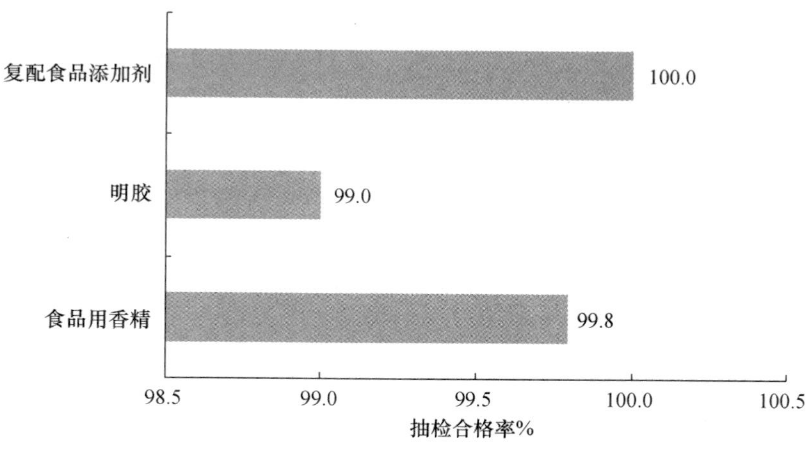

图 4-17　2015 年食品添加剂国家食品药品监督管理总局抽检合格率

资料来源:根据国家食品药品监督管理总局官方网站食品抽检信息整理所得。

二、不同年度同一食品品种样品抽检合格率比较

继续选取我国传统大宗消费的食品品种，例如液体乳、小麦粉产品、食用植物油、瓶（桶）饮用水和葡萄酒等，刻画大类食品样品抽检合格率的变化，并分析食品加工制造环节的质量安全状况的发展趋势，以及存在的主要质量安全问题。

（一）液体乳

如图4-18所示，2011年、2013年、2014和2015年对液体乳样品抽检结果表明[①]，液体乳样品合格率总体仍保持在较高的水平上。2015年液体乳样品合格率99.5%，较2014年再提升0.5%，不合格项目主要为酸度、大肠菌群、菌落总数、霉菌、金黄色葡萄球菌等超标。总体而言，虽然近些年液体乳样品抽检合格率有所波动，但我国液体乳仍然显示总体质量稳定向好的态势。

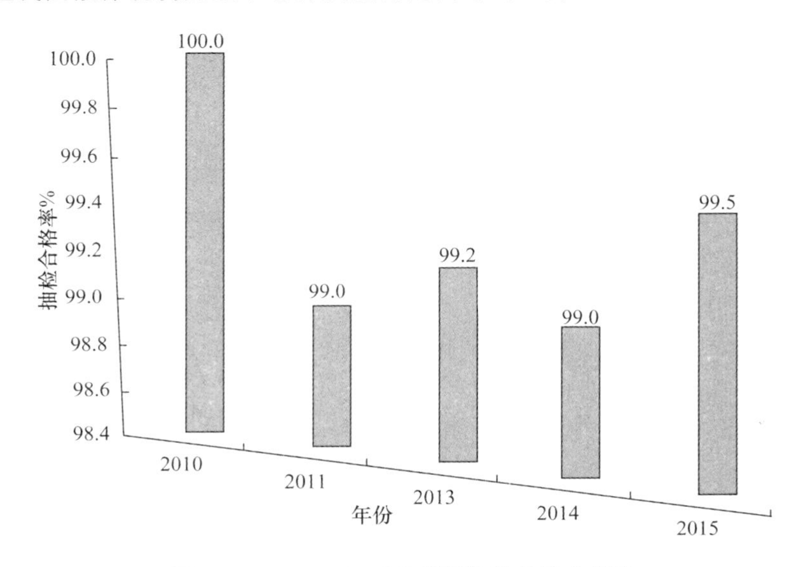

图4-18　2011—2015年间液体乳抽检合格率

资料来源：2010—2011年数据来源于中国质量检验协会官方网站，2013、2014、2015年数据来源于国家食品药品监督管理总局官方网站。

（二）小麦粉

如图4-19所示，2009—2015年间对全国上百种小麦粉产品的抽查结果表明，除了2012年有所波动外，小麦粉抽检合格率总体呈逐年上升态势，由2010年的97.5%上升到2015年的99.8%。与其余各年不同的是，2010年抽查发现的小麦

---

① 需要说明的是，2012年度的全国液体乳产品的抽查合格率数据缺失。

粉产品存在的主要问题为过氧化苯甲酰实测值不符合相关标准规定和灰分未达到标准；而 2011 年和 2012 年发现的主要问题是灰分未达到标准；2014 小麦粉的不合格检测项目为脱氧雪腐镰刀菌烯醇、过氧化苯甲酰；2015 年小麦粉样品抽检不合格项目则主要是检出禁止在面粉中使用的含铝添加剂等。

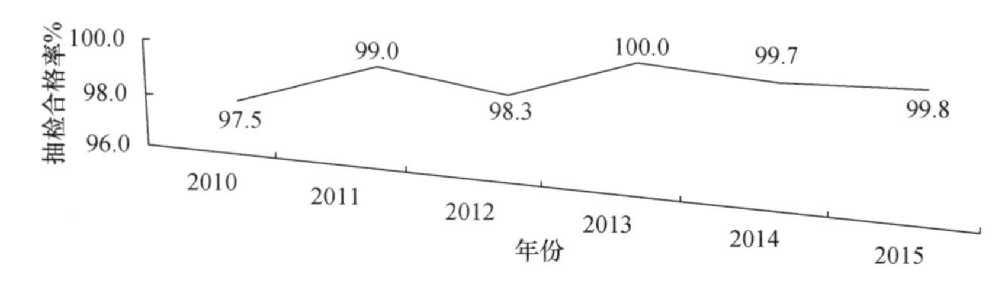

图 4-19　2010—2015 年间小麦粉抽检合格率

资料来源：2010—2012 年的数据来源于中国质量检验协会官方网站，2013—2015 年数据来源于国家食品药品监督管理总局官方网站。

（三）食用植物油

如图 4-20 所示，2010—2015 年间对全国 30 个省份食用植物油样品展开抽检，结果表明，样品合格率近年来稳步提升。2015 年食用植物油样品合格率为 98.1%，比 2014 年和 2013 年样品合格率分别高出 0.4%和 0.7%。与其余各年较为类似的是，2015 年食用植物油抽检样品不合格项目仍然是苯并(α)芘和过氧化值超标。

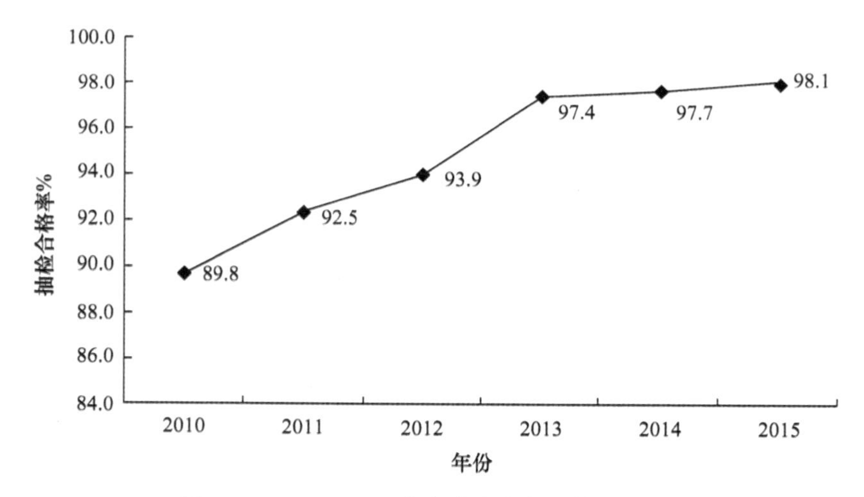

图 4-20　2010—2015 年间食用植物油抽检合格率

资料来源：2010—2012 年数据来源于中国质量检验协会官方网站，2013—2014 年数据来源于国家食品药品监督管理总局官方网站。

(四) 其他瓶(桶)装饮用水

图4-21中,2015年对30个省份其他瓶(桶)装饮用水样品的抽检结果显示,样品合格率仅为92.7%,这也将2015年饮料类样品抽检合格率拉至所有抽检食品大类样品抽检合格率的最末位,但与2011年、2012年和2013年相比,其他瓶(桶)装饮用水样品合格率还是有较大提高。需要指出的是,与2010—2014年间抽检其他瓶(桶)装饮用水样品不合格的主要问题较为相似,2015年不合格的主要问题仍是菌落总数、电导率、霉菌和酵母、游离氯/余氯、高锰酸钾消耗量/耗氧量、溴酸盐、铜绿假单胞菌、偏硅酸、锶、亚硝酸盐、大肠菌群等项目超标,其中铜绿假单胞菌项目备受关注。由于铜绿假单胞菌易在潮湿的环境存活,对消毒剂、紫外线等具有较强抵抗力。2009年开始实施的《饮用天然矿泉水新国标》中,铜绿假单胞菌已被列入新增加的3种致病菌之一。但包括纯净水、矿泉水其他瓶(桶)装饮用水在内均等被检测出铜绿假单胞菌,表明生产企业除了杀菌不彻底外,原料水体受到污染或生产过程中卫生控制不严格,比如从业人员未经消毒的手直接与水或容器内壁接触等造成,这类食品安全问题必须引起高度重视。

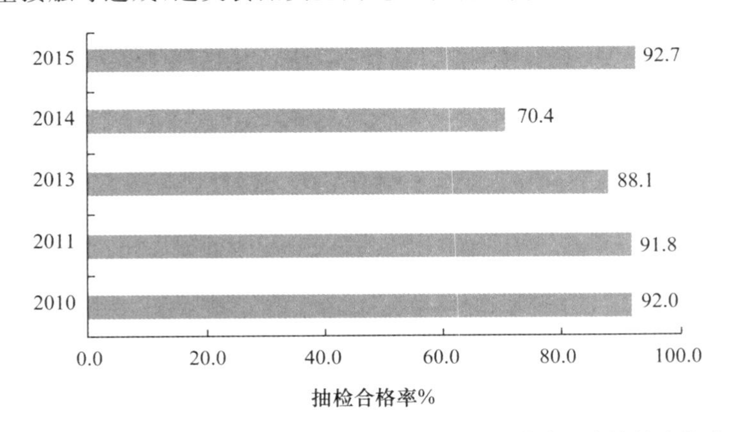

图4-21　2010—2011年,2013—2015年间瓶(桶)装饮用水抽检合格率

资料来源:2010—2011年数据来源于中国质量检验协会官方网站,2013—2015年数据来源于国家食品药品监督管理总局官方网站。

(五) 葡萄酒

如图4-22所示,2010—2015年间对全国28个省份的葡萄酒样品抽检结果表明,葡萄酒样品质量总体比较稳定。2015年抽检项目包括重金属、污染物、食品添加剂及品质指标等20个指标,样品合格率为97.9%,存在的主要问题为酒精度、干浸出物、苯甲酸、糖精钠、环己基氨基磺酸钠(甜蜜素)、苋菜红等指标不符合标准。这与2013年情况最为类似。而酒精度指标不达标成为影响2015年葡萄酒样品合格率的最大问题,需要引起监管部门的高度重视。

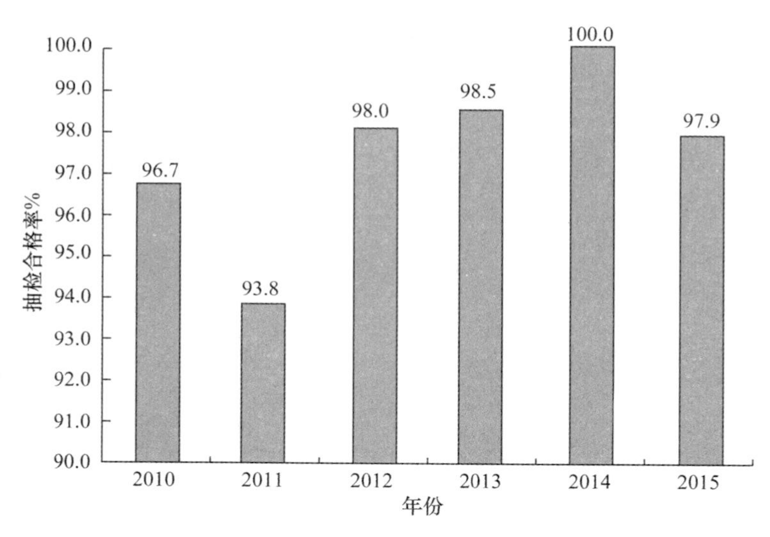

图 4-22 2010—2015 年间葡萄酒抽检合格率

资料来源:2010—2012 年数据来源于中国质量检验协会官方网站,2013—2015 年数据来源于国家食品药品监督管理总局官方网站。

(六) 碳酸饮料(汽水)

如图 4-23 所示,2010—2015 年间碳酸饮料(汽水)样品抽检合格率较为波动,2011 年由于抽检样本数不足 100 份,碳酸饮料(汽水)样品合格率较 2010 年有较大提升,达到 100%不足为奇。但 2012 年抽检合格率由于抽检更为科学,即降到 95.70%,但在 2014 年抽检合格率又下降到 96.2%。2015 年抽检项目涉及品质指标、重金属指标、非食用物质以及食品添加剂指标和微生物指标等 31 个指标。与 2012 年抽查的不合格项目主要为二氧化碳气容量、菌落总数、甜蜜素、安赛蜜,2013 年不合格项目为酵母、菌落总数、苯甲酸、二氧化碳气容量、糖精钠、环己基氨基磺酸钠(甜蜜素)、乙酰磺胺酸钾(安赛蜜),2014 年不合格项目为菌落总数、苯甲酸、霉菌等情况有所不同,2015 年抽检的碳酸饮料(汽水)样品合格率达到 100%,尤其是与 2011 年相比,碳酸饮料(汽水)的质量安全在 2015 年真正有了较大改善。

(七) 果蔬汁饮料

图 4-24 中,2010—2015 年间,我国果蔬汁饮料在砷、铅、铜、二氧化硫残留量、苯甲酸、山梨酸、糖精钠、甜蜜素、安赛蜜、合成着色剂、展青霉素、菌落总数、大肠菌群、霉菌、酵母、致病菌(沙门氏菌、金黄色葡萄球菌、志贺氏菌)等项目开展抽检,结果显示抽检合格率呈现逐年提升态势。2012 年之前,果蔬汁饮料的不合格项目主要为菌落总数、霉菌、酵母等。而 2012 年不合格项目主要为原果汁含量不符合相关标准的规定;2013 年不合格的检测项目主要为菌落总数、亮蓝、霉菌。这

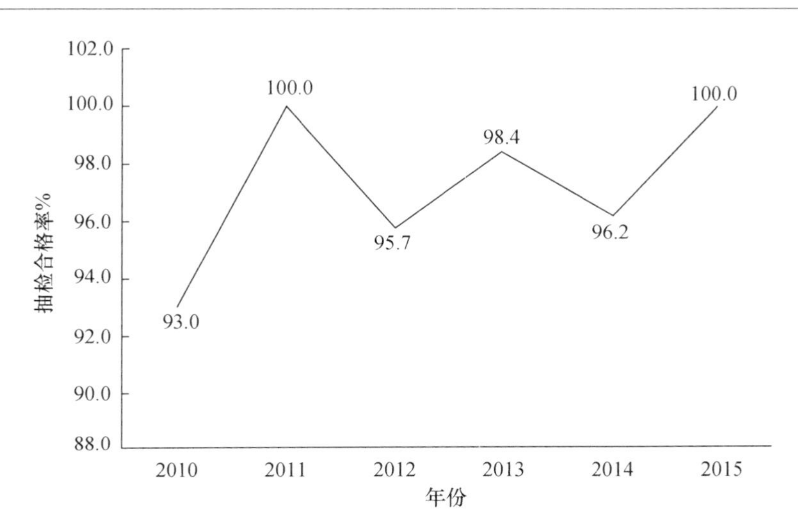

图 4-23　2010—2014 年间碳酸饮料抽检合格率

资料来源:2009—2012 年数据来源于中国质量检验协会官方网站,2013—2014 年数据来源于国家食品药品监督管理总局官方网站。

些情况在 2014 年和 2015 年都有较大改善,2014 年和 2015 两年,我国抽检果蔬汁样品合格率均为 100%,质量安全状况稳定向好。

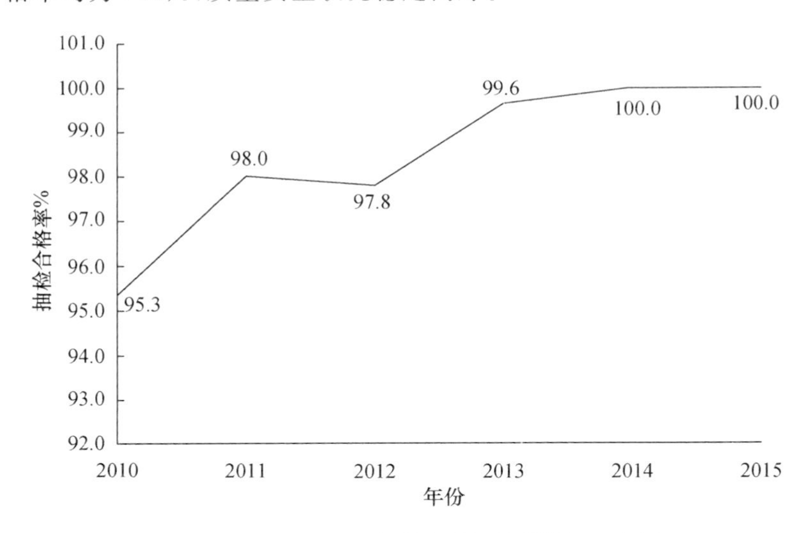

图 4-24　2010—2015 年间果蔬汁饮料抽检合格率

资料来源:2010—2012 年数据来源于中国质量检验协会官方网站,2013—2015 年数据来源于国家食品药品监督管理总局官方网站。

三、影响加工制造环节食品安全的主要风险因素

归纳总结2015年前各年度抽查发现的主要食品问题，可以发现，微生物污染、品质指标不达标以及超量与超范围使用食品添加剂是我国食品加工和制造环节最主要的质量安全隐患。但对2015年的国家食品抽检情况进一步分析发现，与前几年相比，加工制造环节的食品质量安全问题重点体现在以下四个方面。

（一）农兽药残留问题最为突出

2015年国家食品药品监督管理总局共抽检农兽药残留相关食品4万多批次，在所有的食品抽检中占了1/4份额。其中，农兽药残留不合格产品达到225批次，占不合格样品的3.8%。主要是部分样品中检出克百威、氯霉素、孔雀石绿、“瘦肉精”和恩诺沙星等禁限用农兽药。具体来看，涉及水产品中鳊鱼恩诺沙星和环丙沙星总量超标、黑鱼中硝基呋喃类药物、散养草鸡蛋中检出氟苯尼考等一般用于预防动物疾病的抗菌类药物等。由于国家相关标准和公告规定了相关限量，样品中出现农兽药残留，很有可能为种、养殖过程中人为添加或饲料带入，也可能是运输过程中人为添加。

世界卫生组织2014年的数据显示，我国仍然是世界上滥用抗生素问题最严重的国家之一。2016年，复旦大学的一项最新研究显示，江、浙、沪儿童体内普遍存在兽用抗生素。其中，近八成健康学龄儿童尿液中检出一种或几种抗生素。可见，作为食品安全最大风险的农兽药残留，这类化学性风险与腐烂变质等生物性风险不同，无法被消费者用感官来识别，也无法消除，应该成为今后国家食品药品监督管理部门系统的监管重点。一方面，国家食品药品监督管理总局应加强对食品生产企业加工制造环节日常的监督；另一方面，还要建立产品可追溯体系，加强对市场上销售产品的抽检，对抽检出存在农药残留、兽药残留超标的产品进行追根溯源。

（二）非法添加非食用物质与不规范使用食品添加剂的问题仍旧严重

2015年食品安全监督抽检情况显示，检出非食用物质的样品占不合格样品的1.2%，主要问题包括：食品种类中个别样品检出罗丹明B、苏丹红、过氧化苯甲酰、富马酸二甲酯、硼砂等非食用物质。而非食用物质检出主要是因为人为故意非法添加造成的。需要明确的是，非食用物质并非食品添加剂。在食品生产中，超出国家标准规定的范围、限量使用食品添加剂，属于“滥用食品添加剂”问题，而添加非食用物质引起的食品安全问题不应归结为滥用食品添加剂。目前，我国食品生产者一定程度混淆了食品添加剂和非食用物质的界限，将从事违法犯罪活动、向食品中添加非食用物质都称为添加剂，加深了公众对食品添加剂的误解，严重威胁食品安全。

2015年食品安全监督抽检数据还显示，超范围、超限量使用食品添加剂问题占不合格样品的24.8%。主要问题是部分样品有防腐剂、甜味剂、膨松剂和着色剂滥用问题，占到添加剂不合格样品量的95%以上，其中防腐剂就占到49%。涉及罐头产品山梨酸项目不合格、调味品香料中二氧化硫项目不合格、肉制品中诱惑红和柠檬黄项目不合格、水果及其制品中苯甲酸和防腐剂加和系数不合格等。防腐剂项目不合格的主要原因是食品生产企业为了延长产品保质期，加上缺乏对防腐剂的最大使用量的正确理解，生产过程中对质量管控不严等。而为了改善产品外观，企业可能超范围使用色素类添加剂。当然，企业也会为了解决生产加工中产品黏连、断条等问题添加明矾，将二氧化硫用作食物和干果的防腐剂等。

目前，我国允许使用的食品添加剂有2300余种。国家卫生计生委制定公布了《食品安全国家标准食品添加剂使用标准》(GB2760)和《食品安全国家标准食品营养强化剂使用标准》(GB14880)，规定了食品添加剂的使用原则，允许使用的食品添加剂品种、使用范围及最大使用量或残留量。生产企业在食品生产过程中按照国家标准使用食品添加剂，不会对人体健康造成危害。

而非法添加非食用物质和食品添加剂不符合标准主要是生产经营环节违法违规操作引起。目前我国有食品经营许可证的食品经营、生产企业达1180万家，此外还有为数众多没有领许可证的一些小作坊、小摊贩、小餐饮，"产业小散乱"的问题相当突出。食品生产中违法添加非食用物质和超范围、超限量使用食品添加剂问题，食品添加剂滥用、非法添加等安全性指标检验应继续成为今后食品安全监督抽检的重点。

(三) 微生物指标不合格的比例仍居高不下

2015年，国家食品药品监督管理总局的食品安全监督抽检情况显示，抽检样品的微生物指标不合格，占不合格样品的27.9%。主要是部分样品菌落总数、大肠菌群和霉菌等指标超标。但也有个别样品检出铜绿假单胞菌、单增李斯特菌和金黄色葡萄球菌等致病菌。其中涉及饮料中饮用水铜绿假单胞菌不合格，薯类及膨化食品、肉及肉制品中产品菌落总数不合格，水果及其制品中菌落总数和霉菌计数不合格等。当然，造成微生物指标不合格的主要原因很可能就是企业在食品生产加工过程中存在污染源或储运不当。企业生产环境和卫生条件如果控制不到位，储运过程和销售终端未能持续保持储运条件，因包装不严、破损造成二次污染等原因造成微生物指标不合格非常普遍。因此，对于食品生产企业，建立良好的卫生操作规范是治本之策，包括建立HACCP食品安全控制体系，对每个加工工序进行详细危害分析并对关键控制点进行指标控制，以保证危害减至可接受水平；落实GMP标准要求，从原料、人员、设施设备、生产过程、包装运输、质量控制等方面按国家有关法规达到卫生质量要求，形成一套可操作的作业规范。监管部门应加强对企业卫生条件等监管,及时发现生产过程中存在的问题并加以改善。

(四) 重金属指标引发的食品安全风险仍然存在

2015 年食品安全监督抽检数据表明,与前几年相比,重金属指标不合格仍是 2015 年影响食品安全的主要问题,占到不合格样品的 8.5%。主要包括部分样品铝、铅、镉等指标超出标准限值。其中涉及粮食及粮食制品中铅含量超标、蔬菜及其制品的铅含量超标、粮食及粮食制品中镉含量超标等。重金属污染是食品安全的长期隐患。粮食及粮食制品中重金属超标污染物主要为镉、砷、铅和汞等。2015 年抽检结果显示,重金属超标率较高的粮食主要分布在南方和西南的省区,主要包括福建、江西、湖南、广东、广西、四川和云南等,与土壤重金属含量较高的省份相一致。而蔬菜重金属的污染多以铅、镉和汞这 3 种重金属为主。

(五) 重视规范抽检前提下品质不达标问题诱发的食品安全风险

2015 年,国家食品药品监督管理总局的抽检数据显示,抽检样品品质指标不达标,占不合格样品的 26.0%。而主要是部分样品酸价、酒精度和电导率等项目不合格。其中涉及肉及肉制品、水产品及其制品、调味品等酸价超标,酒类中的葡萄酒及果酒酒精度不达标,饮用纯净水的电导率不合格等。在企业生产制造环节,品质指标不合格问题主要可能是企业生产工艺不合理或关键工艺控制不当造成,当然也不排除个别食品生产经营者故意以次充好、偷工减料,甚至违法掺杂使假的情况。当然,国家食品药品监督管理总局食品抽检也会依据《食品安全抽样检验管理办法》规定,如食品安全监督抽检的抽样人员可以通过拍照、录像、留存购物票据等方式保存证据等。结合《国家食品安全抽样检验和风险监测工作规范(试行)》的相关抽样工作规定,确认排除企业被抽样的产品是否被违法假冒。在保持抽检数据科学规范的前提下,与企业共同查找原因、排查隐患并及时整改,防控食品安全风险。针对重点食品、重点区域和重点问题,有针对性地开展专项整治行动。

四、需要重点关注具有较大安全风险的主要食品品种

可以认为,2015 年尽管食品安全总体形势趋好,但仍然存在诸多的安全隐患。国家食品药品监督管理总局抽检发现一些品种食品安全问题仍然较明显,部分大类食品的抽检合格率排名靠后,需要食品药品监督管理部门系统进一步贯彻落实“四个最严”要求,继续加大日常监管、抽检的治理力度。这些食品品种主要集中在以下几类。

(一) 饮料

2015 年上半年,国家食品药品监督管理总局针对饮料类抽检 2242 批次,不合格数量为 281 批次,样品合格率仅有 87.5%,2015 年下半年加大抽检力度,抽检

11265批次，不合格数量为521批次。虽然2015年下半年饮料抽检合格率有所提升，但全年合格率仍然仅为94.1%，在25个食品大类抽检合格率中排名最后。其中，铜绿假单胞菌不合格率较高。铜绿假单胞菌是一种条件致病菌，广泛分布于水、空气、正常人的皮肤、呼吸道和肠道等，易在潮湿的环境存活，对消毒剂、紫外线等具有较强的抵抗力，对于抵抗力较弱的人群存在健康风险。而包括饮用纯净水、天然矿泉水中铜绿假单胞菌超标，很可能是源水防护不当，水体受到污染；生产过程中卫生控制不严格，如从业人员未经消毒的手直接与矿泉水或容器内壁接触；或者是包装材料清洗消毒有缺陷所致。

（二）冷饮产品

2015年上半年，国家食品药品监督管理总局针对冷冻饮品抽检336个批次，抽检样品合格309个批次，合格率92.0%，稍高于饮料合格率。2015年全年共抽检1045批次，抽检不合格批次为62个，样品合格率94.10%，比起上半年总体提升。细类主要包括冰淇淋、雪糕、雪泥、冰棍、食用冰、甜味冰等产品。抽检项目包括蛋白质的理化指标，铅的重金属指标，甜蜜素、糖精钠、柠檬黄等食品添加剂指标，大肠菌群、菌落总数、金黄色葡萄球菌等微生物指标和非食用物质共5个指标的16个检验项目。而不合格项目主要为菌落总数和大肠菌群，品质指标蛋白质不达标。不合格产品甚至涉及知名品牌。菌落总数和大肠菌群不达标的主要原因很大程度是由于生产过程中，浆料贮存不当或管道和容器清洗不及时或不彻底，残留的浆料或其污染后的微生物大量繁殖从而严重污染产品。因此，必须加强企业生产加工环节的卫生管理和监管工作。

（三）焙烤食品

2015年上半年焙烤食品抽检合格率为96.6%，但2015年下半年抽检6282批次，合格数量5927批次，合格率下降到94.3%，这也导致2015年全年焙烤食品抽检合格率仅为94.8%，在所有25个食品大类中排名倒数第三。抽检的32个项目中，主要不合格产品为面包类，主要不合格项目为菌落总数。菌落总数属于指示菌，虽不具有致病性，但也反映出食品生产经营的卫生状况不佳的现状，需要引起重视。

（四）水产及水产制品

2015年上半年，国家食品药品监督管理总局针对水产及水产制品抽检950个批次，样品合格率仅为92.80%，而全年样品合格率虽然提升到95.3%，但在25个食品大类（含保健食品和食品添加剂）中仍仅排名22位。主要抽检依据是《食品安全国家标准食品添加剂使用标准》（GB 2760）、《食品安全国家标准食品中污染物限量》（GB 2762）、《食品安全国家标准 食品中致病菌限量》（GB 29921）等标准及产品明示标准和指标的要求。抽检项目包括铅、甲基汞、无机砷等重金属，防腐剂、甜味剂、着色剂等食品添加剂和菌落总数、大肠菌群、致病菌等微生物等 6 个指标。抽检不合格项目主要是渔药孔雀石绿、环丙沙星、恩诺沙星、呋喃西林代谢物残留超标。产生原因主要是水产品养殖和运输过程违规使用渔药所致，滥用渔药不仅会产生食品安全隐患，也易导致抗生素耐药风险，监管部门应高度关注。

（五）婴幼儿配方羊奶粉

2015 年国家食品药品监督管理总局安排抽检婴幼儿配方羊奶粉 108 批次，其中不合格数量达到 46 批次。而不合格项目主要是硝酸盐、硒含量、蛋白质等不符合食品安全国家标准，铜、叶酸、维生素 C 含量等不符合标签明示值，甚至检出不得检出的阪崎肠杆菌。由于不合格项目中的硝酸盐广泛存在于自然环境（水、土壤、植物）中，硝酸盐本身对人体无害或毒性相对较低，但人体摄入的硝酸盐在细菌的作用下还原成亚硝酸盐，亚硝酸盐毒性较大。而硒是婴儿配方乳粉食品安全国家标准中规定需要添加的营养元素。可见，这些不合格项目对婴幼儿健康影响较大。数据显示，2015 年抽检不合格样品的生产企业主要位于陕西、河北、黑龙江、河南等省。值得重视的是，由于一方面羊奶粉受众人群相对较少，另一方面我国奶山羊养殖有限、奶量偏少，原料紧缺，再加上婴幼儿配方羊奶粉相关标准相对欠缺，因此部分生产企业可能选择在生产时掺入牛乳清粉。为了进一步完善监管工作，2015 年 9 月，国家食品药品监督管理总局发布新的婴幼儿配方奶粉注册制（征求意见稿）中规定，婴幼儿配方乳粉原料为羊乳（粉）的，产品名称可标注为婴幼儿配方羊奶粉，并应当在配料表中标明每 100 克产品中羊乳（粉）所占比例，以及乳清蛋白粉来源，一定程度对婴幼儿配方羊奶粉的生产标准做了补充。但今后随着消费需求的增加，针对此项食品仍需要监管企业进一步完善生产标准，加强对其生产环节的监管力度。

第五章　2015年中国食品流通环节的质量安全与城乡居民食品消费行为

流通领域食品安全是确保“从农田到餐桌”全链条食品安全的重要环节。本章主要分析流通环节的食品质量安全监管状况，重点梳理食品监督管理部门对流通环节食品安全的专项执法检查、流通环节重大食品安全事件的应对处置、流通环节食品质量安全的日常监管等，并基于对城市和农村消费者的问卷调查，分析城乡居民的食品消费行为，为政府相关部门加强流通环节的食品安全监管提供借鉴。

一、流通环节食品安全的专项执法检查

2015年政府食品药品监督管理部门对流通环节的抽检力度进一步提升，成效较为明显。

（一）抽检总体情况

2015年，国家食品药品监管总局在全国范围内组织抽检了172310批次食品样品，其中检验不合格样品5541批次，样品抽检合格率为96.8%，比2014年提高了2.1%。图5-1显示，流通环节中超市的抽检合格样品数量（批次）和不合格样品数量（批次）均最高，其次分别为批发市场和商场两个销售场所。但流通环节中抽检样品不合格率最高的并不是超市、批发市场或商场，而是其他销售场所，其抽检样品不合格率高达13.29%，而采用网购方式抽检样品不合格率为10.65%，在流通环节中排名第二。另外，在餐饮环节中大型餐馆抽检的最大合格样品数量（批次）和不合格样品数量（批次）均最高，其次为中型餐馆。需要指出的是，机关食堂被抽检的样品不合格率在餐饮环节中是最高的，达到31.58%，超过排名第二的学校（托幼食堂）近12个百分点。

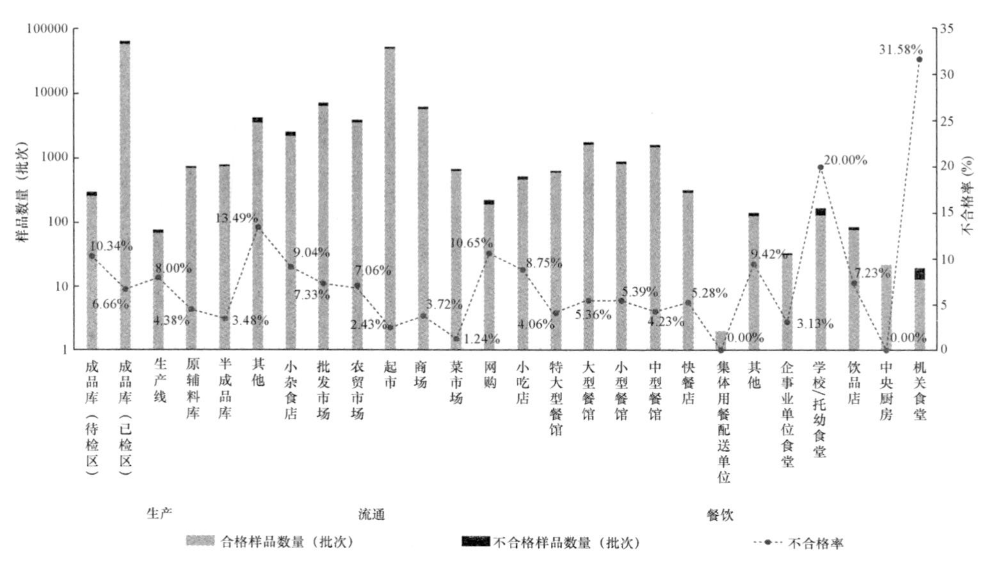

图 5-1　2015 年食品安全监督抽检抽样场所分布情况图

资料来源：根据国家食品药品监督管理总局相关抽检数据统计。

（二）专项执法检查

针对与人民群众日常生活关系密切、问题突出的重点食品产业和食品，国家食品药品监督管理总局在流通领域还专门组织开展了婴幼儿奶粉、含铝食品添加剂等专项执法行动，具体情况如下。

1. 婴幼儿配方乳粉质量监管

2015 年 9 月，国家食品药品监督管理总局起草了《婴幼儿配方乳粉配方注册管理办法（试行）》（征求意见稿），新政规定企业依法取得婴幼儿配方乳粉生产许可后，应当按照批准注册的产品配方组织生产，如实记录产品生产销售信息，实现产品可追溯，进一步确保婴幼儿配方乳粉质量安全。与此同时，不断强化婴幼儿配方乳粉质量安全风险管理，开展了专项监督抽检和风险监测监督。2015 年 5—6 月，国家食品药品监督管理总局对婴幼儿配方乳粉开展了国家专项监督抽检，覆盖国内 85 家在产企业的产品及部分进口产品（图 5-2）。抽检国产样品 465 批次，检出不合格样品 42 批次，合格率 91.0％。[①] 其中，不符合食品安全国家标准、存在食品安全风险的样品 11 批次，如反式脂肪酸与总脂肪酸比值、叶酸、维生素 C 等不符合食品安全国家标准；不符合产品包装标签明示值，但不存在食品安全风险

① 国家食品药品监督管理总局：《关于 42 批次婴幼儿配方乳粉不合格的通告（2015 年第 43 号）》，2015-08-04[2016-07-01]，http://www.sda.gov.cn/WS01/CL0051/125920.html。

的样品 31 批次。抽检进口样品 121 批次，未检出不合格样品。检出不合格样品的企业都是中小企业，样品多属婴幼儿配方羊奶粉。国家食品药品监督管理总局责令生产企业及时采取停止销售、召回不合格产品等措施，彻查问题原因，全面整改，并对相关企业依法进行调查处理。

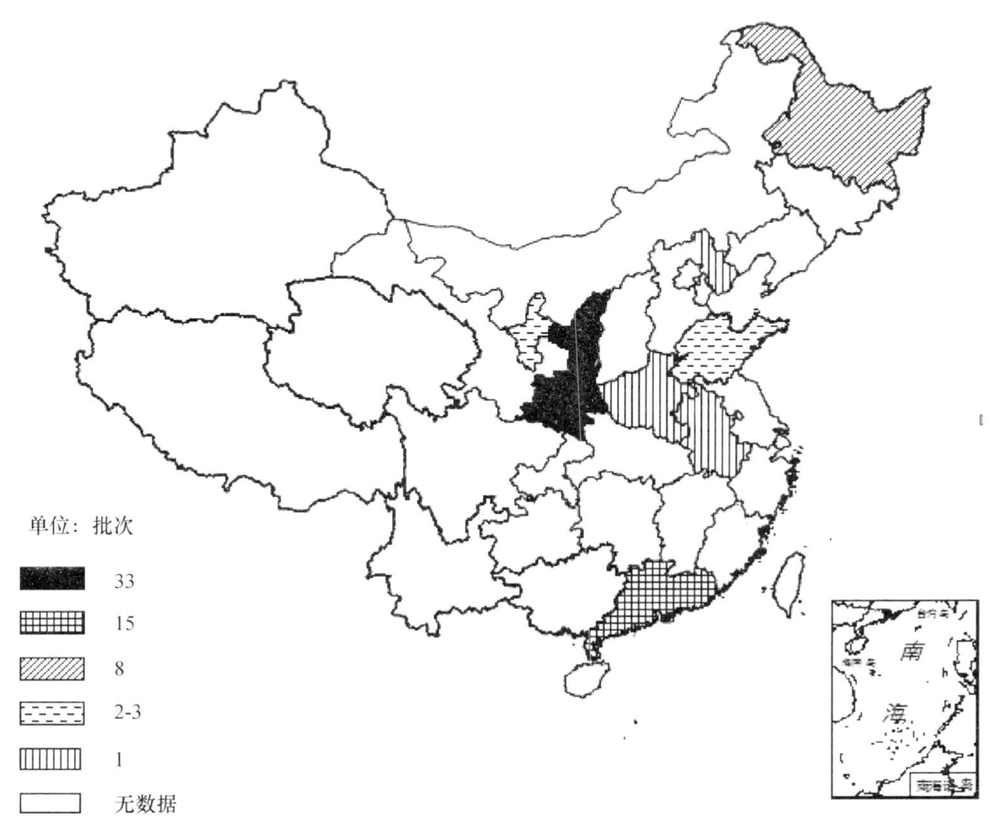

图 5-2　2015 年我国婴幼儿配方乳粉抽检不合格销售地区分布

资料来源：根据国家食品药品监督管理总局抽检数据统计。

2. 农村食品市场安全监管

农村食品市场仍然是食品安全监管的薄弱环节。2015 年，国务院食品安全办印发《关于进一步强化农村集体聚餐食品安全风险防控的指导意见》，要求各地进一步采取措施，强化对农村集体聚餐的食品安全风险防控。各地食品药品监管、工商行政管理等部门，针对农村食品市场突出问题，组织开展专项整治执法行动，加强农村食品市场日常监管，实施综合治理，严厉打击生产经营假冒伪劣食品行为，夯实农村食品市场监管基础，构建长效监管机制。2015 年 8—12 月，江西省食品安全委员会办公室在全省范围内组织开展了农村食品安全综合整治行动。期间，共出动执法人员65709人次，检查食品生产加工单位9884户次，检查食品经营者75557户次，检查餐饮服务经营者18582户次，检查保健食品经营者1091户次（如图5-3所示），[①]查处农村食品各类违法案件867件，罚没金额262.47万元。广泛宣传，营造良好氛围。除了加强监管，江西省食品安全委员会办公室还通过宣传培训、现场观摩等形式，积极引导全社会参与农村食品安全综合治理，共印发食品安全宣传资料20000份，“致学生家长的一封信”43000份，食品药品安全警示“小贴士”15000份，食品药品安全知识手册5000份，现场咨询会60余次。通过新闻媒体、乡镇文化站、学校等进行广泛宣传，巩固农村食品市场整治成果，为构建安全有序的农村食品市场环境营造浓厚的舆论氛围。

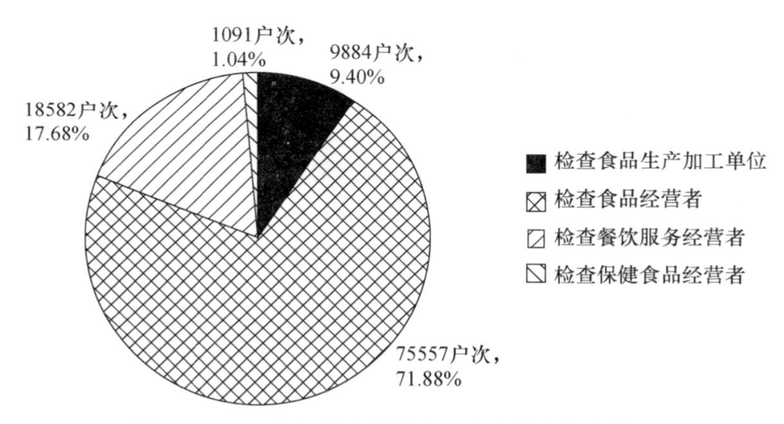

图5-3 2015年江西省农村食品安全综合整治情况

资料来源：根据相关资料由作者整理。

3. 冷冻肉品监察

为加强冷冻肉品市场监管，严厉打击走私冷冻肉品等违法行为，国家食品药品监督管理总局与海关总署、公安部联合下发了《关于打击走私冷冻肉品维护食品安全的通告》（2015年第29号）。根据该文件精神，北京、天津、山东、河南、广东等省市均展开冷冻肉品专项整治行动，集中时间、集中人员对冷冻肉品进行全面排查，凡发现入出库存数量与记录不符的，来源及销售去向不明的，编造、篡改相关记录的，均依法依规严肃处理。同时，针对冷冻肉品存在的突出问题，重点加强对供货方资质证明、进货渠道、标签标识、散装肉品标注、检验检疫合格证明材料、掺杂掺假等六个方面的检查，并加大对冷冻肉品的监督抽检工作，严禁不合格肉

① 国家食品药品监督管理总局：《江西省强化农村食品安全综合整治》，2015-12-18[2016-06-11]，http://www.sda.gov.cn/WS01/CL0005/138503.html。

品流向“餐桌”。在四川省、浙江省和广东省的农贸市场等流通环节分别查处速冻牛排、牛肋骨、调制肉片等不合格肉品，主要发现为化学指标莱克多巴胺和微生物指标金黄色葡萄球菌超标。以湖北省针对流通环境的监管为例，该省下辖的17个市、州近两年来共查获违法生产经营冷冻肉品3122.71吨，货值1.002亿元，立案查处374起，已结案332起，罚没款806.15万元，移送公安机关17起，抓获犯罪嫌疑人81人，批捕19人，为肉品安全提供了有效保障。[①]

4. 食品添加剂监管

全国食药监督管理系统和工商管理系统继续强化对食品添加剂质量的监管，以食品加工业和餐饮业为重点行业，积极推进食品添加剂经营者自律体系建设，严格监督经营者落实管理制度和责任制度，依法严厉查处流通环节违法添加非食用物质和滥用食品添加剂、违法销售食品添加剂的行为。含铝食品添加剂是食品安全监管工作的重点品种之一。2015年7月以来，食品药品监管总局在全国范围内组织开展了含铝食品添加剂使用标准(GB 2760—2014)执行情况的专项检查。通过开展专项检查，含铝食品添加剂生产、销售和使用企业的食品安全主体责任得到了进一步落实，含铝食品添加剂的生产、销售和使用行为得到了进一步规范。据不完全统计，各地出动执法人员35.26万人次，检查食品生产经营企业48.77万户次，责令整改2.59万户，查扣不符合食品安全标准的食品及食品添加剂2245.25公斤，罚没款74.62万元，立案查处855件，移送司法机关109件(如图5-4所示)。[②]

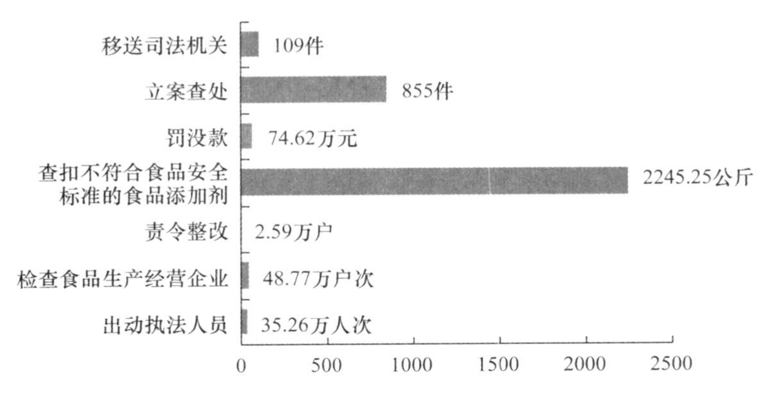

图5-4　2015年含铝食品添加剂使用标准执行情况的专项检查

资料来源：根据相关资料由作者整理。

① 国家食品药品监督管理总局：《湖北省查办特大销售不符合食品安全标准冷冻肉案》，2016-01-06[2016-07-01]，http://www.sda.gov.cn/WS01/CL0050/140900.html。

② 国家食品药品监督管理总局：《食品药品监管总局开展含铝食品添加剂生产销售使用专项检查》2012-01-05[2016-07-02]，http://www.sda.gov.cn/WS01/CL0050/140800.html。

5. 白酒市场

近年来，白酒质量安全的监管始终是食品监管部门监管的重点。2015 年 5—6 月，国家食品药品监督管理总局对白酒开展了国家专项监督抽检，白酒样品涉及 30 个省(区、市)810 家白酒生产企业，抽检样品 2148 批次，抽检项目包括酒精度、固形物、铅、甲醇、氰化物、糖精钠、安赛蜜、甜蜜素等 8 项。检出不合格样品 78 批次，被抽检单位主要分布于四川省、安徽省、吉林省、广东省、贵州省、广西壮族自治区等地。样品不合格率为 3.63%，较 2014 年的 9.26%大大降低。其中，白酒检出酒精度不符合标签明示值的不合格率下降最多，由 4.40%降为 0.09%。氰化物不符合食品安全国家标准的比例则上升较多，由 2014 年的 0.87%上升为 1.96%(图 5-5)。①

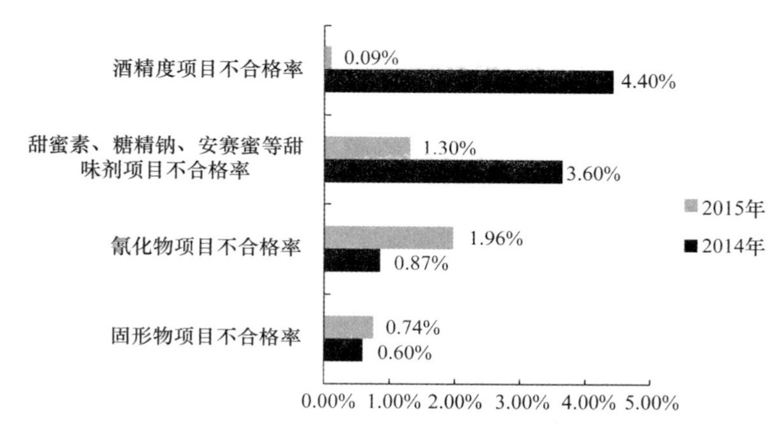

图 5-5 2014 年和 2015 年白酒质量安全监管检查情况对比示意图

资料来源：根据相关资料由作者整理。

6. 食用油市场

2015 年，国家食品药品监督管理总局分别于 5—6 月、7—9 月、10—12 月对花生油开展了国家专项监督抽检，抽检项目包括重金属、真菌毒素、食品添加剂、品质指标等 11 个指标，覆盖 16 个生产省份的 112 家企业，被抽检单位既包括百货公司、超市、小卖部，也涉及粮油经销部等专营店。不合格的检测项目主要为黄曲霉毒素 B1、酸值、苯并芘。抽检样本分别为 202、195、200 份，不合格率分别为

① 国家食品药品监督管理总局：《国家食品药品监督管理总局关于 78 批次白酒和 1 批次花生油不合格的通告(2015 年第 61 号)》，2015-09-08[2016-05-12]，http://www.sda.gov.cn/WS01/CL1687/128812.html。

0.5%、2.5%、1%，较为稳定(图5-6)。[①②③]

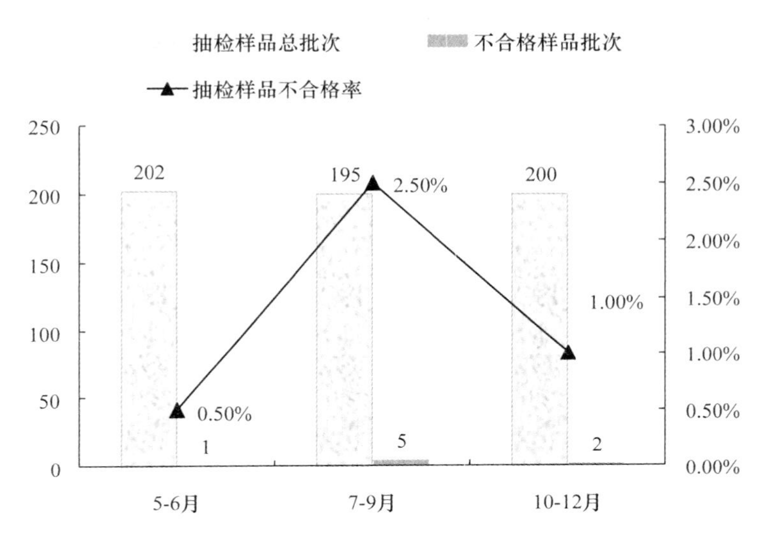

图5-6　食用油质量安全监管检查情况示意图

资料来源：根据相关资料由作者整理。

7. 节日性食品市场

2015年，国家食品药品监督管理总局相继发布《中秋月饼食品安全监管与消费提示》以及《食品药品监管总局办公厅关于进一步加强中秋国庆"两节"期间食品安全监管工作的紧急通知》(食药监办电〔2015〕14号)，及时部署各级食品药品监管部门突出对重点区域、重点场所、重点品种和重点问题的监督检查，有针对性地强化节日期间食品安全监管。据不完全统计，"两节"期间各地食品药品监管部门共出动执法人员37.3万人次，检查食品生产经营单位75.4万户次，责令整改12883户次；监督抽检1.46万批次，查处食品安全违法案件1088件，查获不符合食品安全标准食品23.6万吨，受理投诉举报事项2194件(图5-7)。[④] 中秋国庆"两节"期间全国未发生重大食品安全突发事件，食品安全状况总体稳定，"两节"

① 国家食品药品监督管理总局：《国家食品药品监督管理总局关于78批次白酒和1批次花生油不合格的通告》，2015-09-08[2016-07-01]，http://www.sda.gov.cn/WS01/CL1687/128812.html。

② 国家食品药品监督管理总局：《国家食品药品监督管理总局关于5批次花生油不合格的通告(2015年第90号)》，2015-11-19[2016-07-11]，http://www.sda.gov.cn/WS01/CL1687/135761.html。

③ 国家食品药品监督管理总局：《总局关于2批次花生油不合格的通告(2016年第9号)》，2016-01-25[2016-06-12]，http://www.sfda.gov.cn/WS01/CL1687/142961.html。

④ 国家食品药品监督管理总局：《关于2015年中秋国庆期间食品安全监管工作情况的报告》，2015-11-17[2016-01-12]，http://www.sda.gov.cn/WS01/CL1348/135143.html。

期间食品安全监管工作取得成效。此外，特别强化粽子、月饼市场的专项执法检查。从北京、河北、江西、广东、四川、上海等地对月饼的检验结果来看，各地月饼抽检合格率均在 95%以上，月饼质量总体情况良好。

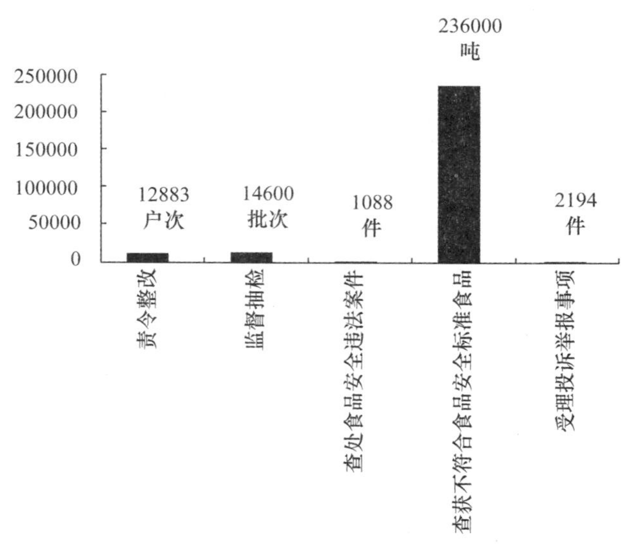

图 5-7 “两节”期间各地食品监管检查情况示意图

资料来源：根据相关资料由作者整理。

8. 糖果和巧克力市场

2015 年 3 月，国家食品药品监督管理总局印发《关于开展糖果和巧克力生产企业专项监督检查的通知》，部署了全国糖果和巧克力专项监督检查工作。各地食品药品监管部门按照《中华人民共和国食品安全法》《食品生产加工企业落实质量安全主体责任监督检查规定》《食品生产通用卫生规范》《预包装食品标签通则》等法律法规标准的要求，突出重点开展专项检查，并对糖果和巧克力产品进行了监督抽检。据统计，全国共对 3769 家糖果和巧克力生产企业实施了专项监督检查。检查发现，部分企业存在进货查验制度未落实、生产记录不全、环境卫生不合格、无证生产、滥用食品添加剂、虚假标注标识等问题。抽检样品主要问题是菌落总数超标。针对发现的问题，当地食品药品监管部门依法采取了责令整改、停产整顿、注销食品生产许可证等行政处罚。共责令整改 608 家，责令停产整顿 142 家，注销了 3 家企业的食品生产许可证(图 5-8)，[①]切实加强糖果和巧克力生产企

① 国家食品药品监督管理总局：《食品药品监管总局关于开展糖果和巧克力专项监督检查情况的通报》，2015-09-02[2016-07-01]，http://www.sda.gov.cn/WS01/CL1687/128423.html。

业监管，保障食品质量安全。

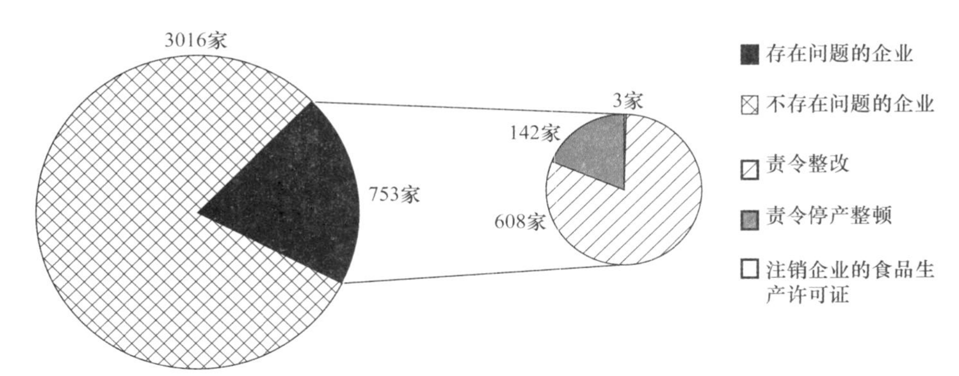

图5-8　糖果和巧克力专项监管检查情况示意图

资料来源：根据相关资料由作者整理。

本次监督抽查中，全国共抽检糖果和巧克力样品1256批次，检出不合格样品12批次，不合格率为0.96%。不合格项目主要为菌落总数、大肠杆菌、原料糖浆透射比和标签。对抽检发现的问题，各地食品药品监管部门按照相关规定对不合格产品生产企业依法进行处罚。专项监督检查结果表明，我国糖果和巧克力产品质量安全总体状况良好。

9. 保健食品市场

2015年，为进一步加强保健食品监管，深入打击保健食品"四非"行为，保障消费者合法权益，食品药品监管总局组织开展了包括增强免疫力、缓解体力疲劳、减肥、改善睡眠、增加骨密度和营养素补充剂等17类别保健食品的样品抽检。抽检样品涉及全国195家保健食品生产企业的240批次样品，22批次的不合格产品。[①]被抽检的销售企业主要位于江西省、吉林省、福建省等地。此外，各省、自治区、直辖市也开展了保健食品专项整治。例如，2015年广西壮族自治区食品药品监管局以在全区药品经营店开展保健食品专项整治为主，以强化专项监督抽检为辅，通过建立诚信机制等措施，重心下沉、面向一线，成效明显，进一步规范了全区保健食品的经营行为。全区共检查企业4249家，检查保健食品30615个品种，查出未办理《食品流通许可证》企业367家。[②] 通过此次专项整治发现，少数企业未持有《食品流通许可证》经营保健食品，违法宣传、标签标识说明书和批准内容不一致、经营假冒伪劣保健食品违法现象仍然存在，尤其县以下乡镇区域经营场所经营的

① 国家食品药品监督管理总局：《关于2015年国家保健食品监督抽检监测合格产品信息的通告（2015年第2号）》，2015-12-29[2016-05-08]，http://www.sda.gov.cn/WS01/CL1688/140025.html。

② 国家食品药品监督管理总局：《广西保健食品专项整治行动多措并举见成效》，2016-01-27[2016-07-02]，http://www.sda.gov.cn/WS01/CL0005/143183.html。

保健食品问题较为明显。

10. 流通环节食品相关产品的抽查

2015 年,国家质量监督检验检疫总局组织开展了包括食品相关产品在内的 8 大类产品。其中涉及餐具洗涤剂、食品用纸包装、容器、工业和商用电热食品加工设备、食品用塑料包装容器工具等 10 种食品相关产品的质量国家监督抽查。2015 年全年共抽查流通环节 3891 家食品相关产品企业的 4338 批次产品,抽查合格率为 96.8%,比 2014 年降低了 1.7 个百分点。而与 2011 年相比,抽查合格率则提高了 6.5%。虽然在 2013 年有所降低,但 2014 年的抽查合格率又呈现非常明显的上升态势,2015 年虽有小幅降低,但仍维持在 96%以上的抽查合格率(图 5-9)。

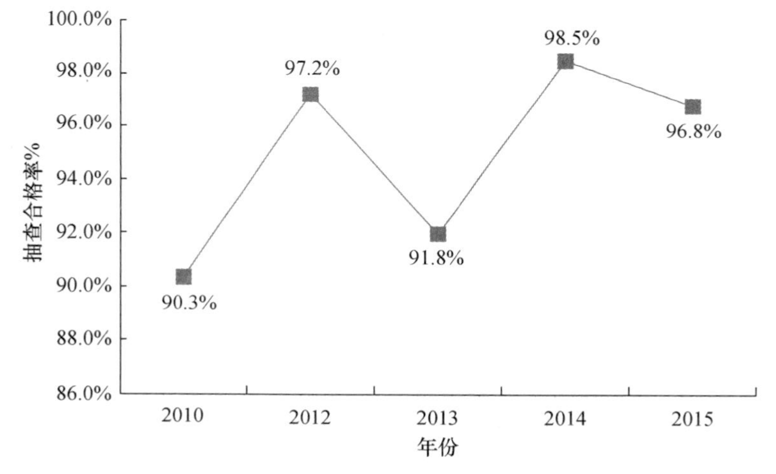

图 5-9　2011—2015 年间食品相关产品抽查合格率

资料来源:根据国家质量监督检验检疫总局网站相关数据整理。

其中,一次性竹木筷子、绝热用模塑聚苯乙烯泡沫塑料、食品用橡胶制品、铝易开盖 4 种产品的抽查合格率为 100%;食品用塑料包装、容器、工具等制品、工业和商用电热食品加工设备、铝塑复合膜袋、抽查合格率均高于 95%;餐具洗涤剂、酒瓶 2 种产品抽查合格率介于 90%和 95%之间;食品用纸包装、容器的抽查合格率不到 90%。可见,在食品相关产品中,餐具洗涤剂、酒瓶、食品用纸包装、容器的抽查合格率还是相对较低,一定程度拉低了食品相关产品的抽查合格率。

二、流通环节重大食品安全事件的应对处置

2015 年全国食品药品监督管理系统重点查处、应对食品安全中的走私“僵尸肉”和假冒伪劣等突发事件,努力保障流通环节的食品安全和消费者权益。

(一) 走私“僵尸肉”事件

2015年6月23日，新华网发表新华社记者李丹题为《走私“僵尸肉”窜上餐桌，谁之过?》的报道，文中提到“在6月的海关打击冻肉走私的专项行动中，有‘80后’缉私人员在广西某口岸查处了一批比他年纪还大的‘70后’冻肉”。“僵尸肉”迅速成为网络热词和大众关注的焦点，国内不少媒体纷纷跟进报道。对此，国家食品药品监督管理总局立即部署对走私冷冻肉品安排进行全面调查处理。据统计，海关总署在国内14个省份统一组织，开展打击冻品走私专项行动，打掉专业走私冻品犯罪团伙21个，共查获42万吨僵尸肉，价值三十多亿元，阻止走私冻肉进一步进入国内市场。同时，2015年7月12日，国家食品药品监管总局、海关总署、公安部发布《关于打击走私冷冻肉品维护食品安全的通告(2015年第29号)》。对所有查获的走私冷冻肉品，海关均依法予以销毁，同时会同有关部门部署对走私冷冻肉品犯罪行为的调查，全力追查走私入境冷冻肉品的来源及销售去向，包括幕后指使人、承运企业和相关人员、承储冷库经营企业和相关人员以及采购使用的食品生产经营者，并要求所有冷冻仓库、肉食品经营企业、加工企业、餐饮企业严格依照有关法律规定，不得存储、购买、销售来源不明的冷冻肉品。此外，各地监管部门深入开展进口走私肉专项整治，北京、天津、辽宁等18个省(区、市)食品药品监管、海关、公安等部门组织执法力量开展了冷库排查和冷冻肉品专项整治行动。截至2015年12月，18个省(区、市)共排查冷库17979家，查扣不可溯源冷冻肉品2386.86吨，[①]及时查处了一批违法犯罪案件，确保广大人民群众的饮食安全。

(二) 冒牌“雅培”和“贝因美”奶粉事件

2015年9月9日，上海市公安机关接到雅培公司产品被人假冒的举报，冒牌奶粉事件冒出水面。2015年12月9日至2016年1月7日，上海市公安机关先后抓获以陈某、潘某为首的犯罪团伙共9人。犯罪分子为牟取暴利，在市场上购买低价婴幼儿配方乳粉，装入仿制的“雅培”罐体中，冒充高价品牌婴幼儿配方乳粉销售牟利，涉案乳粉销往河南、安徽、江苏、湖北四省。2014年8月至2015年5月，陈某等人以每盒三十多元的价格购买市场上正常销售的纸盒装“贝因美”金装爱+婴幼儿配方乳粉(405克)，装入其在山东金谷制罐有限公司仿制的“贝因美”铁罐中，生产罐装“贝因美”金装爱+婴幼儿配方乳粉(1000克)1.1万余罐，通过乳粉批发商杜某以每罐140元左右的价格销往河南郑州经销商侯某、石某，以及安徽合肥经销商孙某、张某，销售额160余万元。2015年4—9月，上述案犯又在

---

① 国家食品药品监督管理总局:《国家食品药品监督管理总局 海关总署 公安部关于冷库冷冻肉品排查工作的公告(2015年第262号)》，2015-12-07[2016-06-05]，http://www.sda.gov.cn/WS01/CL0087/137861.html。

广东东莞兰奇塑胶公司仿制“雅培”婴幼儿配方乳粉塑料罐体，在浙江台州市路桥区一印刷作坊印制“雅培”婴幼儿配方乳粉标签，以每罐 70—80 元的价格在市场上购买新西兰产“Vitacare”“美仑加”“可尼克”婴幼儿配方乳粉和国产“奥佳”“和氏”“摇篮”等品牌婴幼儿配方乳粉，分别在山东兖州、湖南长沙的窝点罐装生产冒牌“雅培”金装喜康力婴幼儿配方乳粉(900 克)1.16 万罐，也是通过乳粉批发商杜某以每罐 160 元左右的价格销往包括上述安徽合肥经销商孙某、张某，还有河南郑州乳粉经销商晋某、刘某，江苏宿迁经销商王某，湖北武汉经销商冯某，销售额 190 余万元。①

在国务院食安办协调下，河南、安徽、江苏、湖北四省食安办与上海密切配合，迅速开展涉案乳粉查缴工作。目前，已销毁或追缴冒牌“雅培”婴幼儿配方乳粉 8300 罐，并查封涉案冒牌乳粉的包装生产企业、标签印刷作坊、制假窝点及出租制假场所。此外，国务院食安办要求贝因美和雅培两家企业配合上述四省有关部门继续追缴冒牌婴幼儿配方乳粉，全面整顿销售网络，公布真假品牌乳粉鉴别方法，切实防止冒牌产品流入其指定网点。在生产环节，国务院食安办将开展对国产和进口婴幼儿配方乳粉的配方注册，实施严格的配方注册制度。在配方注册的同时，对企业的原辅料、研发、工艺、生产过程进行全面的检查。在市场抽检方面，对市场销售的婴幼儿配方乳粉实行月月抽检，月月公布抽检结果。在销售环节，要求婴幼儿配方乳粉的生产企业对婴幼儿配方乳粉要全链条地负责。与此同时，进一步加强对进口婴幼儿配方乳粉的监管。

(三) 食用油掺杂掺假事件

2015 年 5 月 7 日晚，中央电视台《焦点访谈》报道了广西梧州、广东肇庆两地农贸市场里的一些花生油生产经营单位，涉嫌制作售卖掺杂掺假“土榨花生油”。2015 年 5 月 8 日，广东省食品药品监督管理局下发了《关于开展严厉打击掺杂掺假、非法使用添加剂、使用不合格原料等行为生产经营食用油专项执法行动的通知》(食药监办稽〔2015〕174 号)，要求全省各地食品药品监管部门全面开展食用油专项整治工作，重点围绕掺杂、掺假、非法添加、使用不合格原料等违法违规生产经营行为进行全面清理，督促食用油生产经营单位落实食品安全主体责任。此后，广东省食品药品监管局也组织开展了专项执法行动，共立案查处食用油生产经营者 945 家。其中，65 家生产经营者因食用油黄曲霉毒素超标，违法情节严重，被依法移送公安机关追究刑事责任；24 家生产经营者因无证经营被依法取缔；其他 856 家生产经营者因脂肪酸组成、酸价、卫生环境不合格等原因被行政处罚，罚

① 国家食品药品监督管理总局:《国务院食安办通报制售冒牌乳粉案件调查情况》,2016-04-09[2016-07-03],http://www.sda.gov.cn/WS01/CL0051/149681.html。

款金额累计 350 余万元，切实保障了广大公众的饮食安全。

三、流通环节食品质量安全的日常监管

2015 年，流通环节食品安全日常监管规范化建设取得新进展。各级食品安全监管机构强化食品市场日常规范监管，加大市场巡查和抽检工作力度，严把食品经营主体准入关，严格监管食品质量，切实规范经营行为，日常监管的针对性和有效性不断提升。

（一）食品经营者的行为监管

近年来我国流通领域食品经营主体数量不断扩大。图 5-10 显示，2013 年、2014 年全国有效食品流通许可证分别达到 744.6 万张、775.3 万张，而到 2015 年则达到了历史最高的 819.1 万张。与此同时，相应的监管也持续加强。2015 年，全国各地共检查食品经营主体 2187.4 万家次，监督抽检食品 116.3 万批次，发现问题经营主体 74.7 万家，完成整改 70.9 万家；查处食品经营违法案件 21 万件，罚没款金额 11.65 亿元，捣毁制假售假窝点 743 个，移送司法机关的违法案件 1618 件（图 5-11），[①]有效维护了食品市场秩序，没有发生系统性和区域性食品安全事件。

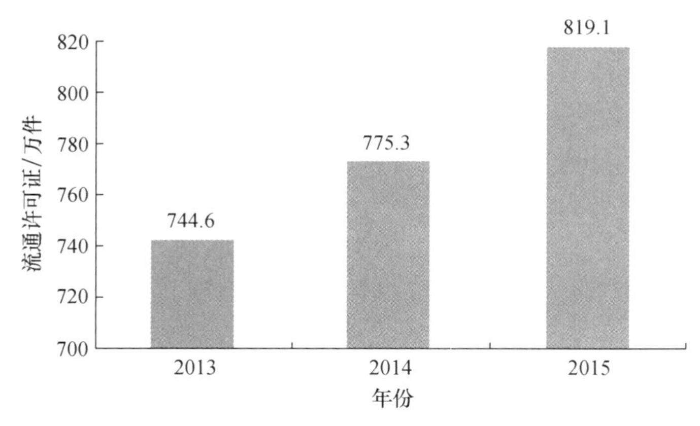

图 5-10　2013—2015 年间我国有效食品流通许可证情况

资料来源：根据 2013—2015 年国家食品药品监管统计年报统计。

与 2014 年相比，全国食品药品监督管理系统共检查食品经营者的次数显著增加，由 2014 年的 1389.3 万户次增加为 2015 年的 2187.4 万户次，增加了 57.4%；捣毁售假窝点显著降低，由 2014 年的 949 个降为 443 个，降低 53.3%；移

① 国家食品药品监督管理总局：《全国食品经营监管工作会议在京召开》2016-01-21[2016-06-20]，http://www.sda.gov.cn/WS01/CL0050/142640.html。

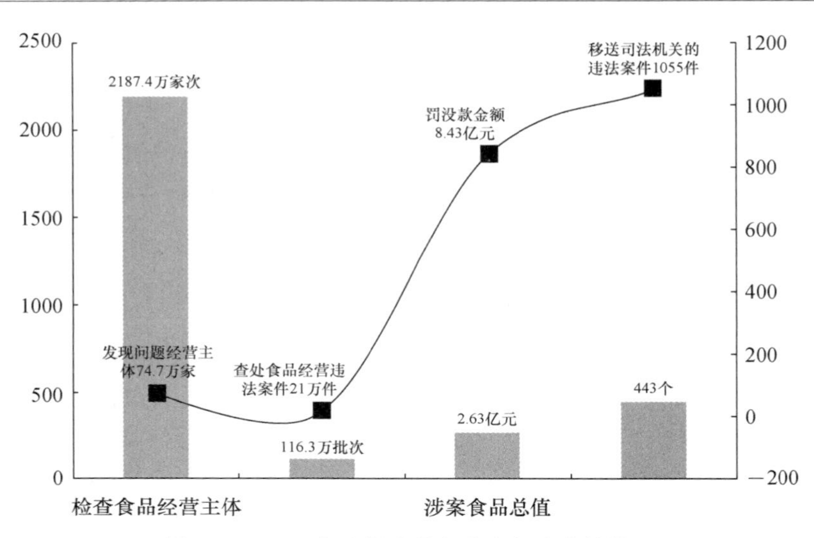

图 5-11 2015 年全国食品经营者行为监管情况

资料来源:根据相关资料由作者整理。

送司法机关的案件有所增加,由 2014 年的 738 件增加为 2015 年的 1055 件,增加 43.0%(如图 5-12 所示)。①

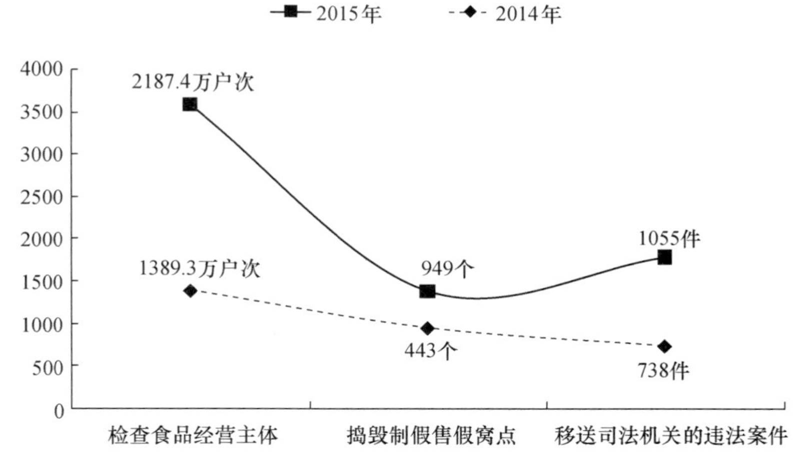

图 5-12 2014 年和 2015 年全国食品经营者行为监管对比情况

资料来源:根据相关资料由作者整理。

① 《全国食品经营监管工作会议在京召开》,中央政府门户网站,2015-01-29[2015-03-20],http://www.gov.cn/xinwen/2015-01/29/content_2811845.htm。

（二）提高监督管理的信息公开水平

2015年，国家食品药品监督管理总局高度重视政府信息公开工作，按照《中华人民共和国政府信息公开条例》和《国务院办公厅关于印发2015年政府信息公开工作要点的通知》（国办发〔2015〕22号）有关规定，强化制度建设，拓展公开渠道，加强政策解读，加强舆论监督，积极回应社会关切，把信息公开作为强化监管工作的重要手段，不断加大重点监管工作和行政处罚信息公开力度，通过信息公开震慑违法者、保护消费者、约束执法者，更好地保障公众知情权、参与权和监督权，提高政府公信力。

一是抽检信息公开，2015年，总局公布了42期食品安全监督抽检信息，涉及24大类食品的10.9万批次样品。转载各省级局发布的监督抽检结果1200余期。二是食品生产许可和食品经营许可信息公开，在制定食品经营许可管理制度时，制定了证件签发人和日常监管人员姓名上证上墙的规定。同时设计了食品经营许可证二维码自动生成的功能，以信息公开的方式，督促基层食品监管人员认真履职，保障消费者的监督权和知情权。三是行政处罚信息公开。持续推进全国各级行政处罚案件信息公开工作，定期对各地开展案件信息公开工作进行汇总排名，加强督促考核，鼓励各地探索案件信息公开的新方式，通过召开新闻发布会，以及政府网站、报刊宣传等公开形式进一步扩大案件信息公开的影响力。2015年，全国各级食品药品监管部门共公布“四品一械”案件22.8万余件，公开率达76.9%，12个省（区、市）行政处罚信息公开率达100%，2/3省份行政处罚信息公开率超过80%。同时，加强重大案件信息公开，回应社会关切，采取“边办案、边公开”的方式向社会发布信息。[①]

（三）违法食品广告的监管与预警

从2009年第四季度至2015年第四季度的六年间，国家工商总局和国家食品药品监督管理总局共曝光644种违法产品广告，包括食品（包括保健食品）、药品、医疗、化妆品及美容服务等。其中，有170种是保健食品广告，占曝光广告总数的26.4%。相关数据表明，近年来被曝光的违法保健食品广告逐年递增，2009年为11起，2010年上升为12起，2011年增加到14起，2012年增加到37起，2013年增加到38起，2014年虽然有所下降，2015年又增加到37起（图5-13），年均递增22.4%。2015年，国家食品药品监督管理总局加大对违法发布药品医疗器械保健食品广告的整治力度，进一步规范广告发布秩序，并将上述违法广告依法移送工商行政管理部门查处。2015年食药监管总局曝光的违法或违规保健食品广告如

---

① 国家食品药品监督管理总局：《国家食品药品监督管理总局2015年政府信息公开工作年度报告》，2016-03-21[2016-05-07]，http://www.sda.gov.cn/WS01/CL0633/147720.html。

表 5-1 所示，被曝光的保健食品广告主要是因为广告宣传超出了食品药品监督管理部门批准的内容，含有不科学表示产品功效的断言和保证，利用专家、消费者的名义和形象做功效证明等，严重欺骗和误导消费者。

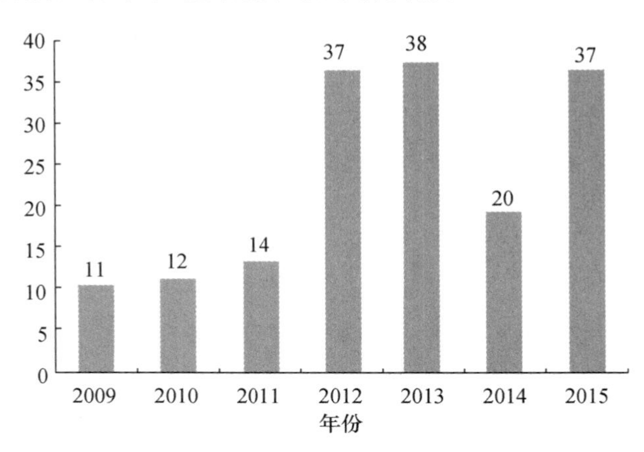

图 5-13 2009—2015 年间被曝光的违法保健食品广告数 （单位：起）

资料来源：根据相关资料由作者整理。

（四）流通环节食品可追溯体系建设

为保障食品安全，实现食品来源可查、去向可追、责任可究，工业和信息化部印发了《食品安全质量安全追溯体系建设试点工作方案》，在婴幼儿配方乳粉、白酒和肉类等行业开展质量安全信息追溯体系建设试点工作，实现婴幼儿配方乳粉、白酒、肉类生产全过程信息可记录、可追溯、可管控、可召回、可查询，全面落实生产企业主体责任，保障产品质量安全。推动追溯链条向食品原料供应环节延伸，实行全产业链可追溯管理。鼓励自由贸易试验区开展进口乳粉、红酒等产品追溯体系建设。此外，截至 2015 年 11 月底，前四批肉菜流通追溯体系建设试点城市已在 1.3 万多家企业建成肉菜中药材流通追溯体系，覆盖二十多万家商户，初步形成辐射全国、连接城乡的追溯网络，中央平台累计汇总追溯数据近 10 亿条，实现对每天 3 万多吨肉类蔬菜和中药材的信息化可追溯管理。① 消费者可以通过索证、索票的方式进行查询，查询到上游产品的来源以及它的“出生地”。除各大类食品逐步推进建设食品可追溯体系，各省、自治区、直辖市也加大食品可追溯体系的建设力度。例如，福建省漳州市 2015 年 12 月 31 日前，完成各县级分平台建设；2016 年 6 月 30 日前，将规模以上的食品生产企业、大型商超及所有食品批发企业、大型以上餐馆、10％学校及单位食堂纳入食品安全溯源系统监管。二期任务：2016

① 《2015 年商务工作年终综述之二：加快推进内贸流通体制改革》，商务部网，2016-02-22[2016-06-12]，http://www.scio.gov.cn/xwfbh/xwbfbh/yg/2/Document/1469343/1469343.htm。

表 5-1　2015 年国家工商总局和国家食品药品监督管理总局曝光的违法保健食品广告

序号	公告	发布时间	违法食品广告	监测时间
1	关于10起保健食品虚假宣传广告的通告(2015年第87号)	2015年11月16日	康蓓健牌蜂胶软胶囊;华德虫草菌丝体片;金奥力牌氨基葡萄糖碳酸钙胶囊;海斯比婷牌胶原蛋白粉;葡番硒牌颐丽胶囊;万寿草牌灵芝孢子粉颗粒(无糖型);康圣牌一珍胶囊;奥诺康牌多烯酸软胶囊;蜂胶维生素E软胶囊;祥康牌祥康酒	2015年第四季度
2	食品药品监管总局关于8起虚假宣传广告的通告(2015年第60号)	2015年9月3日	益普利生牌玛咖西洋参胶囊(广告中标示名称:玛卡);唐缘牌氨糖酪蛋白磷酸肽钙胶囊(广告中标示名称:偕中金氨糖);福宇鑫牌太美胶囊(广告中标示名称:U巢);拉摩力拉牌玛卡片	2015年第三季度
3	食品药品监督管理总局关于12起虚假宣传广告的通告(2015年第42号)	2015年7月29日	水塔牌罗布麻葛根醋软胶囊(广告中标示名称:老醋坊软胶囊);深奥牌深奥活力胶囊;丹曲宝牌丹青胶囊	2015年第二季度
4	食品药品监管总局曝光8个严重违法广告	2015年6月16日	寿世宝元牌冬虫夏草(菌丝体)胶囊(广告中标示名称:寿世宝元冬虫夏草);鑫康宝牌东方同康口服液(广告中标示名称:菌王1号)	2015年第二季度
5	食品药品监管总局关于2015年第一季度违法药品医疗器械保健食品广告汇总情况的通报(食药监稽〔2015〕38号)	2015年4月3日	普比欧牌阿胶含片;科晶牌天然胡萝卜素维E软胶囊(广告中标示名称:科晶盐藻);地奥牌紫黄精片等18个保健食品广告	2015年第一季度
6	食品药品监管总局曝光5个严重违法广告	2015年3月25日	巢之安牌知本天韵胶囊(广告中标示名称:巢之安);蓝美牌清清胶囊(广告中标示名称:清清方)	2015年第一季度

资料来源:根据国家工商总局公布的2009—2014年违法广告公告、国家食品药品监督管理总局公布的2014年违法药械保健食品广告资料整理形成。

年 12 月 31 日前，将年主营业务收入在 500 万元—2000 万元的食品生产企业、批零兼营食品流通企业以及纳入创城工作检查的农贸市场、中型餐馆、60%学校及单位食堂纳入食品安全溯源系统监管。三期任务：2017 年 12 月 31 日前，实现全市食品生产、流通、餐饮服务企业、学校及单位食堂 100%纳入食品安全溯源系统监管。[①]

四、城乡居民食品购买与餐饮消费行为

在 2013 年全国 221.9 万件餐饮服务许可证，2014 年 305.1 万件餐饮服务许可证的基础上，2015 年我国餐饮服务许可证达到 348.6 万件(图 5-14)。我国消费者针对这些餐饮服务企业的消费行为如何？对其安全性有何评价？本章节将主要依据本《报告 2016》重点调查的 10 个省(区)的 4358 个城乡居民(其中农村与城市受访者分别有 2195 个、2163 个，分别占总体样本比例的 50.37%、49.63%)的调查状况(具体请参见第九章)，对比分析在此期间我国城乡居民流通环节的食品消费行为及安全性评价。

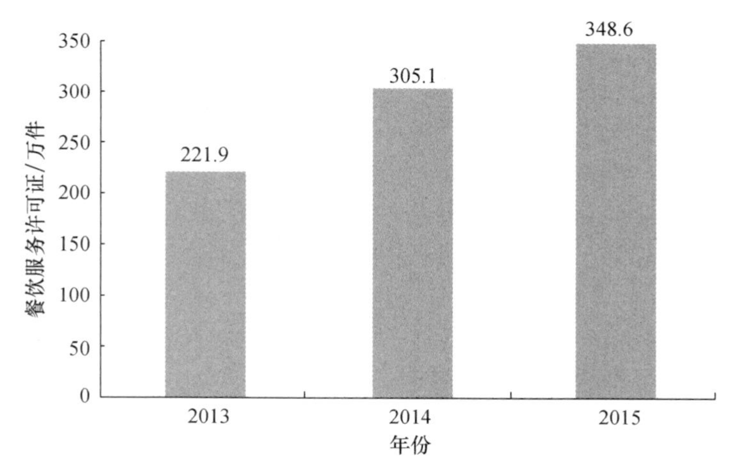

图 5-14　2013—2015 年间我国餐饮服务许可证发放情况

资料来源：根据 2013—2015 年国家食品药品监管统计年报统计。

(一) 受访者的食品购买行为

1. 购买到不安全食品的频率

图 5-15 中，城市受访者和农村受访者中表示有时会购买到不安全食品的比例均最高，且城市受访者的比例要高于农村受访者。同时，表示从来没有购买到不安全食品的城市受访者和农村受访者的比例都最低。其次，表明很少购买到不安

① 国家食品药品监督管理总局：《福建省漳州市政府大力推进食品安全溯源系统建设》，2015-11-10[2016-06-14]，http://www.sda.gov.cn/WS01/CL0005/134545.html。

全食品的农村受访者比例要高于城市受访者，而表示经常会购买到不安全食品的农村受访者和城市受访者比例大致相当，农村受访者比例仅略高于城市受访者0.68%。总体来看，无论是城市受访者还是农村受访者，都有接近一半的受访者表示曾经购买到不安全食品。

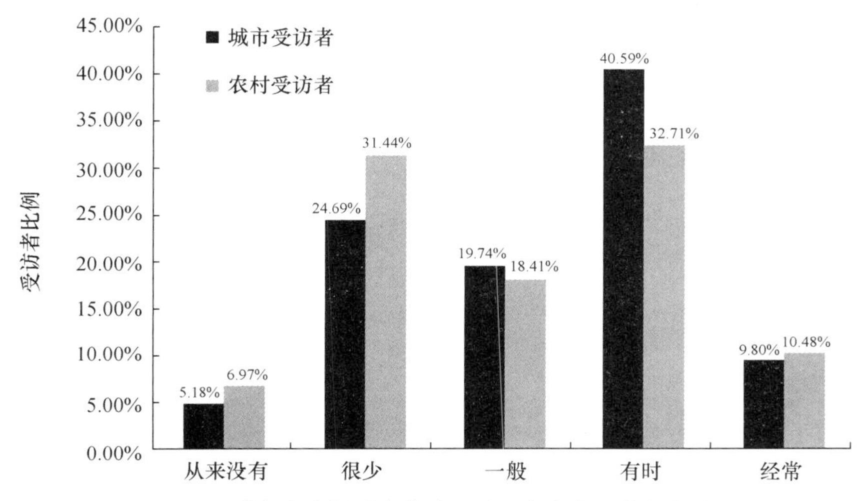

图5-15　城市和农村受访者购买到不安全食品的频率对比

2. 购买食品是否会索要发票

图5-16中，超过半数的城市受访者和农村受访者都表示购买食品不会索要发票，且农村受访者表示不会索要发票的比例高出城市受访者比例9.89%；同时城市受访者表示会索要发票的比例为43.92%，超过农村受访者比例。

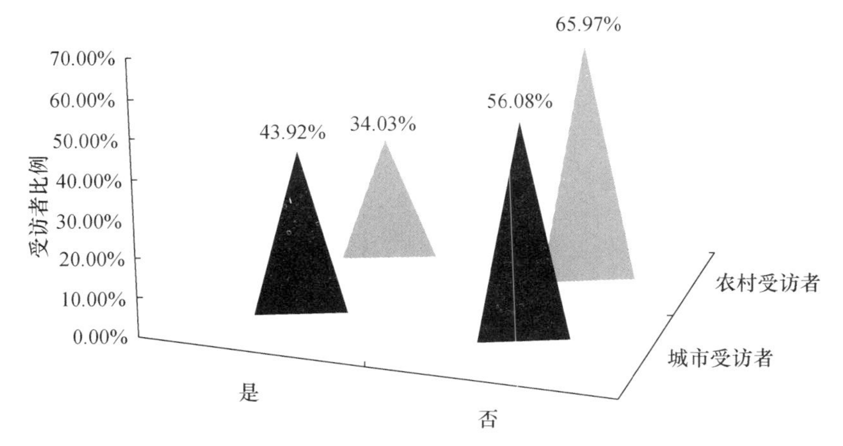

图5-16　城市和农村受访者购买食品是否索要发票的对比

3. 食品购买的场所选择

城市和农村受访者对于购买食品的消费场所均首选超市，且农村受访者选择超市购买食品的比例要高于城市受访者；其次，56.04%的农村受访者选择在集贸市场购买食品，该比例要高于选择集贸市场购买食品的城市受访者比例；而选择通过小卖部购买食品的农村受访者比例同样要高于城市受访者 3.84%；而选择在路边流动摊贩购买食品的农村受访者和城市受访者的比例都最低(图 5-17)。

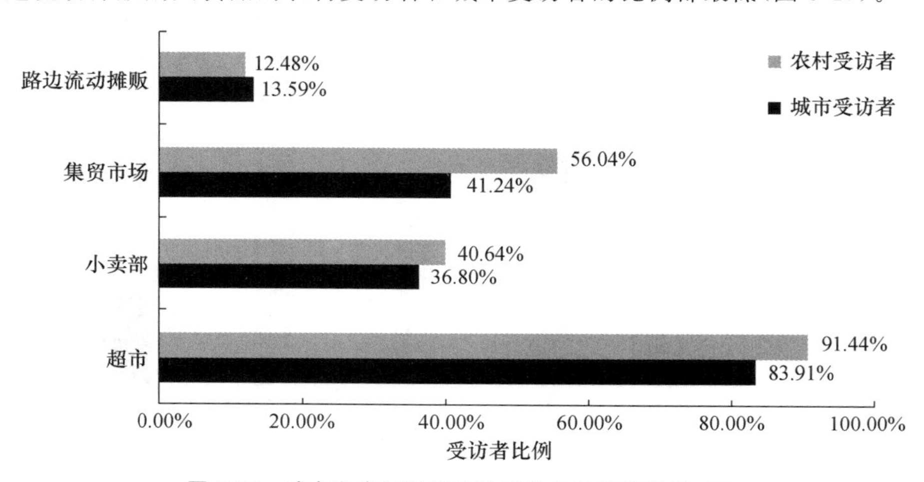

图 5-17 城市和农村受访者购买食品的消费场所对比

4. 食品安全消费的信息和知识的获取渠道

至于对食品安全消费信息和知识的获取渠道，城市受访者和农村受访者从报刊或电视渠道获取食品安全消费的信息和知识均为最高比例，且农村受访者的比例要高出城市受访者 9.28%。而从互联网获取食品安全消费知识和信息的城市受访者比例仅稍低于从报刊或电视获取信息的城市受访者比例，且该比例较选择该选项的农村受访者高出 21.83%。显然，由互联网获取食品安全消费的信息和知识至少在城市消费者中已经成为主要途径(图 5-18)。

(二) 受访者外出就餐的消费行为

1. 就餐场所选择

在问及城市和农村受访者对就餐场所选择时，城市受访者最偏爱中型饭店，该比例达到 38.98%，而农村受访者最喜欢小型餐饮店，该比例为 39.13%，无论是城市受访者还是农村受访者，都偏好选择中小型饭店外出就餐。而选择路边摊的农村受访者比例要高于城市受访者，选择大型饭店的城市受访者比例高于农村受访者 0.89 个百分点(图 5-19)。

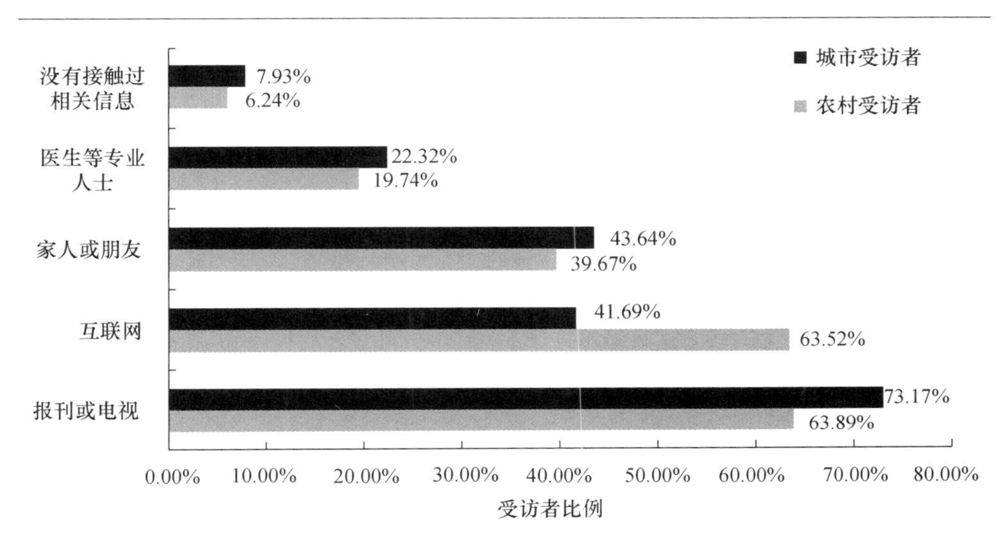

图 5-18　城市和农村受访者食品安全消费知识和信息获取渠道对比

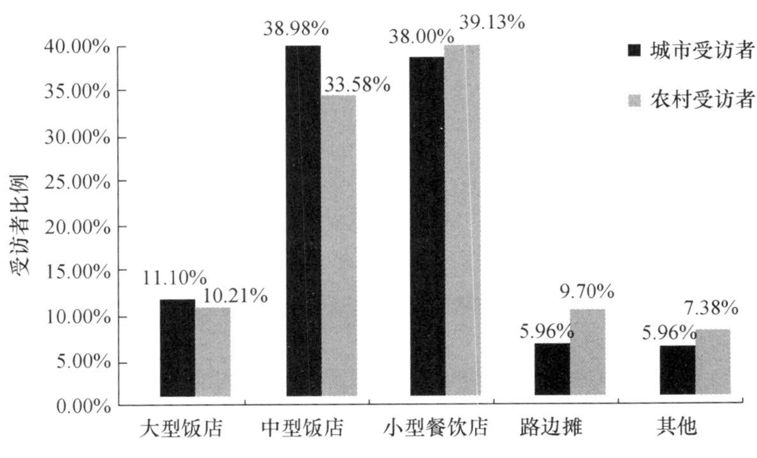

图 5-19　城市和农村受访者外出就餐场所选择对比

2. 选择就餐场所最关注的因素

当调查城市受访者和农村受访者选择就餐场所最关注的因素时，无论是城市受访者还是农村受访者，均表示最关注餐馆的卫生条件，随后城市受访者选择为关注餐馆菜品的口味，而农村受访者选择为关注价格因素。而用餐环境则是城市受访者和农村受访者均最关注的第四个因素，其后分别为便利性和朋友介绍。需要指出的是，农村受访者选择就餐场所考虑便利性因素的比例达到25.01%，该比例高于城市受访者9.11%(图5-20)。

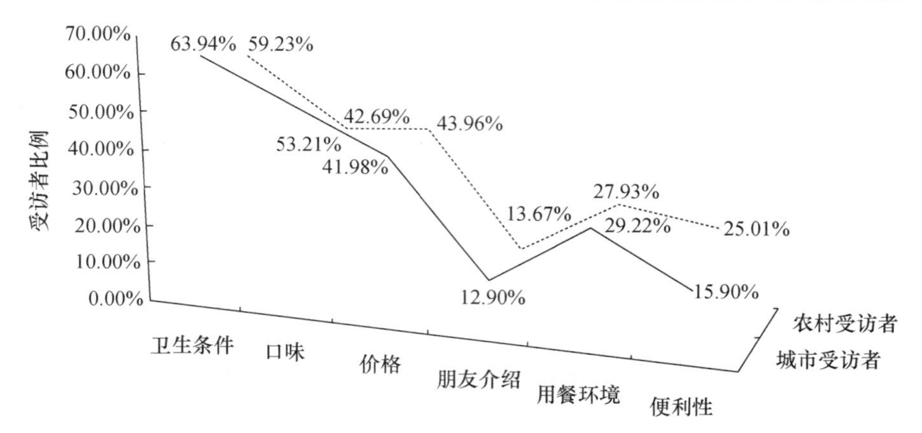

图 5-20 城市和农村受访者选择外出就餐场所最关注的因素对比

3. 对就餐场所经营者的关注

针对城市受访者和农村受访者对外出就餐场所经营者诚信状况的认知调查显示，40.23％的农村受访者和 43.50％的城市受访者认为一般，而 39.41％的农村受访者和 38.60％的城市受访者认为比较好，仅有 4.92％的农村受访者和 8.65％的城市受访者认为就餐场所经营者比较差或很差(图 5-21)。

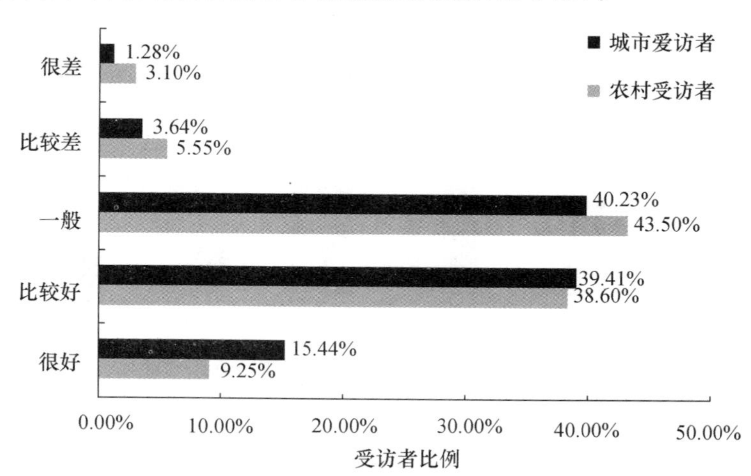

图 5-21 城市和农村受访者对就餐场所经营者诚信状况认知对比

4. 对就餐场所是否申领卫生许可证、经营许可证的关注

针对城市受访者和农村受访者对外出就餐场所是否申领相关的卫生许可证、经营许可证的调查显示，42.39％的城市受访者和 43.24％的农村受访者都表示会关注。但需要指出的是，35.60％的城市受访者和 34.76％的农村受访者表示根本

没有考虑这个问题。而且均有22%左右的城市受访者和农村受访者表示对就餐场所是否有相关证件并不关注(图5-22)。

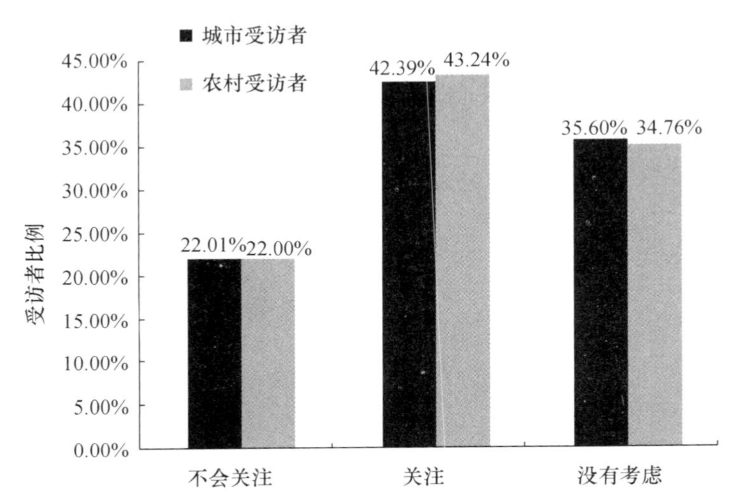

图5-22　城市和农村受访者对就餐场所申领相关证件的关注对比

(三) 餐饮环节食品安全问题的相关评价

1. 路边摊的监管问题

对餐饮环节中路边摊问题的监管，绝大多数的城市受访者和农村受访者都表示应该保留，但需要加强监管，其中城市受访者选择此项的比例要高于农村受访者；而23.05%的农村受访者认为应该保留，便于消费；22.38%的城市受访者和21.78%的农村受访者认为应该逐步取缔路边摊；仅有9.05%的城市受访者和6.42%的农村受访者认为应该马上取缔路边摊。显然，在路边摊监管方面，无论是城市受访者还是农村受访者都比较认可保留现有路边摊，但需要进一步加强监管(图5-23)。

2. 餐饮行业最大食品安全隐患

对于餐饮行业最大食品安全隐患，有高达78.46%的城市受访者和69.99%的农村受访者担心经营者为了追求口味，滥用相关的食品添加剂；有58.58%的城市受访者和58.86%的农村受访者担心相关设备落后、食物存储时间过长或存储方式不当，导致食品变质；38.83%的城市受访者和47.15%的农村受访者则担心所使用餐具卫生状况条件差是最大食品安全隐患；而有31.53%的城市受访者和31.44%的农村受访者则最担心从业人员健康状况差成为影响食品安全的隐患(图5-24)。

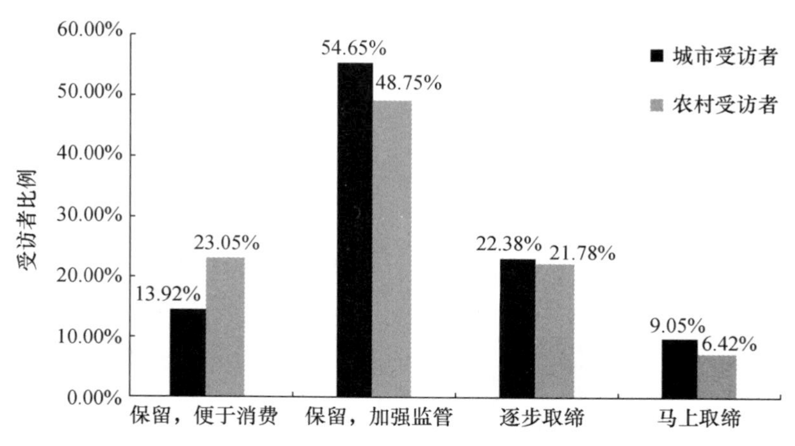

图 5-23 城市和农村受访者对路边摊监管的评价对比

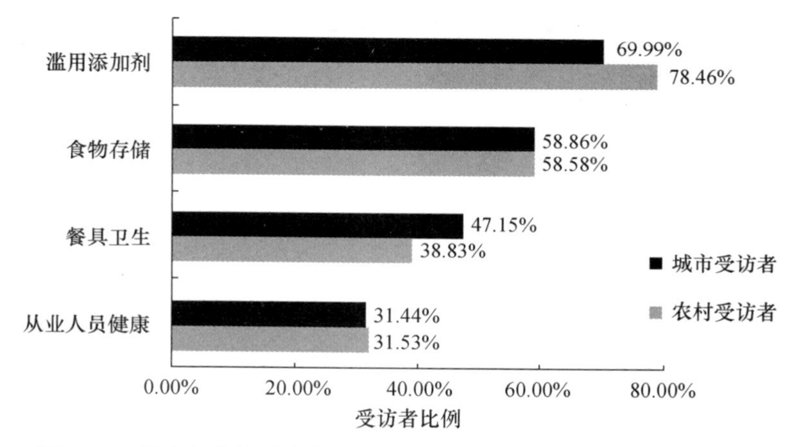

图 5-24 城市和农村受访者对餐饮行业最大食品安全隐患的认知对比

3. 造成餐饮行业食品安全问题的关键原因

对造成餐饮行业食品安全问题的关键原因的调查显示，高达 73.71％农村受访者和 71.89％的城市受访者认为是政府监管力度不大；而有 73.00％的城市受访者和 65.15％的农村受访者认为是经营者片面追求经济利益造成；当然，也分别有 45.86％的城市受访者和 54.81％的农村受访者认为是消费者自身警惕性不高造成的。显然，绝大多数的城市受访者和农村受访者认为政府监管力度不大是造成餐饮行业食品安全问题的关键原因(图 5-25)。

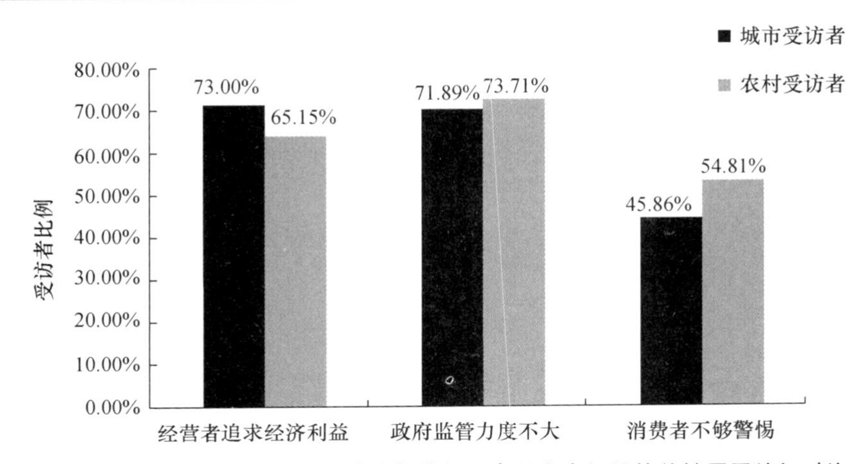

图 5-25 城市和农村受访者对造成餐饮行业食品安全问题的关键原因认知对比

4. 提高餐饮行业食品安全的最有效途径

当问及提高餐饮行业食品安全最有效途径时，无论城市受访者还是农村受访者，都有超过半数的比例选择政府应加强监管，加大惩罚力度，其次则是加强群众食品安全意识和曝光食品安全事件与生产企业。可见，从公众角度而言，加强流通环节的食品安全，首要是政府监管，其次是加强群众食品安全意识(图 5-26)。

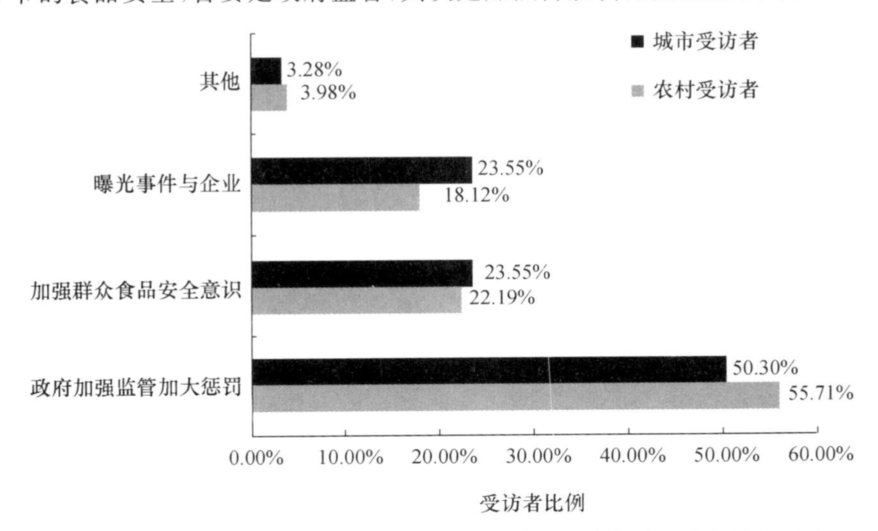

图 5-26 城市和农村受访者对提高餐饮行业食品安全最有效途径认知对比

5. 划分餐饮单位等级的监管方法是否有效

当问及政府食品监督部门将餐饮单位划分好、中、差等级进行管理是否有效时，仅有22.10%的城市受访者认为有效；认为一般和没有什么效果的比例分别为43.87%和34.03%。而同样仅有29.62%的农村受访者认为该方法有效；45.69%的农村受访者认为效果一般，其余24.69%的农村受访者则认为并没有什么效果。可见，绝大多数的城市和农村受访者并不认同将餐饮单位划分等级管理即有效解决食品安全问题(图5-27)。

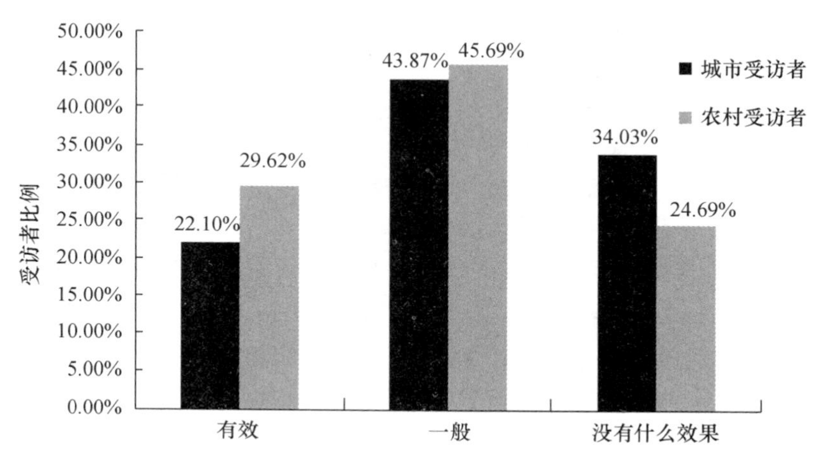

图5-27 城市和农村受访者对划分餐饮单位等级是否有效认知的对比

五、监管改革后流通环节食品安全监管的现实问题与反思

2013年进行的食品监管体制改革的目标是建立统一权威的食品药品监管机构。从以上分析中可以发现，近年来流通环节的食品安全监管成效显著，总体监管执法水平不断提高，城乡消费者合法权益得到有效保护，食品市场经营秩序保持稳定，但流通环节的食品安全监管仍存在一些突出问题，仍需进一步创新思路。

(一) 存在的主要问题

1. 流通环节的食品安全监管难度大

一些食品经营户采取“狡兔三窟”的策略逃避检查或从事非法经营，往往在食品药品监督管理部门备案的仓库内存放合格食品，而将不合格食品另行存放，造成监管盲区。而本《报告2016》的相关调查也证实，由于农村消费者防范意识仍然较差，消费能力弱，农村食品市场成为价格低廉食品的主要场所，不法商贩利用农村消费水平低，信息闭塞，农村消费者心理弱点，将过期或是城区下架临过期食品、“三无”食品、“山寨”食品或标签标识不明等食品倾销到农村食品市场。而政府食品药品监管部门常采取的“日常监管”和“专项治理”措施，通常都难以起到实质性的效果。

2. 流通环节的食品安全质量检测仍存在制度性缺陷

目前，针对流通环节食品安全质量检测的抽检工作主要参考的法律法规性文件为《食品安全法》以及《流通环节食品安全监督管理办法》。这两项文件仅涉及抽检工作，而对于样品确认、复检等却未做出具体规定。其弊端主要表现为一是抽检周期长，可覆盖食品的范围过窄，一些保质期短的食品未完成全流程就过期；二是生产企业的样品确认与送达不能有效配合，无法送达的现象时有发生；三是复检程序可操作性较差。复检过程中涉及备份样品提取、送达等诸多问题，检查完毕后，需由执法人员、复检申请人共同参与，可操作性较低。

而食品安全质量检测标准目前也不完备，运用难度较大。我国食品安全标准的指标还比较滞后，一些热点的食品安全问题往往找不到相关的判定与检测标准，而且因为检测技术及方法的制约，在综合评判食品质量过程中，往往只检测高风险食品已知的主要指标，难以有效解决该食品的其他有害物质问题。而另一方面，我国食品检测标准所涉及的食品精确信息也不能固定，一些食品的生产日期、存货数量、批号等信息根据分、秒的不同而变化，很难将抽检样品认定为同一批次食品。除此之外，涉及食品检测标准的相关规定还时常出现冲突现象，如《食品添加剂使用标准》中规定水产品不得添加甲醛，但未注明不得检出，而《干制水产品标准》中却规定甲醛含量为≤10 mg/kg。另外，现阶段，我国仅有县级以上部门可对食品检测信息予以公布，但其公布范围与公布方式仍存在争议，尤其是对于外省公布本地企业的数据有着矛盾和分歧。这些制度性缺陷均严重影响到流通环节食品安全监管的顺利推进。

3. 食品安全的经营主体责任落实仍然不力

由于目前经营者主体资格的日常监管缺失，无论是城区食品店还是农村食杂店，在主体资格监管、证照明示等方面都存在差距。有的经营者证照不符、超范围经营，有的长期无证照经营。食品经营者缺乏较强的自律意识，经常为了追求高额利润的驱动，对食品进货查验及查验记录制度执行也不规范。有的经营者进货不索证索票、票据不及时粘贴、台账保存期限随意。尤其是乳粉经营者，不能做到批批提供检验报告，进货台账记录不及时，票据粘贴混乱，倒查困难。对食品进货把关不严致使食品生产环节就存在的安全隐患流向了食品流通环节。而且食品经营者健康证明办理也不及时。商场、超市等大型企业并没有建立食品从业人员和场内经营者健康档案，有的食品经营者拿不出健康证明，有的没有做到一年一体检，有的已从事食品经营多年，根本就没进行过健康检查等。而且餐饮环节中，部分食杂店卫生条件不达标。一些食杂店，尤其是城乡接合部及农村食杂店存在卫生不达标问题，经营场所食品摆放混乱，经营区与生活区没有分开，食品与非食品混放，柜台及食品上落满灰尘，食品落地存放，缺少防尘、防蝇等必要设施，散装食品标签大部分不符合法律规定等。这些问题都表明食品安全主体的责任不明，信用不高，对流通环节的食品安全监管带来了很大的难度。在食品安全主体的监管上，亟待建立有效的信用等级评定措施。尽管有些地方建立了流通环节食品安全信用等级评定标准体系，但是因其结构设计不够科学合理，实用性和可操作性较差，加上地方监管部门疲于应付考核，对食品安全信用评定只停留在纸上，进一步促使食品经营者不能很好地落实食品安全主体责任。

4. 城乡消费者权益保护仍不到位

消费者是食品的最终享用者，然而也是问题食品的受害者。由于新的《食品安全法》及食品安全消费知识宣传普及还不够深入，消费者不熟悉法律规定，缺乏基本的食品安全消费常识，自我保护意识不强，遭遇问题食品，只会要求商家退款或换货，经营者为了不生事端影响声誉一般也都会退还。本《报告 2016》的调查也显示，超过半数的城乡居民都表示购买食品不会索要发票，且农村消费者不会索要发票的比例高出城市受访者 9.89%。35.60%的城市受访者和 34.76%的农村受访者表示根本没有考虑过餐饮消费场所是否有卫生许可证、经营许可证。可见，城乡消费者的维权意识淡漠，而且个体发现了问题食品，不利用信息传播渠道，让更多的人或执法部门知道，食品安全问题的解决渠道并不通畅，导致消费市场食品安全问题频出。尤其是针对农村食品市场的食品安全监管力度并不平衡，日常监管缺失的问题普遍存在，针对农村消费者的权益保护更存在盲区和死角。

(二) 强化流通环节食品安全监管的思考

当前，强化流通环节食品安全监管最基本的任务是全面贯彻中央食品药品监管体制改革，凝练形成“统一权威”的监管机构，并针对流通环节食品安全监管的突出问题，因地制宜地采取必要措施。

1. 紧紧抓住食品流通源头

加强食品流通源头监管，必须正本清源，抓住食品批发监管。首先要抓住生产许可，严格准入门槛，严格审查把关，严格发证检验，通过“严进”把好食品安全的第一道关口；其次，实行批发经营主体仓库备案管理，通过零售环节和经销批发“倒查”的方法，深入彻底地对食品批发主体进行调查摸底，重点加强对城区、城乡接合部、超市等大型食品经营户经营场所的仓储巡查检查，做好检查登记；要求食品批发经营主体对食品仓储场所进行申报登记备案，便于食品药品监管部门检查；最后，加强食品批发主体自管自控。建立食品批发经营主体自查和监管部门检查相结合的监管机制，督促经营者认真落实食品安全主体责任，推动经营主体严格质量自管自控，做好全过程记录，强化全过程管理。

2. 关键落实流通环节食品安全主体责任

食品药品监督管理部门需要严格落实食品安全主体责任，在各地区实行信用监管，摸清食品安全主体的底细，以分类细化、重点推进、长效监管为目标制定食品经营主体信用等级管理机制，实施等级评定、监管公示和信用等级标识，按照食品经营主体的经营资质、食品质量、食品合格入市等内容进行日常巡查记录。把食品经营主体划分为规范守信、一般守信、失信、严重失信四个等级，以确保本地区流通环节食品安全信用等级评定工作更有依据。对食品经营主体进行依法经营培训，创建食品安全示范区，加强食品批发市场综合治理。以诚信促监管，以监管促发展，加快推进食品安全主体责任建设，大力加强食品经营主体的守法、自律意识。

3. 完善流通环节食品追溯管理机制

在食品流通环节实行食品安全信息化管理，食品经营主体对食品进货查验、销售台账、索证索票、交易退市等经营行为，输入食品安全电子追溯监管平台，采取信息化管理，发挥“食品来源可追溯、生产有记录、流向可跟踪、问题可查询、责任可追究、产品可召回、质量有保障”的作用，从而达到问题食品“快速锁定、精准打击”的目标。

总之，随着食品安全问题日益备受重视，食品药品监督管理部门的监管责任越来越大。尽管制定了很多监管措施，也取得不错的成效，可是食品流通环节的安全隐患依然突出，也深刻反映出监管过程中制度、措施等方面存在很多问题，我国流通环节的食品安全监管任务任重而道远。在以后的监管过程中仍旧需要不断改进监管方法，完善监管标准与机制，为我国的食品安全发展保驾护航。

第六章　2015年中国进口食品贸易与质量安全性的考察

进口食品已经成为我国消费者重要的食品来源，在满足国内多样化食品消费需求、平衡食品需求结构等方面发挥了日益重要的作用。确保进口食品的质量安全，成为保障国内食品安全的重要组成部分。本章在具体阐述进口食品数量变化的基础上，重点考察进口食品的安全性与进口食品接触产品的质量状况，并提出强化进口食品安全性的建议。[①]

一、进口食品贸易的基本特征

《中国食品安全发展报告2015》显示，改革开放以来，特别是20世纪90年代以来，我国食品进口贸易的发展呈现出总量持续扩大、结构不断提升、市场结构整体保持相对稳定与逐步优化的基本特征，在调节国内食品供求关系、满足食品市场多样性等方面发挥了日益重要的作用。[②] 为了保证本系列发展报告的延续性，同时进一步深入研究近年来我国进口食品贸易的基本特征，本部分在以往研究报告的基础上重点讨论2008—2015年我国进口食品贸易的具体情况。

（一）进口食品的总体规模

2008年以来，我国食品进口贸易规模变化见图6-1。图6-1显示，2008年我国进口食品贸易规模为226.3亿美元，受全球金融危机的影响，2009年进口额下降到204.8亿美元，下降9.50%。之后，进口食品贸易总额强势反弹，2010—2012年则分别增长到269.1亿美元、368.9亿美元和450.7亿美元。2013年进口食品贸易额增长到489.2亿美元，我国从此成为全球第一大食品进口市场。[③] 2015年，我国进口食品贸易在高基数上继续实现新增长，贸易总额达到548.1亿美元，较2014年增长了6.57%，再创历史新高。七年来，我国进口食品贸易总额累计增长

---

① 本章的相关数据主要源于商务部对外贸易司的《中国进出口月度统计报告：食品》《中国进出口月度统计报告：农产品》以及国家质检总局进出口食品安全局定期发布的《进境不合格食品、化妆品信息》《全国进口食品接触产品质量状况》等。为方便读者的研究，本章的相关图、表均标注了主要数据的来源。

② 吴林海、徐玲玲、尹世久：《中国食品安全发展报告2015》，北京大学出版社2015年版。

③ 《2014年度全国进口食品质量安全状况（白皮书）》，国家质检总局网站，2015-04-07[2015-06-12]，http://www.aqsiq.gov.cn/zjxw/zjxw/zjftpxw/201504/t20150407_436001.htm。

142.20%,年均增长率高达13.47%。由此可见,在2008—2015年间除个别年份有所波动外,我国食品进口贸易规模整体呈现出平稳较快增长的特征。

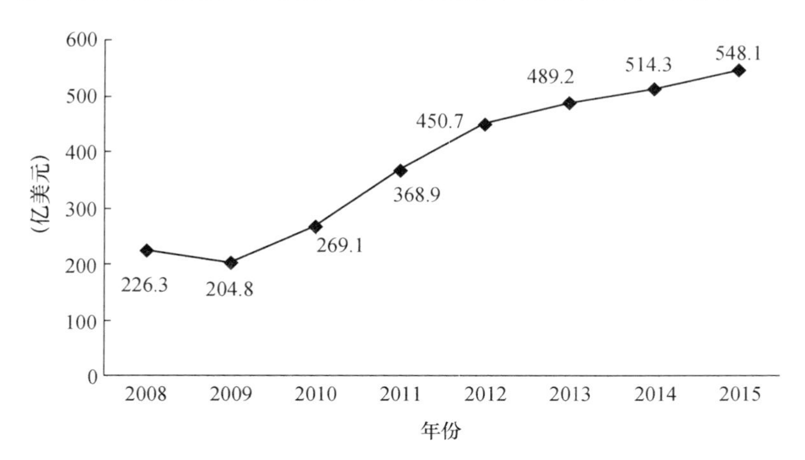

图6-1　2008—2015年间我国食品进口贸易总额变化图

资料来源:商务部对外贸易司:《中国进出口月度统计报告:食品》(2008—2015年)。

(二)进口食品的贸易特征

近年来,我国进口食品的品种几乎涵盖了全球各类质优价廉的食品。虽然进口种类十分齐全,但仍然较为集中在谷物及其制品,蔬菜、水果、坚果及制品,动植物油脂及其分解产品等三大类食品,并且这三类的进口贸易额接近整个贸易额的半壁江山。根据商务部发布的数据,2015年我国进口的谷物及其制品,蔬菜、水果、坚果及制品,动植物油脂及其分解产品,分别占据进口食品贸易总额的18.66%、17.39%、14.40%,三类食品占全部进口食品贸易额的比例之和为50.45%,比2014年上扬6.75个百分点,集中化趋势进一步加强。2008—2015年间我国进口食品结构变化的基本态势是:

1. 谷物及制品

由于国内耕地的减少,人口刚性的增加,我国对谷物及制品的进口迅速增长,进口额从2008年的14.2亿美元迅速攀升到2015年的102.3亿美元,七年间增长了6.2倍。尤其是2015年谷物及制品的进口额出现了爆炸式增长,进口额较2014年增加34.2亿美元,增幅达50.22%,进口额占食品进口总额的18.66%,已成为名副其实的第一大进口食品种类,预计未来谷物及制品的进口量还会进一步上升。

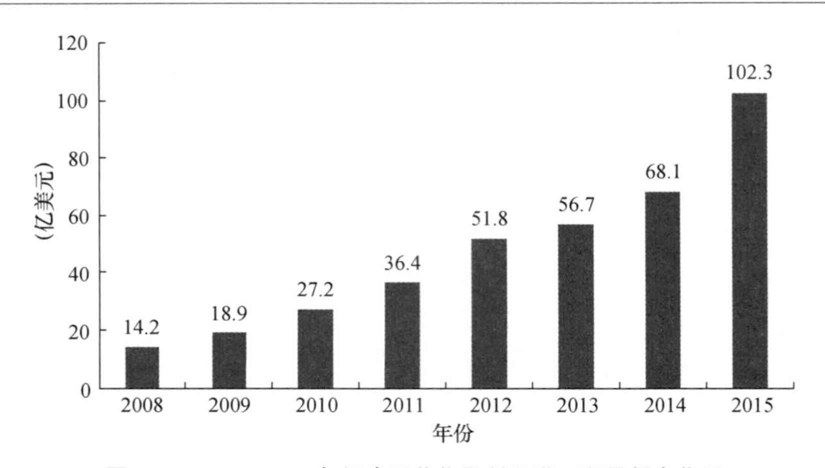

图 6-2 2008—2015 年间我国谷物及制品进口贸易额变化图

资料来源:商务部对外贸易司:《中国进出口月度统计报告:农产品》(2008—2015 年)。

2. 蔬菜、水果、坚果及制品

蔬菜、水果、坚果及制品是我国又一重要的进口食品种类。由于国内食品需求结构的升级,蔬菜、水果、坚果及制品的进口量实现显著增长。2008 年我国蔬菜、水果、坚果及制品的进口额为 21.2 亿美元,占进口食品总额的 9.37%,而 2015 年的进口额增加到 95.3 亿美元,同比增长 349.53%,所占比重也提高到 17.39%。随着人民生活水平的提高以及消费观念的转变,未来对进口蔬菜、水果、坚果及制品的需求还会进一步上扬。

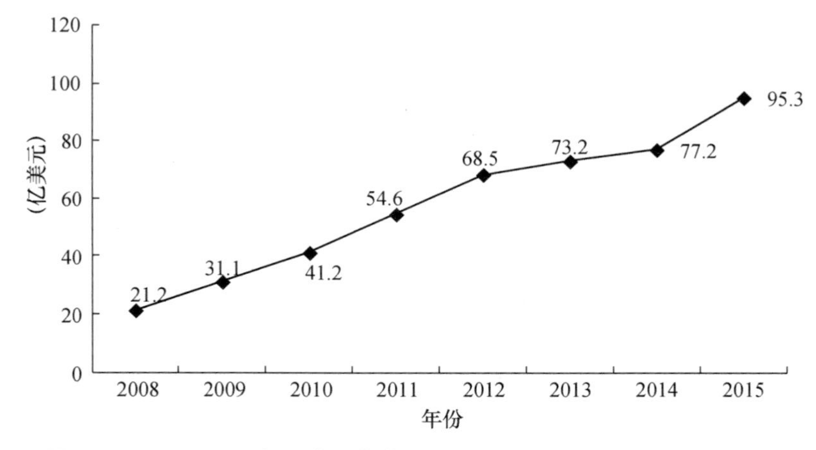

图 6-3 2008—2015 年间我国蔬菜、水果、坚果及制品进口贸易额变化图

资料来源:商务部对外贸易司:《中国进出口月度统计报告:农产品》(2008—2015 年)。

3. 动植物油脂及其分解产品

近年来，我国对动植物油脂及其分解产品的进口趋势呈现出明显的倒“V”字形。虽然受全球金融危机的影响，动植物油脂及其分解产品的进口额在2009年出现一定的下降，但2010年之后又表现出明显的增长，并于2012年达到130.4亿美元的历史峰值。然而，此后进口规模持续下降，2015年动植物油脂及其分解产品的进口额仅为78.9亿美元，较2012年下降39.49%。主要的原因是由居民健康饮食的意识增强，对油脂类产品需求减弱造成的，未来对动植物油脂及其分解产品的进口量可能还会进一步下降。

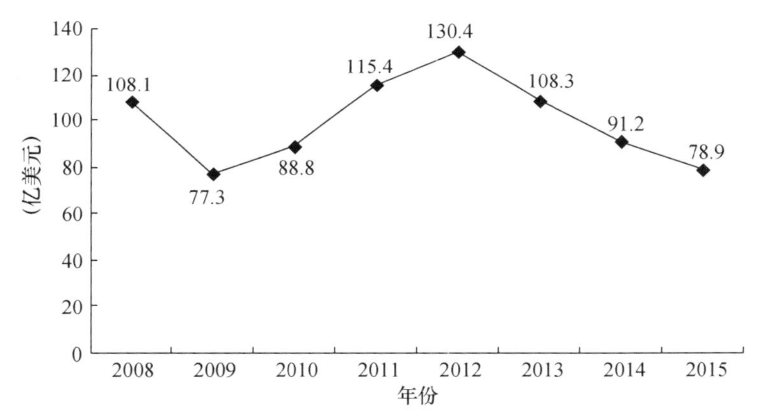

图6-4　2008—2015年间我国动植物油脂及其分解产品进口贸易额变化图

资料来源：商务部对外贸易司：《中国进出口月度统计报告：农产品》(2008—2015年)。

4. 水产品

近年来，我国水产品进口贸易额变化较大，在个别年份出现负增长，但整体呈现缓慢上升的趋势。2008年水产品的进口额为37.3亿美元，2015年则达到65.5亿美元，七年间增长了75.60%，但占所有进口食品总额的比重由2008年的16.48%下降到2015年的11.95%。相对于谷物及制品、水果和蔬菜等其他进口食品，水产品进口增长缓慢且重要性相对降低，但依然是我国十分重要的进口食品种类。

5. 肉及制品

近年来，我国发生了诸多的肉类食品安全事件，如2011年的双汇“瘦肉精”事件、2014年上海“福喜”事件以及病死猪肉事件等。受国内肉制品安全事件持续发生的影响，肉及肉制品的进口额迅速增长，由2008年的23.3亿美元迅速达到2015年的68.1亿美元，七年间增长了192.27%，占进口食品总额的比重从2008年的10.30%缓慢增长到12.42%。

图 6-5 2008—2015 年间我国水产品进口贸易额变化图

资料来源：商务部对外贸易司：《中国进出口月度统计报告：农产品》(2008—2015 年)。

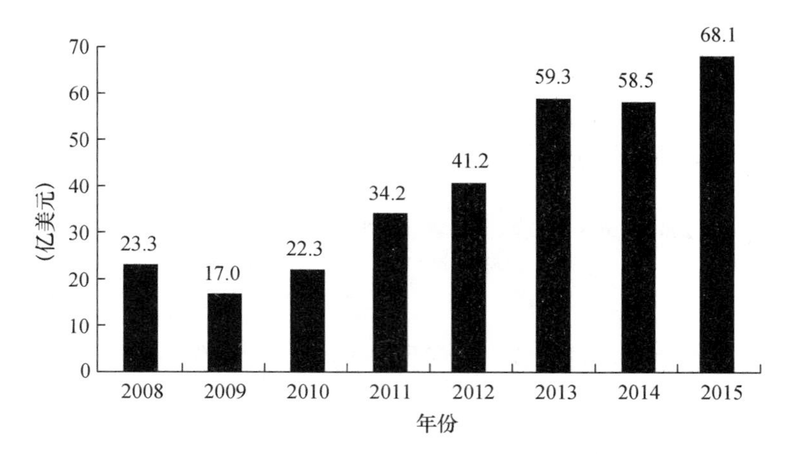

图 6-6 2008—2015 年间我国肉及制品进口贸易额变化图

资料来源：商务部对外贸易司：《中国进出口月度统计报告：农产品》(2008—2015 年)。

6. 乳品、蛋品、蜂蜜及其他食用动物产品

由于国内消费者对国产奶制品等行业的信心严重不足，导致对进口乳品、蛋品、蜂蜜及其他食用动物产品的需求不断攀升，乳品、蛋品、蜂蜜及其他食用动物产品的进口额从 2008 年的 8.7 亿美元增至 2014 年的 86.0 亿美元，七年间增长了 8.89 倍，占进口食品总额的比重从 2006 年的 3.84%上升至 2014 年的 15.69%。然而，2015 年乳品、蛋品、蜂蜜及其他食用动物产品的进口额出现断崖式下跌，下降幅度高达 27.91%。

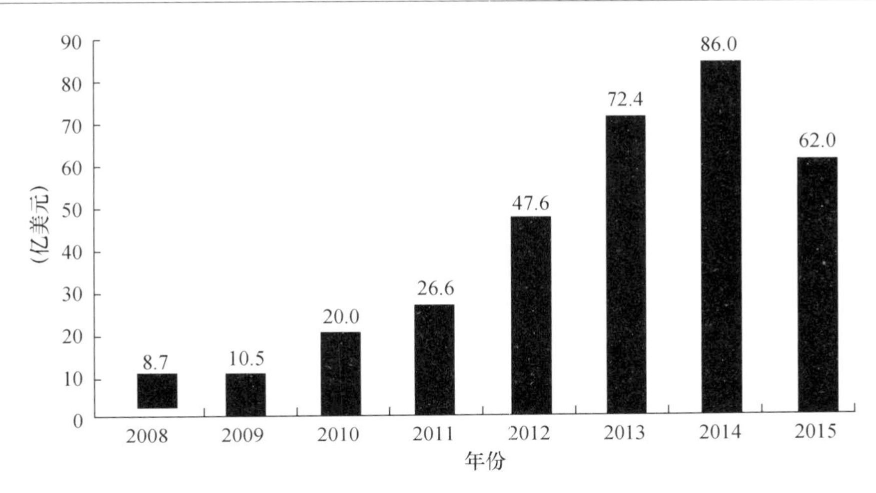

图6-7　2008—2015年间我国乳品、蛋品、蜂蜜及其他食用动物产品进口贸易额变化图

资料来源：商务部对外贸易司：《中国进出口月度统计报告：农产品》(2008—2015年)。

(三)进口食品的来源地特征

1. 进口食品来源地的洲际特征

2008年我国食品进口贸易的各大洲分布是，亚洲(92.4亿美元、40.83%)、南美洲(41.7亿美元、18.43%)、欧洲(40.5亿美元、17.90%)、北美洲(35.8亿美元、15.82%)、大洋洲(14.1亿美元、6.23%)、非洲(1.8亿美元、0.33%)。2014年我国食品进口贸易的各大洲分布则是，亚洲(161.9亿美元、29.54%)、欧洲(140.2亿美元、25.58%)、北美洲(88.9亿美元、16.22%)、大洋洲(83.1亿美元、15.16%)、南美洲(68.6亿美元、12.52%)、非洲(5.3亿美元、0.97%)。

2008—2015年我国食品进口贸易的各大洲贸易额的变化见图6-8。图6-8显示，亚洲稳居我国进口食品贸易的第一大来源地，但占进口食品贸易总额的比重出现明显下降；欧洲于2009年超越南美洲成为第二大来源地，除2012年外，其第二大进口食品来源地的地位逐步稳固，近年来有赶超亚洲的趋势；北美洲位列第三位，其占进口食品贸易总额的比重变化不大，大洋洲则在近年来迅速追赶，2015年与北美洲的贸易额基本相似；南美洲所占的比重则呈现下降趋势，非洲所占的比重一直很低，几乎可以忽略不计①。

① 需要说明的是，商务部对外贸易司《中国进出口月度统计报告：食品》中除了列举亚洲、欧洲、北美洲、大洋洲、南美洲、非洲等6大洲外，还列举了其他地区，但由于进口量极小，本文不再列举。

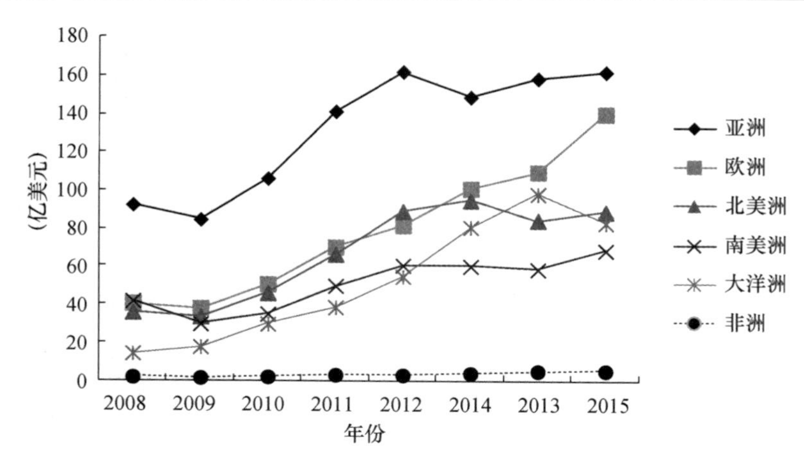

图 6-8　2008—2015 年间我国食品进口贸易的各大洲贸易额

资料来源：商务部对外贸易司：《中国进出口月度统计报告：食品》(2008—2015 年)。

2. 进口食品来源地的地区特征

2015 年，我国进口食品来源地的主要地区是“一带一路”国家、东盟和欧盟，从上述三个地区的进口食品贸易额均超过 100 亿美元，特别是从“一带一路”国家进口食品贸易额高达 171.0 亿美元，所占市场份额接近三分之一。从拉美地区、独联体国家的进口额也相对较高，分别为 68.6 亿美元和 31.6 亿美元；中东欧国家、中东国家、南非关税区、海合会国家的市场份额则相对较小，所占比例均低于 1%。较之 2014 年，从独联体国家、欧盟、拉美地区的食品进口额保持了两位数的较快增长，相比之下，作为我国主要贸易地区的“一带一路”国家的增长率仅为 5.82%，还有较大的增长潜力。

表 6-1　2014 年与 2015 年我国进口食品地区分布变化比较　(单位：亿美元)

地区分布	2015 年		2014 年		2015 年比 2014 年增减%
	进口金额	比重%	进口金额	比重%	
“一带一路”国家	171.0	31.20	161.6	31.42	5.82
东盟	125.7	22.93	126.8	24.65	−0.87
欧盟	103.1	18.81	80.7	15.69	27.76
拉美地区	68.6	12.52	58.5	11.37	17.26
独联体国家	31.6	5.77	22.2	4.32	42.34
中东欧国家	3.2	0.58	3.5	0.68	−8.57
中东国家	2.5	0.46	2.7	0.52	−7.41
南非关税区	2.5	0.46	2.3	0.45	8.69
海合会	0.5	0.09	1.2	0.23	−58.33

资料来源：商务部对外贸易司：《中国进出口月度统计报告：食品》(2008—2015 年)。

3. 进口食品来源地的国家特征

2008 年我国食品主要的进口国家是，马来西亚(39.4 亿美元、17.41%)、美国(27.2 亿美元、12.02%)、印度尼西亚(23.2 亿美元、10.25%)、法国(11.4 亿美元、5.04%)、巴西(10.4 亿美元、4.60%)、泰国(8.4 亿美元、3.71%)、加拿大(8.2 亿美元、3.62%)、澳大利亚(7.7 亿美元、3.40%)、新西兰(6.3 亿美元、2.78%)，从上述九个国家进口的食品贸易总额达到 142.2 亿美元，占当年食品进口贸易总额的 62.84%。2015 年我国食品主要进口国家则分别是，美国(64.2 亿美元、11.71%)、澳大利亚(46.5 亿美元、8.48%)、印度尼西亚(38.2 亿美元、6.97%)、新西兰(36.1 亿美元、6.59%)、法国(34.0 亿美元、6.20%)、泰国(29.3 亿美元、5.35%)、加拿大(23.9 亿美元、4.36%)、巴西(23.5 亿美元、4.29%)、马来西亚(23.0 亿美元、4.20%)，从以上九个国家进口的食品贸易总额为 318.7 亿美元，占当年所有进口食品额的 58.15%。由此可见，近年来我国食品主要进口国家基本稳定，而且以上九个国家所占的比重维持在六成左右。

然而，我国食品主要进口国家的贸易额波动较大，主要国家的排名多次发生改变。2008—2015 年我国主要进口食品国家贸易额的变化见图 6-9。图 6-9 显示，美国于 2011 年超越马来西亚后便稳居我国第一大进口食品来源国的地位。澳大利亚、新西兰的进口额增长迅猛，所占比重大幅提升，尤其是新西兰在 2013 年和 2014 年成为我国第二大进口食品来源国，但 2015 年的贸易额出现大幅下降，位列第四位，显示我国从新西兰进口食品的贸易额还不稳定。法国、泰国、加拿大在我国食品进口市场中的份额也呈逐年上升的趋势。伴随着这些国家的超越，印度尼西亚、马来西亚、巴西对我国食品出口的市场份额则进一步缩减。

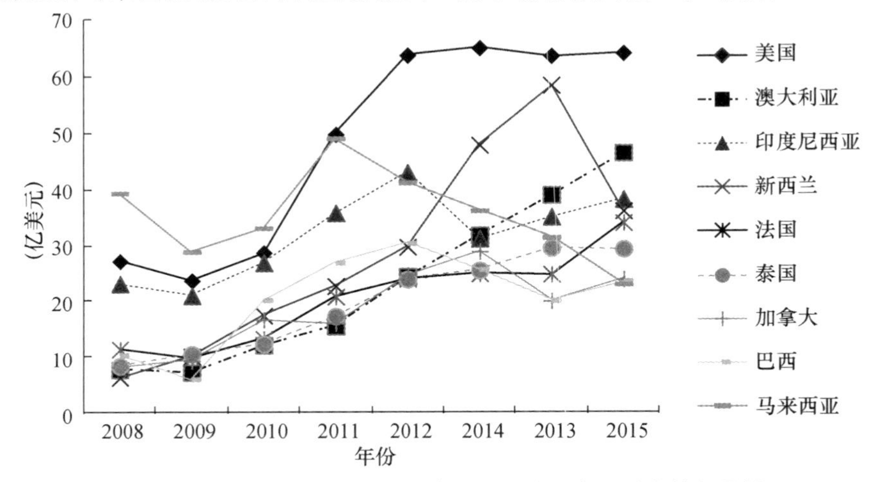

图 6-9　2008—2015 年间我国食品进口贸易主要国家的贸易额

资料来源：商务部对外贸易司：《中国进出口月度统计报告：食品》(2008—2015 年)。

二、具有安全风险的进口食品的批次与来源地

经过改革开放三十多年的发展,我国已成为进口食品农产品贸易总额排名世界第一的大国。虽然进口食品质量安全总体情况一直保持稳定,没有发生过重大进口食品质量安全问题,但随着食品进口量的大幅攀升,其质量安全的形势日益严峻。从保障食品消费安全的全局出发,基于全球食品的安全视角,分析研究具有安全风险的进口食品的基本状况,并由此加强食品安全的国际共治就显得尤其重要。

(一)进口不合格食品的批次

随着经济发展和城乡居民食品消费方式的转变,国内进口食品的需求激增。伴随着进口食品的大量涌入,近年来被我国出入境检验检疫机构检出的不合格食品的批次和数量整体呈现上升趋势。国家质量监督检验检疫总局的数据显示,2009 年,我国进口食品的不合格批次为 1543 批次,2010—2012 年分别增长到 1753 批次、1857 批次和 2499 批次。虽然 2013 年进口食品的不合格批次下降到 2164 批次,但 2014 年进口食品的不合格批次迅速上扬,达到了近年来 3503 批次的最高点。2015 年,各地出入境检验检疫机构检出不符合我国食品安全国家标准和法律法规要求的进口食品共 2805 批次,虽然较 2014 年下降 19.95%,但并未改变进口不合格食品批次整体上升的趋势,进口食品的问题依然严峻,其安全性备受国内消费者关注(图 6-10)。

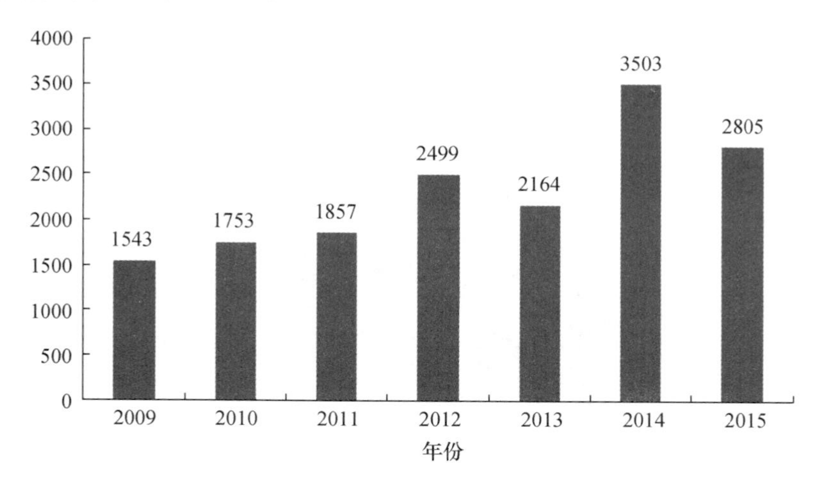

图 6-10 2009—2015 年间进口食品不合格批次

资料来源:国家质量监督检验检疫总局进出口食品安全局:2009—2015 年间 1—12 月进境不合格食品、化妆品信息,并由作者整理计算所得。

（二）进口不合格食品的主要来源地

表6-2是2014—2015年间我国进口不合格食品的来源地分布。据国家质量监督检验检疫总局发布的相关资料，2014年我国进口不合格食品批次最多的前十位来源地分别是，我国台湾（773批次，22.06%）、美国（250批次，7.14%）、韩国（233批次，6.65%）、法国（207批次，5.91%）、意大利（185批次，5.28%）、马来西亚（177批次，5.05%）、泰国（157批次，4.48%）、德国（155批次，4.42%）、日本（143批次，4.08%）、澳大利亚（119批次，3.40%）。上述10个国家和地区不合格进口食品合计为2399批次，占全部不合格3503批次的68.47%。

2015年我国进口不合格食品批次最多的前十位来源地分别是，我国台湾（730批次，26.02%）、日本（171批次，6.10%）、马来西亚（153批次，5.45%）、美国（152批次，5.42%）、意大利（141批次，5.03%）、泰国（117批次，4.17%）、西班牙（117批次，4.17%）、韩国（104批次，3.71%）、法国（98批次，3.49%）、德国（85批次，3.03%）（图6-11）。上述10个国家和地区不合格进口食品合计为1868批次，占全部不合格2805批次的66.59%。可见，我国主要的进口不合格食品来源地相对比较集中且近年来变化不大。

从进口不合格食品来源地来看，我国台湾依然是进口不合格食品的第一大来源地，不合格食品批次占所有不合格食品批次的四分之一左右，远远超过其他国家或地区。从来源地的数量来看，我国进口不合格食品来源地的数量在2014年的基础上进一步扩大，2015年达到82个国家或地区，进口不合格食品来源地呈现出逐步扩散的趋势。

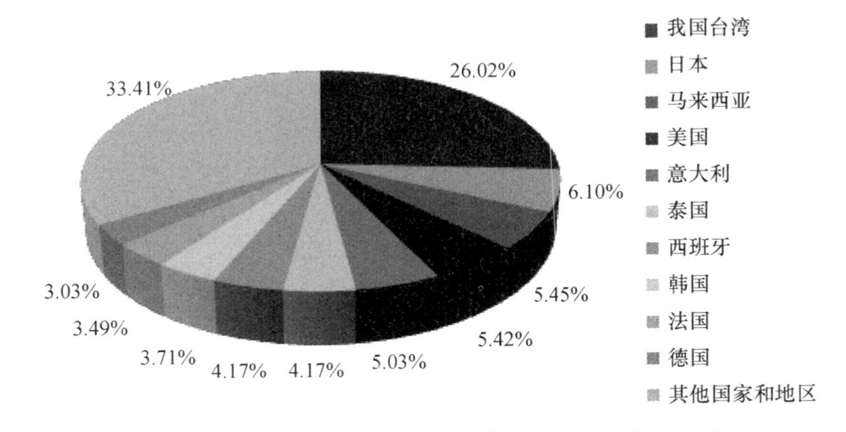

图6-11　2015年我国进口不合格食品主要来源地分布图

资料来源：国家质量监督检验检疫总局进出口食品安全局：2015年1—12月进境不合格食品、化妆品信息，并由作者整理计算所得。

表 6-2 2014—2015 年我国进口不合格食品来源地区汇总表 （单位：次、%）

2015 年不合格食品的来源国家或地区	不合格食品批次	所占比例	2014 年不合格食品的来源国家或地区	不合格食品批次	所占比例
我国台湾	730	26.02	中国台湾	773	22.06
日本	171	6.10	美国	250	7.14
马来西亚	153	5.45	韩国	233	6.65
美国	152	5.42	法国	207	5.91
意大利	141	5.03	意大利	185	5.28
泰国	117	4.17	马来西亚	177	5.05
西班牙	117	4.17	泰国	157	4.48
韩国	104	3.71	德国	155	4.42
法国	98	3.49	日本	143	4.08
德国	85	3.03	澳大利亚	119	3.40
新西兰	85	3.03	西班牙	117	3.34
越南	77	2.75	越南	104	2.97
澳大利亚	74	2.64	新西兰	85	2.42
俄罗斯	60	2.14	英国	79	2.26
比利时	57	2.03	奥地利	44	1.26
印度尼西亚	52	1.85	印度尼西亚	41	1.17
土耳其	48	1.71	中国香港	40	1.14
加拿大	45	1.60	比利时	38	1.08
保加利亚	34	1.21	土耳其	38	1.08
中国香港	28	1.00	波兰	35	1.00
巴西	27	0.96	加拿大	35	1.00
荷兰	26	0.93	哈萨克斯坦	26	0.74
挪威	26	0.93	新加坡	25	0.71
英国	24	0.86	巴西	24	0.69
奥地利	19	0.68	瑞士	22	0.63
波兰	19	0.68	瑞典	21	0.60
新加坡	15	0.53	印度	21	0.60
中国澳门	13	0.46	荷兰	20	0.57
菲律宾	12	0.43	阿根廷	17	0.49
印度	12	0.43	阿联酋	17	0.49
乌拉圭	11	0.39	丹麦	17	0.49
葡萄牙	10	0.36	远洋捕捞**	17	0.49

（续表）

2015年不合格食品的来源国家或地区	不合格食品批次	所占比例	2014年不合格食品的来源国家或地区	不合格食品批次	所占比例
智利	10	0.36	巴基斯坦	14	0.40
阿根廷	9	0.32	菲律宾	13	0.37
巴基斯坦	9	0.32	挪威	13	0.37
捷克	9	0.32	斯里兰卡	13	0.37
希腊	8	0.29	乌克兰	12	0.34
中国※	8	0.29	葡萄牙	11	0.31
瑞士	7	0.25	阿尔巴尼亚	10	0.29
哈萨克斯坦	6	0.21	孟加拉国	10	0.29
吉尔吉斯斯坦	6	0.21	智利	10	0.29
斯里兰卡	6	0.21	中国澳门	10	0.29
匈牙利	6	0.21	捷克	8	0.23
阿塞拜疆	5	0.17	俄罗斯	7	0.19
基里巴斯	5	0.17	克罗地亚	7	0.19
斯洛文尼亚	5	0.17	斯洛文尼亚	6	0.16
哥伦比亚	4	0.14	伊朗	6	0.16
罗马尼亚	4	0.14	埃及	5	0.14
丹麦	3	0.10	朝鲜	5	0.14
瑞典	3	0.10	南非	5	0.14
塞内加尔	3	0.10	希腊	5	0.14
芬兰	2	0.07	塔吉克斯坦	4	0.11
格鲁吉亚	2	0.07	匈牙利	4	0.11
科特迪瓦	2	0.07	中国※	4	0.11
立陶宛	2	0.07	爱尔兰	3	0.09
蒙古	2	0.07	法罗群岛	3	0.09
秘鲁	2	0.07	吉尔吉斯斯坦	3	0.09
摩洛哥	2	0.07	秘鲁	3	0.09
墨西哥	2	0.07	白俄罗	2	0.06
南非	2	0.07	保加利亚	2	0.06
尼泊尔	2	0.07	卢森堡	2	0.06
塞浦路斯	2	0.07	摩洛哥	2	0.06
斯洛伐克	2	0.07	亚美尼亚	2	0.06
乌克兰	2	0.07	巴拉圭	1	0.03

（续表）

2015 年不合格食品的来源国家或地区	不合格食品批次	所占比例	2014 年不合格食品的来源国家或地区	不合格食品批次	所占比例
阿尔巴尼亚	1	0.04	厄瓜多尔	1	0.03
阿联酋	1	0.04	斐济	1	0.03
爱尔兰	1	0.04	格陵兰岛	1	0.03
冰岛	1	0.04	肯尼亚	1	0.03
玻利维亚	1	0.04	立陶宛	1	0.03
厄瓜多尔	1	0.04	罗马尼亚	1	0.03
几内亚	1	0.04	马里	1	0.03
加纳	1	0.04	马绍尔群岛	1	0.03
喀麦隆	1	0.04	缅甸	1	0.03
克罗地亚	1	0.04	莫桑比亚	1	0.03
肯尼亚	1	0.04	沙特阿拉伯	1	0.03
缅甸	1	0.04	突尼斯	1	0.03
尼日利亚	1	0.04	土库曼斯坦	1	0.03
萨摩亚	1	0.04	乌拉圭	1	0.03
沙特阿拉伯	1	0.04	乌兹别克斯坦	1	0.03
塔吉克斯坦	1	0.04	以色列	1	0.03
伊朗	1	0.04			
以色列	1	0.04			
其他***	3	0.10			
合计	2805	100.00	合计	3503	100.00

* 货物的原产地是中国，是出口食品不合格退运而按照进口处理的不合格食品批次。

** 2014 年国家质量监督检验检疫总局的报告中将远洋捕捞单列，本报告也采用此规范。

*** 2015 年国家质量监督检验检疫总局的报告中有部分没有标注国别，本报告将其归为“其他”。

资料来源：国家质量监督检验检疫总局进出口食品安全局：2014、2015 年 1—12 月进境不合格食品、化妆品信息。

三、不合格进口食品主要原因的分析考察

分析国家质量监督检验检疫总局发布的相关资料，2015 年我国进口食品不合格的主要原因是：食品添加剂不合格、微生物污染、标签不合格、品质不合格、证书不合格、超过保质期、重金属超标、未获准入许可、货证不符、包装不合格、检出有毒有害物质、感官检验不合格、含有违规转基因成分、农兽药残留超标、携带有害

生物、风险不明、来自疫区等。整体来说，2015年进口食品不合格的前5大原因所占的比例高达82.35%，高于2014年70.18%的水平，表明近年来进口食品不合格原因呈现出集中的趋势，这有利于对进口食品安全的重点监测。在食品安全存在的问题中，食品添加剂不合格、微生物污染与重金属超标是主要问题，占检出不合格进口食品总批次的48.77%；在非食品安全存在的问题中，标签、品质、证书等不合格，与超过保质期则是主要问题，占检出不合格进口食品总批次的44.41%。2015年，进口食品中添加剂不合格与微生物污染成为我国进口食品不合格的最主要原因，共有1241批次，占全年所有进口不合格食品批次的44.24%（表6-3、图6-12）。

表6-3　2014—2015年我国进口不合格食品的主要原因分类　（单位：次、%）

2015年			2014年		
进口食品不合格原因	批次	所占比例	进口食品不合格原因	批次	所占比例
食品添加剂不合格	643	22.92	食品添加剂不合格	640	18.27
微生物污染	598	21.32	微生物污染	581	16.59
标签不合格	471	16.79	标签不合格	567	16.19
品质不合格	357	12.73	品质不合格	437	12.48
证书不合格	241	8.59	证书不合格	233	6.65
超过保质期	177	6.30	超过保质期	214	6.11
重金属超标	127	4.53	重金属超标	194	5.53
未获准入许可	43	1.53	包装不合格	168	4.80
货证不符	42	1.50	未获准入许可	91	2.59
包装不合格	40	1.43	感官检验不合格	64	1.83
检出有毒有害物质	22	0.78	检出有毒有害物质	62	1.77
感官检验不合格	21	0.75	货证不符	61	1.74
含有违规转基因成分	17	0.61	风险不明	58	1.66
农兽药残留超标	2	0.07	农兽药残留超标	41	1.17
携带有害生物	2	0.07	检出异物	30	0.85
风险不明	1	0.04	含有违规转基因成分	24	0.69
来自疫区	1	0.04	非法贸易	18	0.51
			携带有害生物	7	0.20
			其他	13	0.37
总计	2805	100.00	总计	3503	100.00

资料来源：国家质量监督检验检疫总局进出口食品安全局：2014、2015年1—12月进境不合格食品、化妆品信息，并由作者整理计算所得。

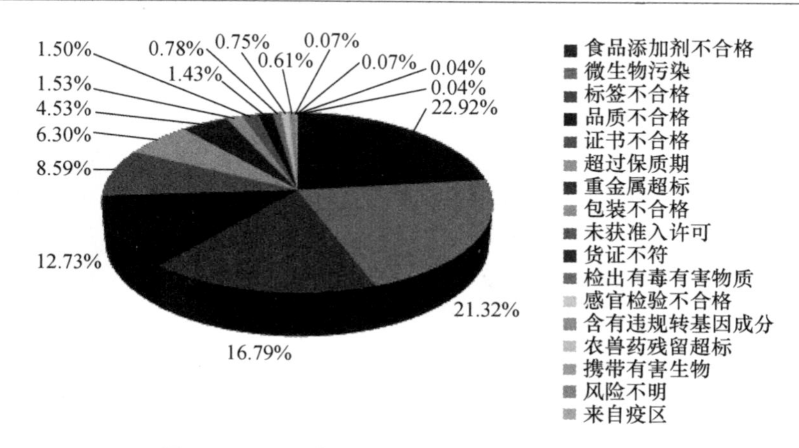

图 6-12 2015 年我国进口食品不合格项目分布

资料来源:国家质量监督检验检疫总局进出口食品安全局:2015 年 1—12 月进境不合格食品、化妆品信息。

(一) 食品添加剂不合格

1. 具体情况。食品添加剂超标或不当使用食用添加剂是影响全球食品安全性的重要因素。2015 年,因食品添加剂不合格的进口至我国的食品共计 643 批次,较 2014 年小幅增长,但所占比例由 18.27%增长到 2015 年的 22.92%,增幅明显。继 2014 年之后,食品添加剂不合格仍然是我国进口食品不合格的最主要原因。2015 年由食品添加剂不合格引起的进口不合格食品,主要是由着色剂、防腐剂、营养强化剂违规使用所致(表 6-4)。

表 6-4 2014—2015 年由食品添加剂不合格引起的进口不合格食品的具体原因分类

(单位:次、%)

序号	2015 年			2014 年		
	进口食品不合格的具体原因	批次	比例	进口食品不合格的具体原因	批次	比例
1	着色剂	214	7.63	着色剂	197	5.62
2	防腐剂	177	6.31	防腐剂	140	4.00
3	营养强化剂	103	3.67	营养强化剂	110	3.14
4	甜味剂	61	2.17	甜味剂	31	0.88
5	抗结剂	26	0.93	抗结剂	24	0.69
6	抗氧化剂	22	0.78	抗氧化剂	15	0.43
7	乳化剂	13	0.46	膨松剂	12	0.34
8	酸度调节剂	9	0.31	酸度调节剂	8	0.23

（续表）

序号	2015年			2014年		
	进口食品不合格的具体原因	批次	比例	进口食品不合格的具体原因	批次	比例
9	香料	5	0.18	加工助剂	7	0.20
10	增稠剂	5	0.18	香料	7	0.20
11	膨松剂	3	0.11	被膜剂	2	0.06
12	缓冲剂	1	0.04	缓冲剂	2	0.06
13	加工助剂	1	0.04	增稠剂	2	0.05
14	其他	3	0.11	乳化剂	1	0.03
15				其他	82	2.34
	总计	643	22.92	总计	640	18.27

资料来源：国家质量监督检验检疫总局进出口食品安全局：2014、2015年1—12月进境不合格食品、化妆品信息，并由作者整理计算所得。

2. 主要来源地。如图6-13所示，2015年由食品添加剂不合格引起的进口不合格食品的主要来源国家和地区分别是我国台湾（121批次，18.82%）、日本（55批次，8.55%）、马来西亚（48批次，7.47%）、美国（44批次，6.84%）、泰国（41批次，6.38%）、西班牙（38批次，5.91%）、意大利（30批次，4.67%）、澳大利亚（28批次，4.35%）、印度尼西亚（27批次，4.20%）、保加利亚（23批次，3.57%）。以上10个国家和地区因食品添加剂不合格而导致我国进口食品不合格的批次为455批次，占所有食品添加剂不合格批次的70.76%。

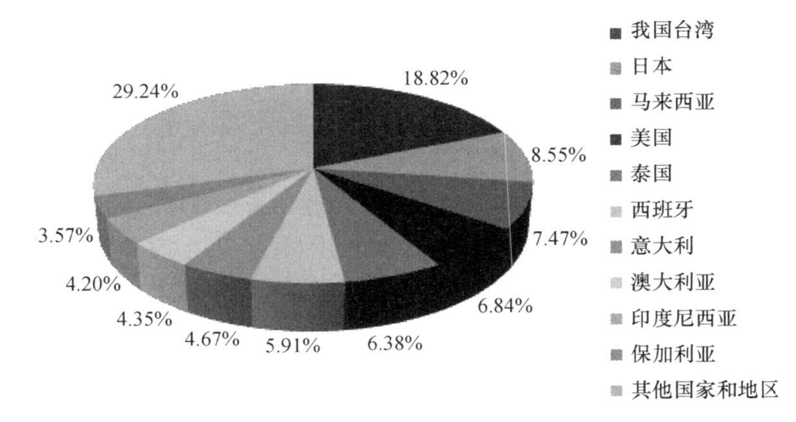

图6-13　2015年食品添加剂不合格引起的进口不合格食品的主要来源

资料来源：国家质量监督检验检疫总局进出口食品安全局：2015年1—12月进境不合格食品、化妆品信息，并由作者整理计算所得。

3. 典型案例。近年来的典型案例是：

（1）美国好时调味牛奶违规使用诱惑红。食品添加剂诱惑红（Allura Red）是食品工业中一种非常重要的着色剂，其使用标准号为 GB 17511.1-2008。2014 年 6 月，北美地区最大的巧克力及巧克力类糖果制造商、世界 500 强企业好时公司生产的 5 批次的调味牛奶因违规使用食品添加剂诱惑红，被国家质量监督检验检疫总局做销毁处理。该 5 批次调味牛奶是由中山市汇明贸易有限公司进口，共计 4.5 吨。[①]

（2）德国水果麦片违规添加"生物素"。2015 年 1 月 3—4 日，市民蒋天亮在位于合肥市长江中路 98 号的北京华联超市购物时购买了 5 盒"诗尼坎普维生素 10 种水果麦片"（750 g 装），一盒"诗尼坎普维生素玉米片"（225 g 装），共付款 664 元。两款产品的外包装上均显示，原产国为德国，国内经销商是北京嘉盛行商贸有限公司。上述产品的外包装配料栏中标明添加了"生物素"，而根据国家食品安全标准《食品营养强化剂使用标准 GB14480-2012》，上述产品不在"生物素"允许使用范围之内。在向商家索赔遭拒的情况下，蒋天亮一纸诉状将北京华联超市起诉到合肥市庐阳区人民法院。最终，法院依据《食品安全法》和《最高人民法院关于审理食品药品纠纷案件适用法律若干问题的规定》的相关规定，判决北京华联公司退还蒋某购物款 664 元，并给予 10 倍赔偿 6640 元。[②]

（二）微生物污染

1. 具体情况。微生物个体微小、繁殖速度较快、适应能力强，在食品的生产、加工、运输和经营过程中很容易因温度控制不当或环境不洁造成污染，是威胁全球食品安全的又一主要因素。2015 年国家质量监督检验检疫总局检出的进口不合格食品中因微生物污染的共有 598 批次，占全年所有进口不合格食品批次的 21.32%，虽然不合格批次较 2014 年小幅增加，但所占比重幅度较为明显，其中菌落总数超标、大肠菌群超标以及霉菌超标的情况较为严重。表 6-5 分析了在 2014—2015 年间由微生物污染引起的进口不合格食品的具体原因分类。

① 《2014 年 6 月进境不合格食品、化妆品信息》，国家质检总局进出口食品安全局，2014-09-02[2015-06-12]，http://jckspaqj.aqsiq.gov.cn/jcksphzpfxyj/jjspfxyj/jjbhgsptb/。

② 《北京华联超市售卖滥用添加剂麦片被判赔 10 倍》，中国食品报网，2015-04-14[2016-07-08]，http://www.cnfood.cn/n/2015/0414/52426.html。

表6-5　2014—2015年由微生物污染引起的进口不合格食品的具体原因分类

（单位：次、%）

序号	2015年			2014年		
	进口食品不合格的具体原因	批次	比例	进口食品不合格的具体原因	批次	比例
1	菌落总数超标	273	9.73	菌落总数超标	200	5.71
2	大肠菌群超标	158	5.63	大肠菌群超标	189	5.40
3	霉菌超标	74	2.64	霉菌超标	70	2.00
4	大肠菌群、菌落总数超标	25	0.89	细菌总数超标	27	0.77
5	酵母菌超标	18	0.64	检出金黄色葡萄球菌	19	0.54
6	霉变	8	0.29	大肠菌群、菌落总数超标	13	0.37
7	检出单增李斯特菌	6	0.21	霉变	10	0.28
8	检出沙门氏菌	6	0.21	酵母菌、霉菌超标	7	0.20
9	大肠菌群超标、霉菌超标、菌落总数超标	5	0.18	检出单增李斯特菌	6	0.17
10	酵母菌超标、菌落总数超标	5	0.18	酵母菌超标	6	0.17
11	检出金黄色葡萄球菌	3	0.11	霉菌、大肠菌群超标	6	0.17
12	霉菌、大肠菌群超标	3	0.11	霉菌、菌落总数超标	5	0.14
13	酵母菌、霉菌超标	2	0.07	乳酸菌超标	5	0.14
14	非商业无菌	1	0.04	检出副溶血性弧菌	3	0.09
15	霉菌、菌落总数超标	1	0.04	检出产气荚膜梭菌	2	0.06
16	细菌总数超标	1	0.04	检出沙门氏菌	2	0.06
17	其他	9	0.31	真菌总数超标	2	0.06
18				大肠菌群、沙门氏菌超标	1	0.03
19				金黄色葡萄球菌、菌落总数超标	1	0.03
20				非商业无菌	1	0.03
21				细菌总数、霉菌超标	1	0.03
22				其他	5	0.14
	总计	598	21.32	总计	581	16.59

资料来源：国家质量监督检验检疫总局进出口食品安全局：2014、2015年1—12月进境不合格食品、化妆品信息，并由作者整理计算所得。

2. 主要来源地。如图6-14所示，2015年由微生物污染引起的进口不合格食品的主要来源国家和地区分别是台湾地区（243批次，40.64%）、越南（42批次，7.02%）、马来西亚（39批次，6.52%）、韩国（33批次，5.52%）、新西兰（30批次，5.02%）、美国（27批次，4.52%）、泰国（19批次，3.18%）、印度尼西亚（16批次，2.68%）、俄罗斯（10批次，1.67%）、法国（8批次，1.34%）。以上10个国家和地区因微生物污染而食品不合格的批次为 467 批次，占所有微生物污染批次的 78.11%，成为进口食品微生物污染的主要来源地。值得注意的是，我国台湾成为进口食品微生物污染的最大来源地，所占比例超过四成。

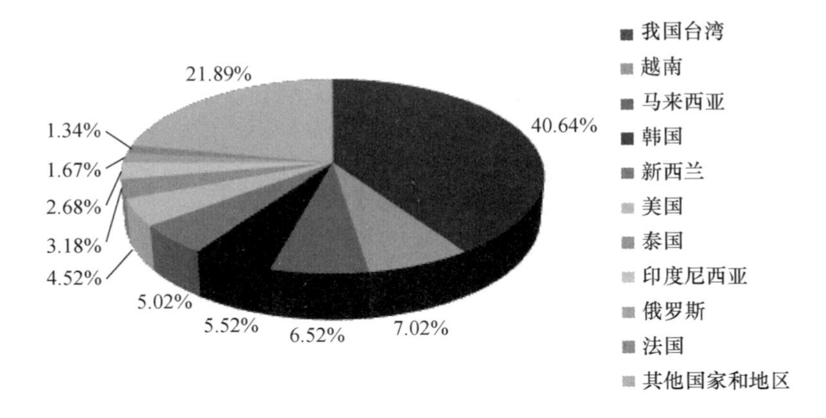

图 6-14　2015 年微生物污染引起的进口不合格食品的主要来源

资料来源：国家质量监督检验检疫总局进出口食品安全局：2015 年 1—12 月进境不合格食品、化妆品信息，并由作者整理计算所得。

3. 典型案例。 以下的案例具有一定的典型性。

(1) 冷冻食品中检出金黄色葡萄球菌。金黄色葡萄球菌是人类生活中最常见的致病菌，其广泛存在于自然界中，尤其是食品中。食品中超出一定数量的金黄色葡萄球菌就会导致食用者出现呕吐、腹泻、发烧，甚至死亡的中毒事件，[①]是引发毒素型食物中毒的三大主因之一。[②] 随着食品安全的逐步升级，对食品中金黄色葡萄球菌的检测成为食品检测中的重要内容。2014 年，我国进口食品中仍有较多批次的金黄色葡萄球菌超标的冷冻食品，包括来自新西兰、越南、英国、法国等国的冰鲜鲑鱼、冻鱼糜、冻猪筒骨、冻猪肋排等产品，给人们的食品安全带来隐患（表 6-6）。

---

① 柳敦江、王鹏：《一种快速鉴定猪舍空气样品中金黄色葡萄球菌的方法》，《猪业科学》2013 年第 5 期。

② 刘海卿、佘之蕴、陈丹玲：《金黄色葡萄球菌三种定量检验方法的比较》，《食品研究与开发》2014 年第 13 期。

表6-6　2014年部分金黄色葡萄球菌不合格的冷冻产品

时间	产地	具体产品	处理方式
2014年3月	新西兰	冰鲜鲑鱼	销毁
2014年5月	越南	冻鱼糜	退货
2014年11月	英国	冻猪筒骨	退货
2014年11月	法国	冻猪肋排	退货
2014年11月	马来西亚	榴莲球(速冻调制食品)	退货
2014年12月	西班牙	冷冻猪连肝肉	退货

资料来源:国家质量监督检验检疫总局进出口食品安全局:2014年1—12月进境不合格食品、化妆品信息,并由作者整理计算所得。

(2)大连销毁5800多箱召回的美国蓝铃冰淇淋。2015年4月9日,美国疾病控制预防中心宣布,美国至少8人因食用美国蓝铃(Blue Bell)公司冰淇淋产品后,感染李斯特杆菌而患病就医,已致3人死亡。获悉相关消息后,国家食品药品监管总局立即部署,要求相关省份迅速调查核实,采取控制措施。辽宁省大连市食品药品监督管理局发布消息称,大连地区共销毁5800多箱召回的蓝铃冰淇淋,在其他城市召回的3426箱蓝铃冰淇淋也分别在当地销毁。①

(三)重金属超标

1. 具体情况。表6-7显示,2015年我国进口食品中由重金属超标而被拒绝入境的批次规模呈现出明显的下降,较2014年下降34.54%,占所有进口不合格食品批次的比例也由2014年的5.53%下降到2015年的4.53%。除了常见的如铜、镉、铬、铁等重金属污染物超标外,进口食品中稀土元素、镁、铅等重金属超标的现象也需要引起重视。

表6-7　2014—2015年由重金属超标引起的进口不合格食品具体原因

(单位:次、%)

序号	2015年			2014年		
	进口食品不合格的具体原因	批次	比例	进口食品不合格的具体原因	批次	比例
1	稀土元素超标	34	1.21	铜超标	40	1.14
2	砷超标	30	1.07	砷超标	35	1.00
3	铜超标	23	0.82	稀土元素超标	33	0.94
4	铁超标	10	0.36	铝超标	22	0.63

① 《最全2015食品安全事件总汇!一起了解诺如病毒、李斯特杆菌》,食安网,2015-09-09[2016-07-08],http://www.cnfoodsafety.com/2015/0909/14624.html。

（续表）

序号	2015 年			2014 年		
	进口食品不合格的具体原因	批次	比例	进口食品不合格的具体原因	批次	比例
5	镉超标	6	0.21	镉超标	17	0.48
6	硼超标	6	0.21	铁超标	17	0.48
7	镁超标	4	0.14	铅超标	12	0.34
8	铅超标	4	0.14	铬超标	2	0.06
9	铝超标	3	0.11	汞超标	2	0.06
10	锰超标	3	0.11	镁超标	1	0.03
11	钙超标	2	0.07	锰超标	1	0.03
12	汞超标	1	0.04	锌超标	1	0.03
13	锌超标	1	0.04	其他	11	0.31
	总计	127	4.53	总计	194	5.53

资料来源：国家质量监督检验检疫总局进出口食品安全局：2014、2015 年 1—12 月进境不合格食品、化妆品信息，并由作者整理计算所得。

2. 主要来源地。如图 6-15 所示，2015 年我国由重金属超标引起的进口不合格食品的主要来源国家和地区，分别是日本（26 批次，20.47%）、中国台湾（24 批次，18.90%）、西班牙（10 批次，7.87%）、新西兰（7 批次，5.51%）、意大利（6 批次，4.72%）、泰国（6 批次，4.72%）、阿塞拜疆（5 批次，3.94%）、法国（5 批次，3.94%）、韩国（3 批次，2.36%）、斯里兰卡（3 批次，2.36%）、印度尼西亚（3 批次，2.36%）、越南（3 批次，2.36%）。以上 12 个国家和地区因重金属超标而食品不合格的批次为 101 批次，占所有重金属超标批次的 79.51%。

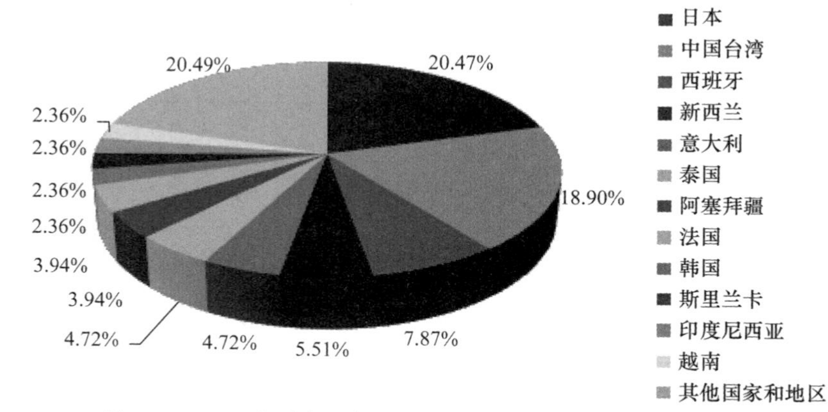

图 6-15　2015 年重金属超标引起的进口不合格食品的主要来源

资料来源：国家质量监督检验检疫总局进出口食品安全局：2015 年 1—12 月进境不合格食品、化妆品信息，并由作者整理计算所得。

3. 典型案例。 以下是近年来我国进口食品重金属超标的典型案例。

(1) 2014年1月，Estabkecimiento Las Marias Sacifa 公司生产的塔拉吉精选无梗马黛茶、塔拉吉活力印第安传统马黛茶、圣恩限量精品马黛茶等5批茶叶被国家质量监督检验检疫总局检出稀土元素超标，共有6.66吨。所有的茶叶均已做退货处理。[①] 在一般情况下，接触稀土不会对人带来明显危害，但长期低剂量暴露或摄入可能会给人体健康或体内代谢产生不良后果，包括影响大脑功能、加重肝肾负担、影响女性生育功能等。

(2) 2015年7月，河南出入境检验检疫局郑州经济技术开发区办事处发现，4批进口食品不符合我国食品卫生标准。其中的1批葡萄酒共计200纸箱，货值0.65万元人民币，经实验室检测检出重金属（铜）超标。[②] 铜的过量摄入可能引发铜中毒，导致神经损伤。

（四）农兽药残留超标或使用禁用农兽药

1. 具体情况。 由表6-8可以看出，相比2014年，2015年进口食品中因农兽药残留超标和使用禁用农兽药引起的被拒绝入境的批次出现明显下降，总计仅为2批次，占所有不合格批次的比例为0.07%，表明农兽药残留超标或使用禁用农兽药已经不是导致进口食品不合格的主要原因。

表6-8　2014—2015年由农兽药残留超标或使用禁用农兽药等引起的进口不合格食品具体原因分类

序号	2015年			2014年		
	进口食品不合格的具体原因	批次	比例	进口食品不合格的具体原因	批次	比例
1	草甘膦	1	0.04	检出莱克多巴胺	29	0.82
2	氟虫腈	1	0.04	检出呋喃唑酮	5	0.14
3				吡虫啉超标	2	0.06
4				硝基呋喃超标	2	0.06
5				滴滴涕超标	1	0.03
6				尼卡巴嗪超标	1	0.03
7				乙酰甲胺磷超标	1	0.03
	总计	2	0.07	总计	41	1.17

资料来源：国家质量监督检验检疫总局进出口食品安全局：2014年、2015年1—12月进境不合格食品、化妆品信息，并由作者整理计算所得。

① 《2014年1月进境不合格食品、化妆品信息》，国家质检总局进出口食品安全局，2014-03-10[2015-06-12]，http://jckspaqj.aqsiq.gov.cn/jcksphzpfxyj/jjspfxyj/jjbhgsptb/。

② 《2015年食品重金属超标事件》，搜狐网，2015-08-24[2016-07-08]，http://mt.sohu.com/20150824/n419613468.shtml。

2. 典型案例。"立顿"茶农残超标是近年来有代表性的案例。2012 年 4 月，"绿色和平组织"对全球最大的茶叶品牌——"立顿"牌袋泡茶叶的抽样调查发现，该组织所抽取的四份样品共含有 17 种农药残留，绿茶、茉莉花茶和铁观音样本中均含有至少 9 种农药残留，其中绿茶和铁观音样本中农药残留多达 13 种。而且，"立顿"牌的绿茶、铁观音和茉莉花茶三份样品，被检测出含有《中华人民共和国农业部第 1586 号公告》规定不得在茶叶上使用的灭多威，而灭多威被世界卫生组织列为高毒农药。① 同时，进口美国近 500 吨猪肉产品含莱克多巴胺事件也具有典型性。2014 年 11 月，国家质量监督检验检疫总局的天津口岸接连在进口自美国的 17 批猪肉产品中检出莱克多巴胺，累计超过 478 吨，涵盖冻猪肘、冻猪颈骨、冻猪脚、冻猪肾、冻猪心管、冻猪舌、冻猪鼻等猪肉产品。所有这些猪肉产品均已做退货或销毁处理。②

（五）进口食品标签标识不合格

1. 具体情况。根据我国《食品标签通用标准》的规定，进口食品标签应具备食品名称、净含量、配料表、原产地、生产日期、保质期、国内经销商等基本内容。实践已经证明，规范进口食品的中文标签标识是保证进口食品安全、卫生的重要手段。2015 年我国进口食品标签中存在的问题主要是食品名称不真实、隐瞒配方、标签符合性检验不合格等，共计 471 批次，较 2014 年下降 96 批次，占全部不合格批次总数的 16.79%。

2. 主要来源地。如图 6-16 所示，2015 年由标签不合格引起的进口不合格食品的主要来源国家和地区分别是我国台湾（123 批次，26.11%）、马来西亚（36 批次，7.64%）、意大利（35 批次，7.43%）、比利时（34 批次，7.22%）、俄罗斯（27 批次，5.73%）、日本（26 批次，5.52%）、韩国（25 批次，5.31%）、美国（23 批次，4.88%）、泰国（19 批次，4.03%）、法国（13 批次，2.76%）、西班牙（13 批次，2.76%）。以上 11 个国家和地区因标签不合格而食品不合格的批次为 374 批次，占所有标签不合格批次的 79.39%。

3. 典型案例。（1）2014 年 1 月，国家质量监督检验检疫总局在检验进口食品时发现，来自我国台湾统一集团的 5 批次的统一阿 Q 桶面存在标签不合格的情况，这 5 批次的桶面因此被退货处理。③

---

① 《茶叶被指涉有高毒性农药残留 上海多超市未下架》，中国新闻网，2012-04-25[2015-06-12]，http://finance.chinanews.com/jk/2012/04-25/3845646.shtml。

② 《2014 年 11 月进境不合格食品、化妆品信息》，国家质检总局进出口食品安全局，2015-01-12[2015-06-12]，http://jckspaqj.aqsiq.gov.cn/jcksphzpfxyj/jjspfxyj/jjbhgsptb/。

③ 《2014 年 1 月进境不合格食品、化妆品信息》，国家质检总局进出口食品安全局，2014-03-10[2015-06-12]，http://jckspaqj.aqsiq.gov.cn/jcksphzpfxyj/jjspfxyj/jjbhgsptb/。

（2）江苏省苏州市的张先生夫妇陆续在某网络科技公司开设于京东商城的网店购买了美国、德国进口的婴幼儿零食、辅食、奶粉等，总共价值7600多元。但他发现，这些国外进口的预包装食品上没有一样具备中文标签和中文说明书。张先生认为，这违反了食品安全法的规定，于是起诉销售商索赔。2015年6月，苏州市吴中区人民法院支持了张先生的诉讼请求，判令销售者退还货款，并支付十倍赔偿金。①

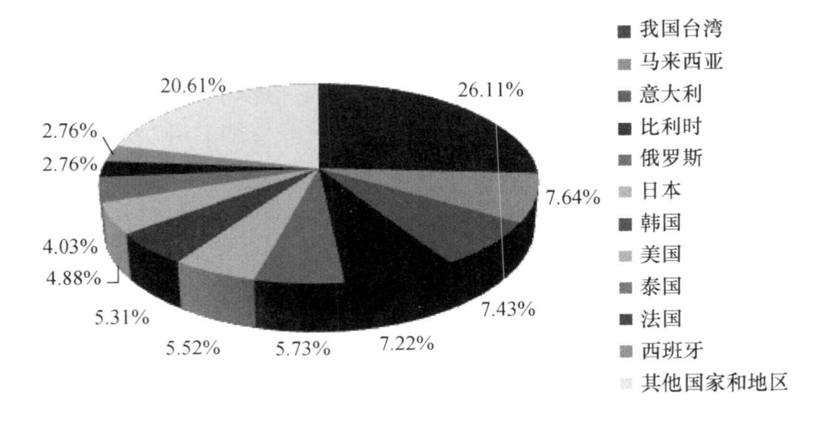

图6-16　2015年标签不合格引起的进口不合格食品的主要来源

资料来源：国家质量监督检验检疫总局进出口食品安全局：2015年1—12月进境不合格食品、化妆品信息，并由作者整理计算所得。

（六）含有转基因成分的食品

1. 具体情况。作为一种新型的生物技术产品，转基因食品的安全性一直备受争议，而目前学界对于其安全性也尚无定论。2014年3月6日，农业部部长韩长赋在十二届全国人大二次会议新闻中心举行的记者会上指出，转基因在研究上要积极，坚持自主创新，在推广上要慎重，做到确保安全。② 我国对转基因食品的监管政策一贯是明确的。2015年，我国进口食品中含有违规转基因成分共计17批次，占全部不合格批次总数的0.61％。

2. 典型案例。2014年3月，进口自我国台湾的永和豆浆因含有违规转基因成分被国家质量监督检验检疫总局的福建口岸截获，最终做退货处理。永和豆浆

① 《无中文标签进口食品被认定不合格 消费者获十倍赔偿》，中国食品报网，2015-06-11［2016-07-08］，http://www.cnfood.cn/n/2015/0611/58255.html。

② 《农业部部长回应转基因质疑：积极研究慎重推广严格管理》，新华网，2014-03-06［2014-06-12］，http://news.xinhuanet.com/politics/2014-03/06/c_126229096.htm。

是海峡两岸及香港著名的豆浆生产品牌，豆浆产品由永和国际开发股份有限公司生产。[①] 这一事件表明国际大品牌的食品质量安全同样需要高度重视。

四、进口食品接触产品的质量状况

食品接触产品是指日常生活中与食品直接接触的器皿、餐厨具等产品，这类产品会与食品或人的口部直接接触，与消费者身体健康密切相关。近年来，随着国内居民生活水平的不断提高，高档新型的进口食品接触产品越来越受到人们的喜爱，进口数量也在快速增长，由此，因食品接触产品引发的食品安全问题已成为一个新关注点。因此，主要借鉴国家质量监督检验检疫总局发布的《全国进口食品接触产品质量状况》报告[②]，本章在 2015 年报告的基础上继续分析进口食品接触产品的质量状况，力求全面反映我国进口食品接触产品的现状。目前，我国进口食品接触产品的规范主要有《中华人民共和国进出口商品检验法》及其实施条例、国家质量监督检验检疫总局《进出口食品接触产品检验监管工作规范》及相关标准。

（一）进口食品接触产品贸易的基本特征

1. 进口规模持续增长。近年来，进口食品接触产品的规模呈现出明显的增长态势。图 6-17 显示，我国进口食品接触产品从 2012 年的 14891 批次增长到 2014 年的 79562 批次，并于 2015 年首次突破 108007 批次，较 2014 年增长 35.75%，增长势头较为迅猛；进口食品接触产品的货值也从 2012 年的 2.38 亿美元增长到 2014 年的 7.45 亿美元，但 2015 年货值下降到 6.72 亿美元，较 2014 年下降 9.80%。

2. 家电类、金属制品、塑料制品占绝大多数。2015 年，我国进口食品接触产品主要包括家电类、金属制品、塑料制品、日用陶瓷、纸制品及其他材料制品。其中，家电类、金属制品和塑料制品所占比例较高，分别为 28.6%、28.5% 和 15.3%，是主要的产品类别。其他材料类制品以玻璃制品为主(图 6-18)。

3. 地区分布相对集中。图 6-19 显示，2014 年，我国进口食品接触产品批次原产国前十位依次是韩国、日本、中国、[③]德国、意大利、美国、法国、英国、瑞典、土耳其。原产于该 10 国的食品接触产品合计 62732 批次，占总进口批次的 78.8%。可见，我国进口食品接触产品的来源地相对集中。2015 年度全国进口食品接触产

① 《永和豆浆被检出转基因》，半月谈网，2014-05-18[2015-06-12]，http://www.banyuetan.org/chcontent/zc/bgt/2014516/101635.html。

② 《质检总局召开专题新闻发布会发布 2015 年进口消费品质量安全信息》，国家质检总局网站，2016-05-18[2016-07-06]，http://www.aqsiq.gov.cn/zjxw/zjxw/zjftpxw/201605/t20160518_466548.htm.。

③ 这里主要是指出口复进口产品，因此不包括港、澳、台地区。

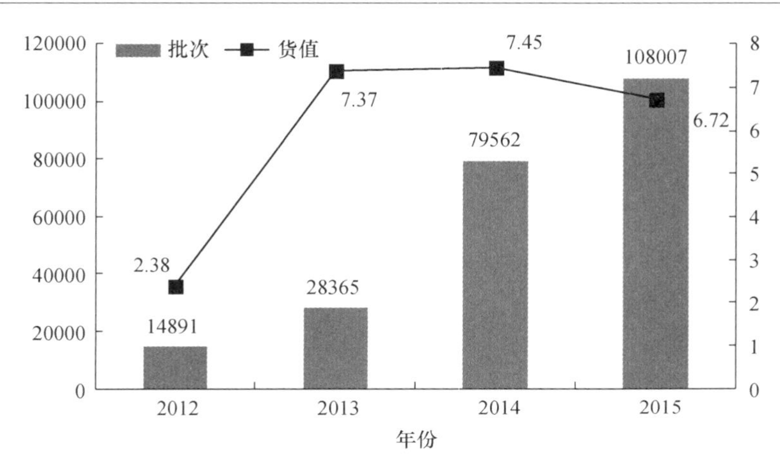

图 6-17 2012—2015 年间进口食品接触产品的批次和货值 （单位：批次、亿美元）

资料来源：国家质量监督检验检疫总局：2013—2015 年度全国进口食品接触产品质量状况，并由作者整理所得。

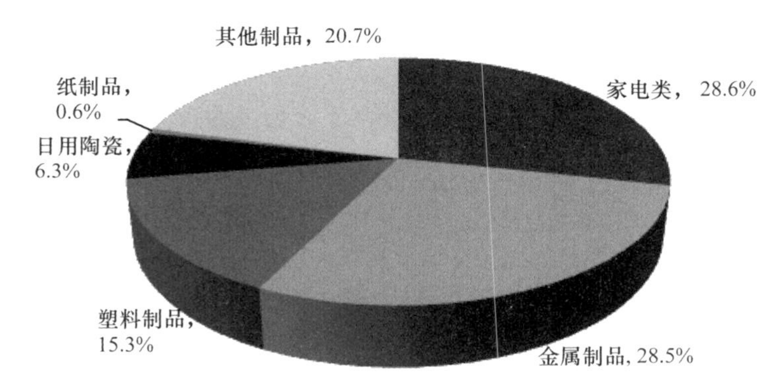

图 6-18 2015 年进口食品接触产品货值分布

资料来源：国家质量监督检验检疫总局：2015 年度全国进口食品接触产品质量状况，并由作者整理所得。

品进一步零散化、小批量化，大批量、连续进口的产品较少，同一批次进口产品品种杂、规格多，且近三年来平均每批进口产品货值持续下降；各类产品原产国的前十位中出现了泰国、越南、印度等国家，反映出目前制造业向劳动力成本相对较低的东南亚转移的趋势。

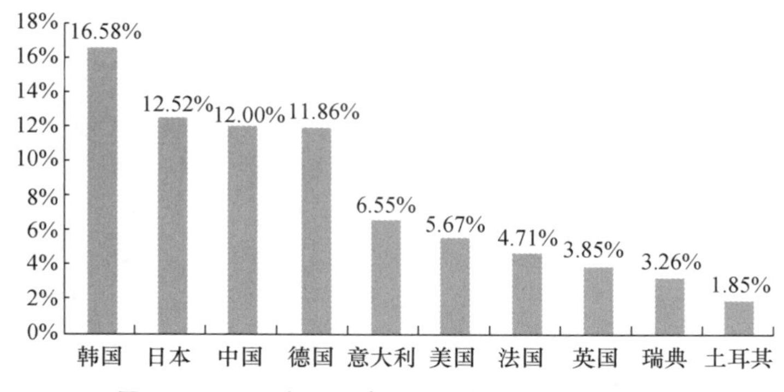

图 6-19 2014 年进口食品接触产品的主要来源地

资料来源:国家质量监督检验检疫总局:2014 年度全国进口食品接触产品质量状况,并由作者整理所得。

(二) 进口食品接触产品质量状况

1. 检出批次与不合格率。 2015 年,全国检验检疫机构检出不合格进口食品接触产品 8331 批,检验批不合格率(检验不合格批次 ÷ 进口总批次,下同)为 7.71%,其中标识标签不合格 7751 批,安全卫生项目检测不合格 204 批,其他项目检验不合格 376 批。

2015 年度全国进口食品接触产品检验批不合格率为五年来最高,且近五年呈逐年升高的趋势;实验室检测 12308 批,检测不合格 273 批,检测批不合格率为 2.22%,处于近五年平均水平。五年检验批不合格率及检测批不合格率对比如图 6-20 所示。

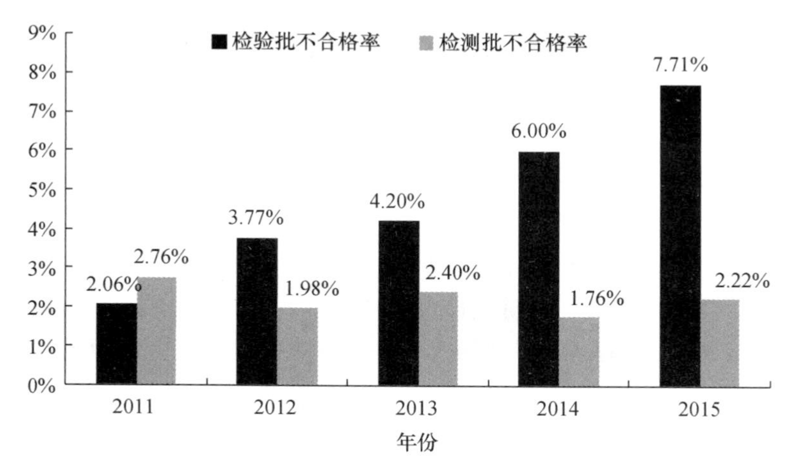

图 6-20 2011—2105 年间进口食品接触产品不合格率

资料来源:国家质量监督检验检疫总局:2015 年度全国进口食品接触产品质量状况,并由作者整理所得。

2. 不合格情况分析。我国进口食品接触产品五年来检验批不合格率逐年上升的主要原因是进口产品不符合我国法律法规和标准的情况普遍存在，且贸易相关方对我国法律法规和标准要求尤其是关于标识标签的问题未引起足够重视，同时国家相关部门为保护消费者健康安全而出台了一系列检验监管措施，持续加大对进口产品的把关力度。2015年检出的进口食品接触产品不合格情况中，标识标签不合格主要表现为无中文标识标签或标识标签内容与规定不符；安全卫生项目不合格主要表现为陶瓷制品铅、镉溶出量超标，塑料制品脱色、蒸发残渣及丙烯腈单体超标，金属制品重金属溶出量、涂层蒸发残渣超标，纸制品荧光物质和铅含量超标，家电类重金属超标等；其他项目不合格主要表现为货证不符、品质缺陷等。

3. 各类产品不合格情况。从产品类别看，2014年进口食品接触产品的检测不合格率由高到低依次是家电类、金属制品、塑料制品、日用陶瓷和其他制品，所占比例分别为9.09%、3.14%、2.57%、0.76%、0.34%和0.18%。相对应地，2015年进口食品接触产品的检测不合格率由高到低依次是家电类、金属制品、塑料制品、日用陶瓷和其他制品，所占比例分别为4.79%、3.24%、2.79%、1.79%、0.36%和0.76%。可见，2015年家电类的不合格率呈现明显的下降，塑料制品、纸制品和其他制品的不合格率则出现明显的上升。

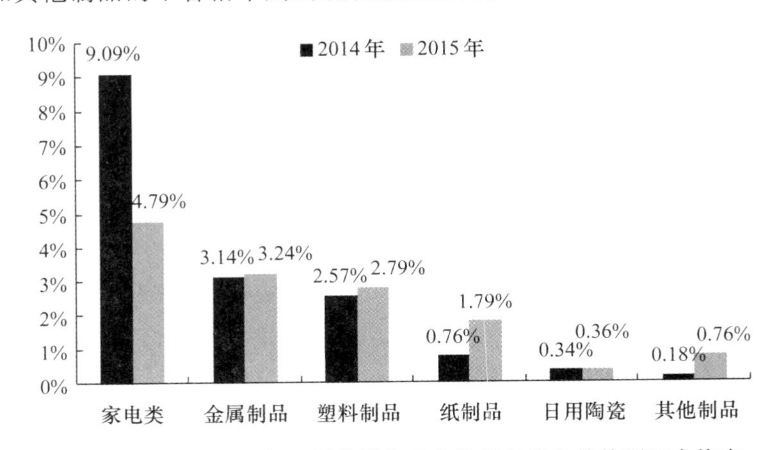

图6-21　2014—2015年不同类别进口食品接触产品的检测不合格率

资料来源：国家质量监督检验检疫总局：2014、2015年度全国进口食品接触产品质量状况，并由作者整理所得。

4. 不合格进口食品接触产品的主要来源地。2014年不合格进口食品接触产品的主要来源地为韩国（1214批次，25.42%）、日本（205批次，4.29%）、中国（出口复进口，179批次，3.75%）、德国（128批次，2.68%）、泰国（102批次，2.14%）、印度（659批次，1.38%）、意大利（53批次，1.11%）、我国台湾（47批次，0.98%）、法国(46 批次,0.96%)、保加利亚(37 批次,0.77%)。其中,韩国是我国不合格进口食品接触产品的最大来源地,所占比例超过四分之一。以上十个国家和地区所占比例之和为 43.48%。

2015 年度进口食品接触产品不合格批次原产国(或地区)前十位依次是日本(2141 批次,25.70%)、韩国(1114 批次,13.37%)、中国(837 批次,10.05%)、法国(396 批次,4.75%)、中国台湾(364 批次,4.37%)、德国(309 批次,3.71%)、意大利(273 批次,3.28%)、泰国(196 批次,2.35%)、土耳其(162 批次,1.94%)、美国(151 批次,1.82%)。原产上述十国(或地区)的不合格批次合计 5943 批,占不合格总批次的 71.34%。可见近年来我国不合格进口食品接触产品的主要来源地相对集中且变化不大。

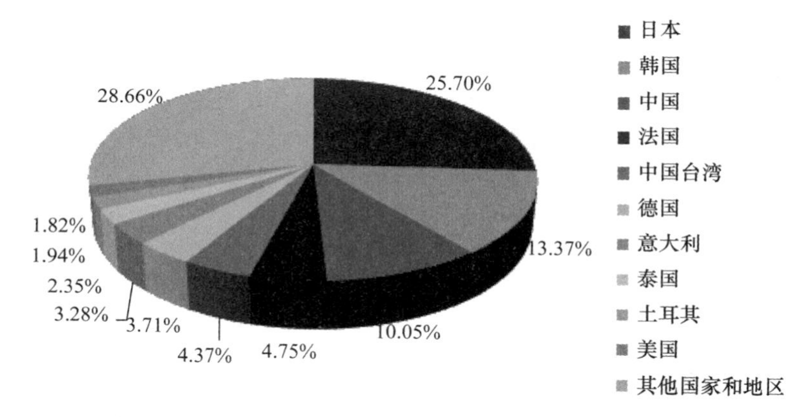

图 6-22　2015 年不合格进口食品接触产品的主要来源地

资料来源:国家质量监督检验检疫总局:2015 年度全国进口食品接触产品质量状况,并由作者整理所得。

五、现阶段需要解决的重要问题

面对日益严峻的进口食品安全问题,着力完善覆盖全过程的具有中国特色的进口食品安全监管体系,保障国内食品安全已非常迫切。立足于保障进口食品质量安全的现实与未来需要,应该构建以源头监管、口岸监管、流通监管和消费者监管为主要监管方式,以风险分析与预警、召回制度为技术支撑,以食品安全国际共治为外部环境保障,以安全卫生标准与法律体系为基本依据,构建与完善具有中国特色的进口食品安全监管体系。由于篇幅的限制,本章节重点思考的建议是如下五个方面。

(一)实施进口食品的源头监管

国家质量监督检验检疫总局发布的《“十二五”进口食品质量安全状况(白皮书)》显示,[①]我国在进口食品源头监管方面做了大量的工作。按照国际通行做法,一是对输华食品国家(地区)食品安全管理体系进行评估和审查,符合我国规定要求的,其产品准许进口。“十二五”期间,共对63个国家(地区)的92种食品进行了管理体系评估,对其中符合我国要求的34个国家(地区)的28种食品予以准入。二是对境外输华食品生产加工企业质量控制体系进行评估和审查,符合我国规定要求的,准予注册。截至2015年,累计对肉类产品、乳制品、水产品、燕窝等产品的1.5万家境外食品生产企业进行了注册。三是对输华食品境外出口商和境内进口商实施备案,落实进出口商主体责任。截至2015年,共备案境外出口商102816家,境内进口商26065家。此外,还建立了对输华食品出具官方证书制度和进境动植物源性食品检疫审批制度,并将建立输华食品进口商对境外食品生产企业审核制度。

然而,与发达国家相比,我国对进口食品的源头监管能力还有待提升。应该借鉴欧美等发达国家的经验,进一步加强对食品输出国的食品风险分析和注册管理,尤其是重要的进口食品,问题较多的进口食品,明确要求食品出口商在向所在国家取得类似于HACCP(Hazard Analysic Critical Control Point,危害分析及关键控制点)认证等安全认证。[②] 同时由于进口食品往往具有在境外加工、生产的特征,一国的监管者很难在本国境内全程监管这些食品的加工与生产过程,因此必要时可以对外派出食品安全官,到出口地展开实地调查和抽查,督查食品生产企业按我国食品安全国家标准进行生产,这就需要与食品出口国加强合作,构建食品安全国际共治的格局则显得十分必要。

(二)强化进口食品的口岸监管

如图6-23所示,2015年我国查处不合格进口食品前十位的口岸分别是上海(688批次,24.53%)、厦门(477批次,17.01%)、深圳(386批次,13.76%)、广东(361批次,12.87%)、山东(197批次,7.02%)、福建(182批次,6.49%)、北京(154批次,5.49%)、珠海(55批次,1.96%)、广西(54批次,1.93%)、内蒙古(54批次,1.93%)、浙江(54批次,1.93%)。以上十一个口岸共检出不合格进口食品2662批次,占全部不合格进口食品批次的94.92%。可见,我国进口食品的口岸相对集中。

---

① 《质检总局召开专题新闻发布会发布“十二五”进口食品质量安全状况》,国家质检总局网站,2016-06-29[2016-07-08],http://www.aqsiq.gov.cn/zjxw/zjxw/zjftpxw/201606/t20160629_469084.htm。

② HAPPC:Hazard Analysic Critical Control Point,即“危害分析及关键控制点”,是一个国际认可的保证食品免受生物性、化学性及物理性危害的预防体系。

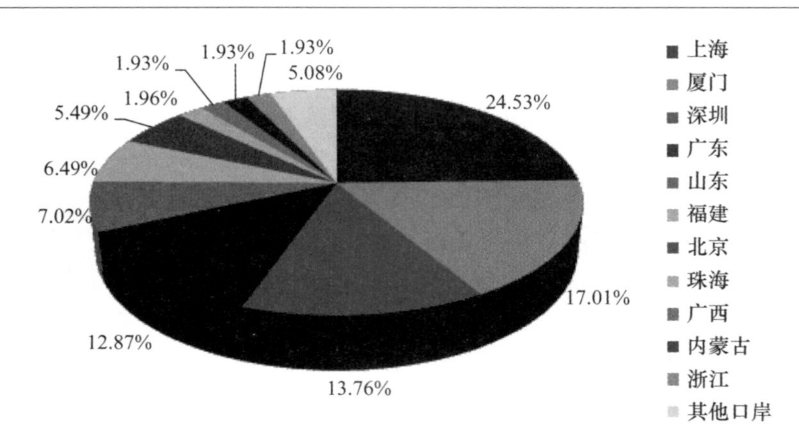

图 6-23　2015 年检测不合格进口食品的主要口岸

资料来源：国家质量监督检验检疫总局进出口食品安全局：2015 年 1—12 月进境不合格食品、化妆品信息，并由作者整理计算所得。

进口食品的口岸监督监管是指利用口岸在进出口食品贸易中的特殊地位，对来自境外的进口食品进行入市前管理，对不符合要求的食品实施拦截的监管方式。[①] 强化进口食品的口岸监管，核心的问题是根据各个口岸进口不合格食品的类别、来源的国别地区，实施有针对性的监管。虽然国家质量监督检验检疫总局在进口食品的口岸监管方面做出了很多努力，如“十二五”期间，我国共对 12828 批次不合格食品实施了退运或销毁措施，[②]但我国进口食品的口岸监管仍存在一些问题。目前，我国对不同种类的进口食品的监管采用统一的标准和方法，不同种类的进口食品均处于同一尺度的口岸监管之下，这可能并不完全符合现实要求。以酒和米面速冻制品（如：速冻水饺、小笼包等）为例，从 HAPPC 的角度而言，前者质量的关键控制点仅包括原料、加工时间和温度三个点，即只要控制好原料的质量和加工时间、温度这三个关键控制点，就能控制酒类的卫生质量。除此之外，酒类在成型后稳定性好，食品的保质期长（几年甚至长达十年以上）。而后者的质量关键控制点有面、馅的原料来源，面的发酵时间和温度，成品蒸煮的时间和温度，手工加工步骤中人员卫生因素等十几个关键控制点，控制点越多，食品质量的风险系数就越大。而且这类食品的保存要求高、保质期短、稳定性差。显然，相比酒类，米面速冻制品存在质量缺陷的可能性更大，食品安全风险更高。因此，

① 陈晓枫：《中国进出口食品卫生监督检验指南》，中国社会科学出版社 1996 年版。

② 《质检总局召开专题新闻发布会发布“十二五”进口食品质量安全状况》，国家质检总局网站，2016-06-29[2016-07-08]，http://www.aqsiq.gov.cn/zjxw/zjxw/zjftpxw/201606/t20160629_469084.htm。

要对不同的进口食品进行分类，针对不同食品的风险特征展开不同种类的重点检测。

（三）实施口岸检验与后续监管的无缝对接

在2000年我国政府机构管理体制的改革中，口岸由国家质检系统管理，市场流通领域由工商系统管理，进口食品经过口岸检验进入国内市场，相应的检测部门就由质检系统转向工商系统，前后涉及两个政府监管系统。相比于发达国家实行的“全过程管理”，我国的进口食品的分段式管理容易造成进口食品监管的前后脱节。2013年3月，我国对食品安全监管体制实施了新的改革，食品市场流通领域由食品药品监管系统负责，但口岸监管仍然属于质检系统，并没有发生改变，进口食品安全监管依然是分段式管理的格局。口岸对进口食品监管属于抽查性质，在整个进口食品的监管中具有“指示灯”的作用。然而，进口食品的质量是动态的，进入流通、消费等后续环节后仍然可能产生安全风险。因此，对进口食品流通、消费环节的后续监管是对口岸检验工作的有力补充，实施口岸检验和流通监管的无缝对接就显得十分必要。

（四）完善食品安全国家标准

为进一步保障进口食品的安全性，国家卫生计生委应协同相关部门努力健全与国际接轨，同时与我国食品安全国家标准、法律体系相匹配的进口食品安全标准，最大程度地通过技术标准、法律体系保障进口食品的安全性。(1)提高食品安全的国家标准，努力与国际标准接轨。我国食品安全标准采用国际标准和国外先进标准的比例为23%，远远低于我国国家标准44.2%采标率的总体水平[①]。我国食品安全国家标准有相当一部分都低于CAC等国际标准[②]。以铅含量为例，CAC标准中薯类、畜禽肉、鱼类、乳等食品中铅限量指标分别为0.1 mg/kg、0.1 mg/kg、0.3 mg/kg、0.02 mg/kg，而我国相应的铅限量指标分别为0.2 mg/kg、0.2 mg/kg、0.5 mg/kg、0.05 mg/kg[③]，标准水平明显低于CAC标准，在境外不合格的有些食品通过口岸流入我国就成为合格食品。(2)扩大食品安全标准的覆盖面。与CAC食品安全标准相比，我国食品安全标准涵盖的内容范围小，扩大食品安全标准的覆盖面十分迫切。(3)确保食品安全国家标准清晰明确，努力减少交叉。我

---

① 江佳、万波琴：《我国进口食品安全侵权问题研究》，《广州广播电视大学学报》2010年第3期。

② 国际食品法典委员会制定的全部食品标准构成国际食品标准体系（简称CAC食品标准体系），该标准体系标准覆盖面广、制定重点突出、制定程序具有科学性，是唯一被认可的国际食品标准体系，已成为解决国际食品贸易争端的仲裁性标准。

③ 邵懿、王君、吴永宁：《国内外食品中铅限量标准现状与趋势研究》，《食品安全质量检测学报》2014年第1期。

国现有的食品安全标准存在相互矛盾、相互交叉的问题，这往往导致标准不一的问题，虽然近年来我国食品安全国家标准在清理、整合上取得了重要进展，但仍然不适应现实要求。(4) 提高食品安全标准的制修订的速度。发达国家的食品技术标准修改的周期一般是 3—5 年，[①]而我国很多的食品标准实施已经达到 10 年甚至是 10 年以上，严重落后于食品安全的现实需求。因此，要加快食品安全标准的更新速度，使食品标准的制定和修改与食品技术发展、食品安全需求相匹配。

(五) 构建食品安全国际共治格局

在经济全球化、贸易自由化的背景下，全球食品安全问题有几个明显的变化。[②] 首先，全球食品的贸易在迅猛增长，2004—2013 年的 10 年间，全球食品的贸易额从 1.3 万亿吨增加到 3 万亿吨，增长 131%，贸易量的增加使食品安全的压力加大。其次，全球食品的供应链更加复杂多样，原料供应从本地化为主转向全球化为主，给保障食品安全增加了难度。最后，全球食品安全问题更加凸显，随着转基因等科学技术的发展以及电子商务新型业态的出现，食品安全面临的新挑战越来越多。因此，食品安全问题是全世界共同面临的难题，加强各国(地区)之间的合作，构建食品安全国际共治格局，是未来食品安全治理的趋势。

食品安全国际共治要求世界各个国家和地区在互信的基础上共商、共建、共享，各国政府、企业、国际组织要搭建食品安全合作的平台，构建共同的食品安全预警与保障体系，一起保卫舌尖上的安全。目前，我国已在食品安全国际共治方面做出了努力。国家质量监督检验检疫总局发布的《“十二五”进口食品质量安全状况(白皮书)》显示，[③]我国为食品安全国际共治做了很大的贡献。一是加强与国际组织的合作。自 2005 年起，质检总局主持 APEC 食品安全合作论坛，积极参与 WTO、CAC、OIE、IPPC 等国际组织活动，引领食品安全国际规则的话语权，推动食品安全多边合作，共同遵守好国际规则。二是加强政府之间的合作。“十二五”期间，质检总局与全球主要贸易伙伴共签署了 99 个食品安全合作协议，积极推进并妥善解决一系列输华食品检验检疫问题，从根本上保障进口食品安全，形成进出口方相互协作、各负其责的共治格局。三是加强政企之间的合作。大力支持“走出去”发展战略，优化“走出去”战略相关产品准入程序，简化启动检验检疫准入工作条件，推动解决我国“走出去”企业农产品返销难题，做好食品企业的服务

① 江佳：《我国进口食品安全监管法律制度完善研究》，西北大学硕士学位论文，2011 年。

② 支树平：《食品安全习主席要求四个严》，中国食品科技网，2014-03-28[2015-06-12]，http://www.tech-food.com/news/2015-3-28/n1190985.htm。

③ 《质检总局召开专题新闻发布会发布“十二五”进口食品质量安全状况》，国家质检总局网站，2016-06-29[2016-07-08]，http://www.aqsiq.gov.cn/zjxw/zjxw/zjftpxw/201606/t20160629_469084.htm。

者，让更多优秀的企业走出去，更多优质的食品输进来，促进全球食品贸易发展。今后，我国应继续推动与国际组织、政府、企业之间的食品安全多边合作，构建食品安全国际共治的格局。

从长远来分析，我国对进口食品的需求将进一步上扬，进口食品质量安全面临的格局将日趋复杂化，增强进口食品的安全性，根本的路径就在于建立健全具有中国特色的进口食品的安全监管体系，这是一个较为漫长的发展与改革过程。

第七章　2015年主流网络媒体报道的中国发生的食品安全事件研究

未来是历史的延伸与发展。研究业已发生的食品安全事件对未来食品安全风险防范具有重要的价值。本章延续《中国食品安全发展报告2015》的相关研究，进一步分析2015年间我国发生的食品安全事件，并重点与2014年发生的食品安全事件的状况展开比较分析。

一、2015年发生的食品安全事件的分布状况

本章继续采用江南大学江苏省食品安全研究基地自主研发的食品安全事件大数据监测平台Data Base V1.0版本（主流网络媒体等所涉及的相关概念等可以参阅《中国食品安全发展报告2015》），对2015年主流网络媒体报道的我国发生的食品安全事件进行数据抓取并建立数据库，最终由大数据挖掘工具自动筛选确定具备明确的发生时间、清楚的发生地点、清晰的事件过程等"三个要素"的食品安全事件（以下简称事件），并以省、自治区、直辖市作为统计的基本单元进行省区分类统计。需要说明的是，对于同时发生在两个或两个以上省区的事件，每个省区发生的事件计为一次。

（一）事件数量

如图7-1和表7-1所示，基于上述统计口径，2015年间全国（不包括港澳台地区，下同）发生了26231起事件，平均每天发生约71.9起事件，相比于2014年发生的25006起食品安全事件，呈小幅上升。

（二）主要环节分布

食品供应链体系可以分为生产源头、加工与制造、运输与流通、销售与消费等主要环节。采用大数据挖掘工具可计算获得，2015年在供应链主要环节发生的食品安全事件的数量分布。表7-1显示，2015年发生的食品安全事件主要集中于加工与制造环节，约占总量比例的67.19%，其次分别是销售与消费、生产源头、运输与流通环节，事件发生量分别占总量比例的20.84%、6.97%、5.00%。

其中，销售与消费环节以餐饮消费的事件最多，占事件总量比例的10.75%。在生产源头环节中，发生在养殖环节的食品安全事件数量大于种植环节，说明我

国畜牧业产品的生产源头问题值得重视。在运输与流通环节中，运输过程发生的食品安全事件数量大于仓储环节的发生数，主要反映出食品运输过程中冷链技术缺失且物流系统的管理水平有待提升。

与2014年相比较，2015年各环节发生的食品安全事件占比基本平稳，上浮或下降的比例较小，波动最大的为餐饮消费环节，上浮0.77个百分点，其余各环节占比波动均小于0.5。这说明近年来我国发生的食品安全事件在各环节的分布具有较为稳定的惯性。

表7-1　2015年食品安全事件在主要环节的分布与占比

环节	关键词	2015年		2014年	2015年较2014年升/降(%)
		频数(起)	占比(%)	占比(%)	
原料环节	种植	926	2.92	3.09	↓ 0.17
	养殖	1283	4.05	3.92	↑ 0.13
加工环节	生产	10864	34.28	34.22	↑ 0.05
	加工	5632	17.77	18.02	↓ 0.25
	包装	4798	15.14	15.57	↓ 0.43
流通环节	仓储	273	0.86	0.70	↑ 0.16
	运输	1313	4.14	4.07	↑ 0.07
销售	批发	2183	6.89	7.00	↓ 0.11
	零售	1015	3.20	3.42	↓ 0.22
	餐饮	3406	10.75	9.98	↑ 0.77
	总计	31694	100	100	
食品安全事件总量		26231			

注：因同一食品安全事件可以发生在多个环节，故频数总和大于食品安全事件发生数量。

(三)风险因子分布

食品安全事件中风险因子主要包括微生物种类或数量指标不合格、农兽药残留与重金属超标、物理性异物等具有自然特征的食品安全风险因子，以及违规使用(含非法或超量使用)食品添加剂、非法添加违禁物、生产经营假冒伪劣食品等具有人为特征的食品安全风险因子。在2015年发生的食品安全事件中，由于违规使用食品添加剂、生产或经营假冒伪劣产品、使用过期原料或出售过期产品等人为特征因素造成的食品安全事件占事件总数的比例为51.16%。相对而言，自然特征的食品安全风险因子导致的食品安全事件相对较少，占事件总数的比例为48.84%。图7-1显示，在人为特征的食品安全风险因子中违规使用添加剂导致的食品安全事件数量较多，占到事件总数的19.08%，其他依次为造假或欺诈(16.17%)、使用过期原料或出售过期食品(6.62%)、无证无照生产或经营食品

(5.15%)、非法添加违禁物(4.15%)等。在自然特征的食品安全风险因子中,农药兽药残留超标产生的食品安全事件最多,占到事件总数的 15.68%,其余依次为微生物种类或数量指标不合格(14.15%)、重金属超标(14.14%)、物理性异物(4.86%)等。由此可见,在 2015 年我国发生的食品安全事件,虽然也有技术不足、环境污染等方面的原因,但更多的是生产经营主体不当行为、不执行或不严格执行已有的食品技术规范与标准体系等人源性因素造成的。人源性风险占主体的这一基本特征将在未来一个很长历史时期继续存在,难以在短时期内发生根本性改变,由此决定了我国食品安全风险防控的长期性与艰巨性。

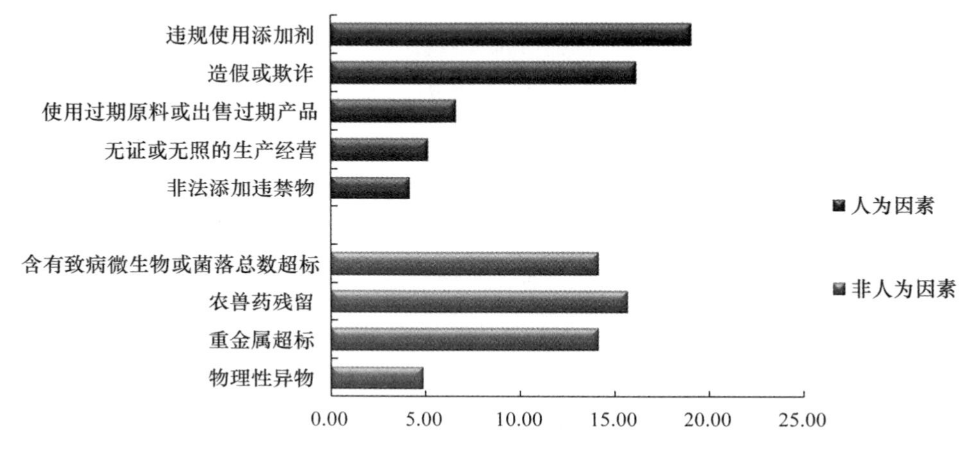

图 7-1 2015 年发生的食品安全事件的风险因子分布与占比 (单位:%)

二、2015 年发生的食品安全事件中涉及的食品种类与数量

依据《中国食品安全发展报告 2015》确定的食品种类的分类方法,通过大数据挖掘与数据清洗,可以进一步分析在 2015 年不同类别的食品所发生的食品安全事件数量。

(一) 主要食品种类涉及的事件数量

从食品种类视角,分析在 2015 年主要发生的事件数量所涉及的主要食品(图 7-2)。事件发生的数量排名前五位的食品种类(该类食品安全事件数量,该类食品安全事件数量占所有食品安全事件数量的百分比)分别为肉与肉制品(2600 起,9.91%)、酒类(2272 起,8.66%)、水产与水产制品(2143 起,8.17%)、蔬菜与蔬菜制品(2035 起,7.76%)、水果与水果制品(1878 起,7.16%);排名最后五位的食品种类分别为蛋与蛋制品(45 起,0.17%)、可可及焙烤咖啡产品(166 起,0.63%)、罐头(187 起,0.71%)、食糖(193 起,0.74%)、冷冻饮品(199 起,0.76%)。

与 2014 年相比较,2015 年发生的事件中涉及的食品种类增长(或降低)的百

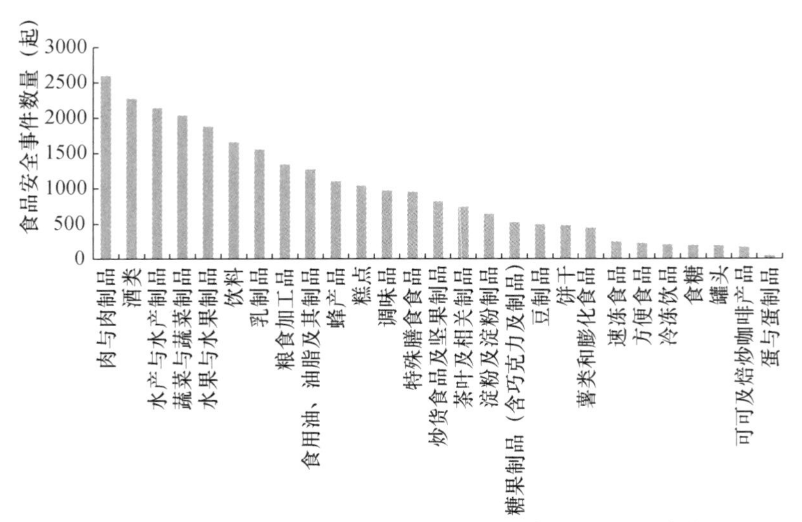

图 7-2　2015 年发生的食品安全事件所涉及的食品种类　（单位：起）

分比如图 7-3 所示，其中增长最多的为薯类和膨化食品，增长 54.90%；其次为炒货食品及坚果制品，增长 54.26%；降低最多的为可可及焙炒咖啡产品，下降 35.91%；其次为豆制品，下降 22.61%。

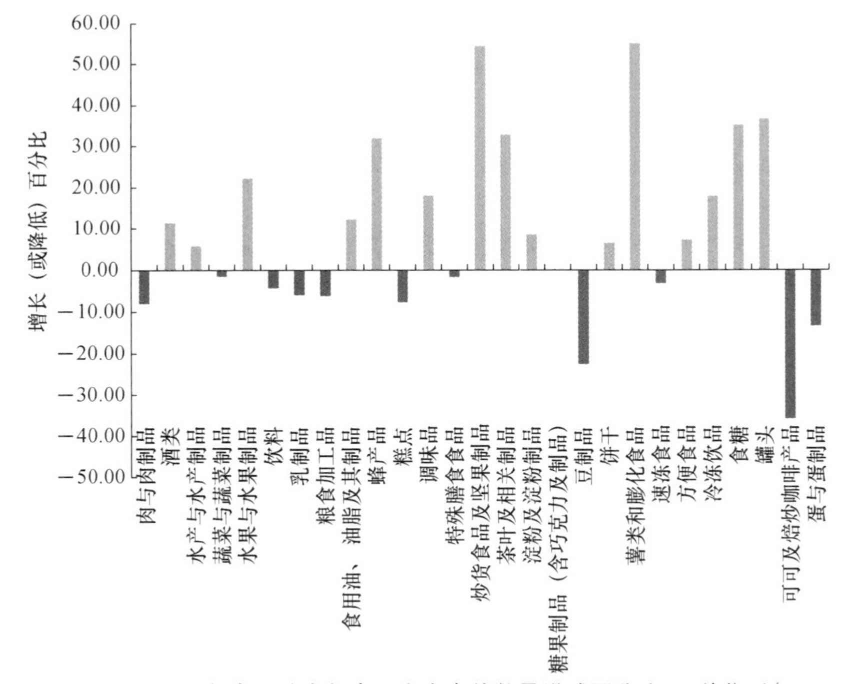

图 7-3　2015 年食品种类与食品安全事件数量增减百分比　（单位：%）

（二）各月度不同食品种类涉及的食品安全事件

基于大数据挖掘工具，按照食品质量安全市场准入制度的食品分类表中食品种类的顺序，分析 2015 年各月度各主要食品所涉及的食品安全事件数量分布。

1. 粮食加工品

2014 年和 2015 年各月度此类别涉及的食品安全事件数量分布见图 7-4 所示。

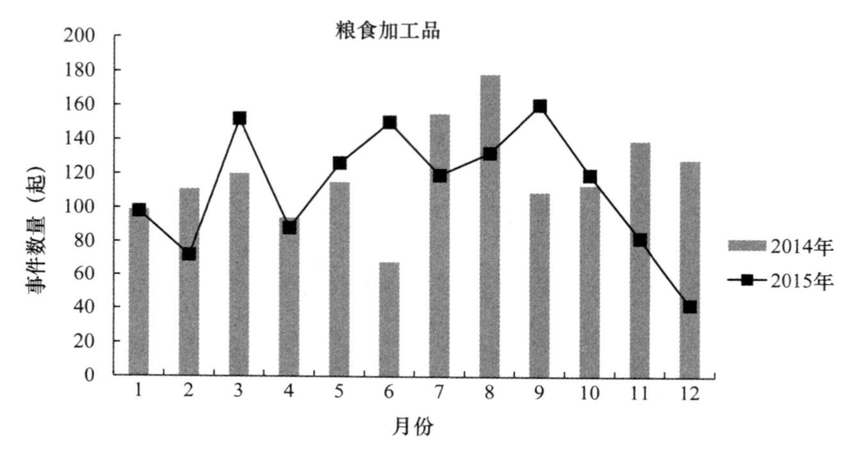

图 7-4 2014 年和 2015 年各月度涉及粮食加工品的事件数量

2015 年粮食加工品发生事件数量最多的月份为 9 月，达到 160 起；发生数量最少的月份为 12 月，达到 42 起。而 8 月为 2014 年和 2015 年的粮食加工品涉及食品安全事件数量均相对较多的月份。

2. 特殊膳食食品

2014 年和 2015 年各月度此类别涉及的食品安全事件数量分布见图 7-5 所示，2015 年特殊膳食食品发生事件数量最多的月份为 5 月，达到 149 起；发生事件数量最少的月份为 12 月，达到 31 起。而 5 月为 2014 年和 2015 年该类别涉及食品安全事件数量均相对较多的月份。

3. 蜂产品

2014 年和 2015 年各月度此类别发生的食品安全事件数量见图 7-6 所示。2015 年蜂产品涉及的食品安全事件发生数量最多的月份为 9 月，达到 197 起；涉及事件发生数量最少的月份为 12 月，达到 34 起。而 9 月为 2014 年和 2015 年涉及该类别食品安全事件数量均相对较多的月份。

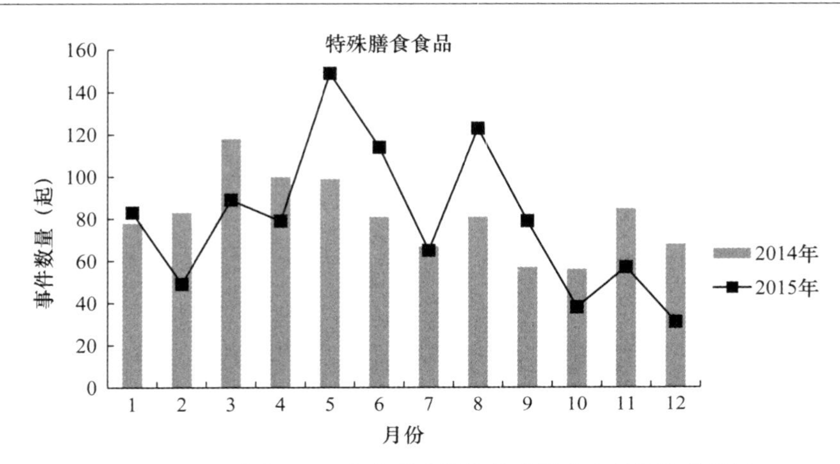

图7-5　2014年和2015年各月度涉及特殊膳食食品的事件数量

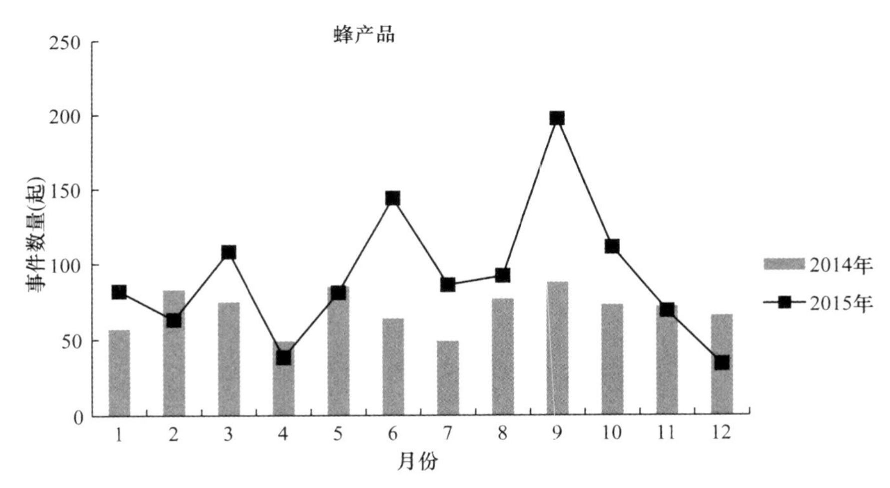

图7-6　2014年和2015年各月度涉及蜂产品的事件数量

4. 豆制品

2014年和2015年各月度此类别发生的食品安全事件数量见图7-7所示。

2015年豆制品涉及食品安全事件数量最多的月份为6月，达到85起；涉及事件数量最少的月份为12月，达到23起。而7月为2014年和2015年豆制品涉及食品安全事件数量均相对较多的月份。

5. 糕点

2014年和2015年各月度此类别发生的食品安全事件数量见图7-8所示。

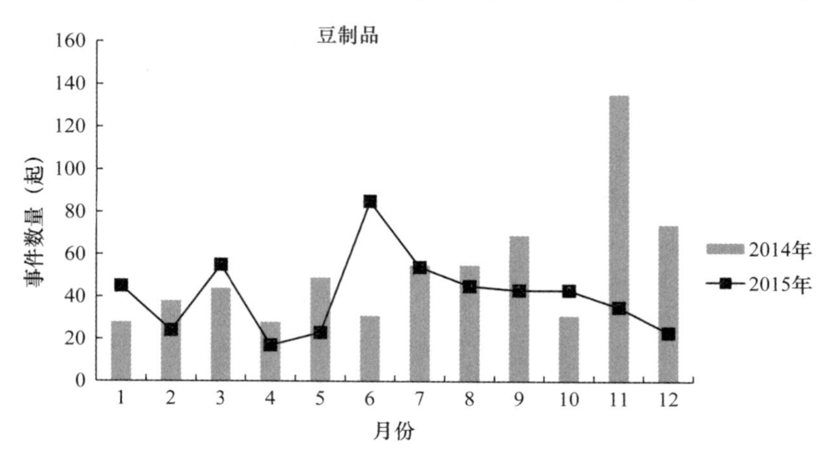

图 7-7 2014 年和 2015 年各月度涉及豆制品的事件数量

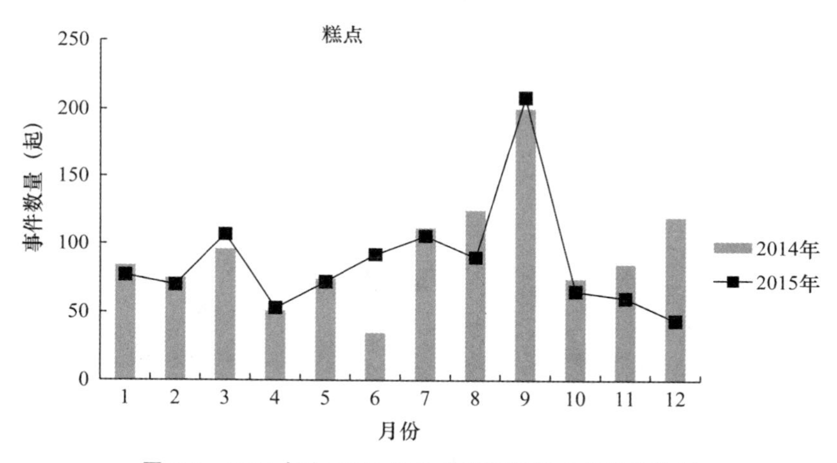

图 7-8 2014 年和 2015 年各月度涉及糕点的事件数量

2015 年糕点涉及的食品安全事件数量最多的月份为 9 月，达到 208 起；涉及事件数量最少的月份为 12 月，达到 44 起。而 9 月为 2014 年和 2015 年糕点涉及食品安全事件数量均相对较多的月份。

6. 淀粉及淀粉制品

2014 年和 2015 年各月度此类别发生的食品安全事件数量见图 7-9 所示。

2015 年淀粉及淀粉制品涉及食品安全事件数量最多的月份为 6 月，达到 94 起；涉及事件数量最少的月份为 2 月，达到 28 起。而 7 月为 2014 年和 2015 年该类别涉及食品安全事件数量均相对较多的月份。

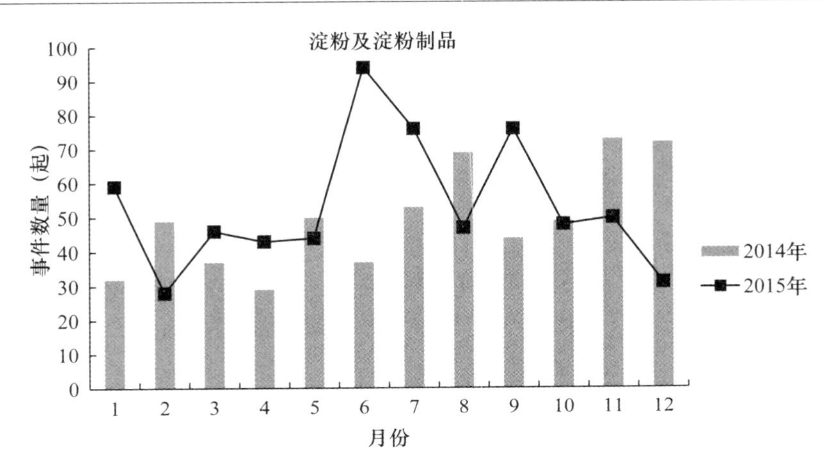

图7-9 2014年和2015年各月度涉及淀粉及淀粉制品的事件数量

7. 水产与水产制品

2014年和2015年各月度此类别发生的食品安全事件数量见图7-10所示。

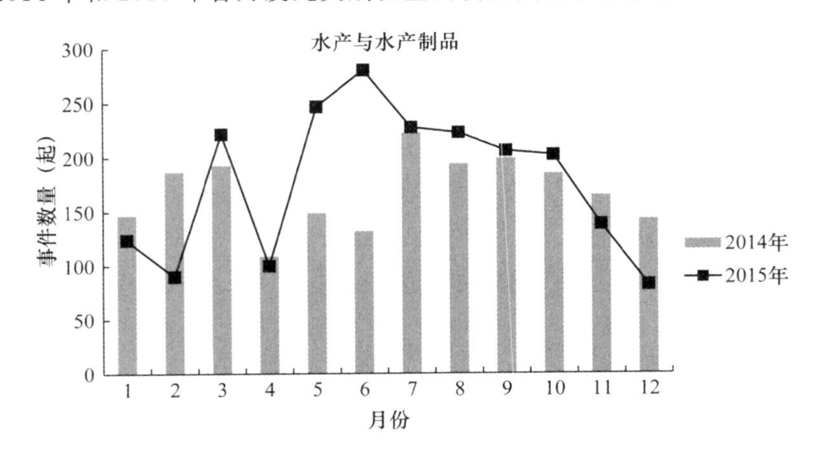

图7-10 2014年和2015年各月度涉及水产与水产制品的事件数量

2015年水产与水产制品涉及食品安全事件数量最多的月份为6月，达到280起；涉及事件数量最少的月份为12月，达到82起。而7月为2014年和2015年该类别涉及食品安全事件数量均相对较多的月份。

8. 饼干

2014年和2015年各月度此类别发生的食品安全事件数量见图7-11所示。2015年饼干涉及的食品安全事件数量最多的月份为8月，达到59起；涉及事件数量最少的月份为12月，达到19起。而10月为2014年和2015年饼干涉及食品安全事件数量均相对较多的月份。

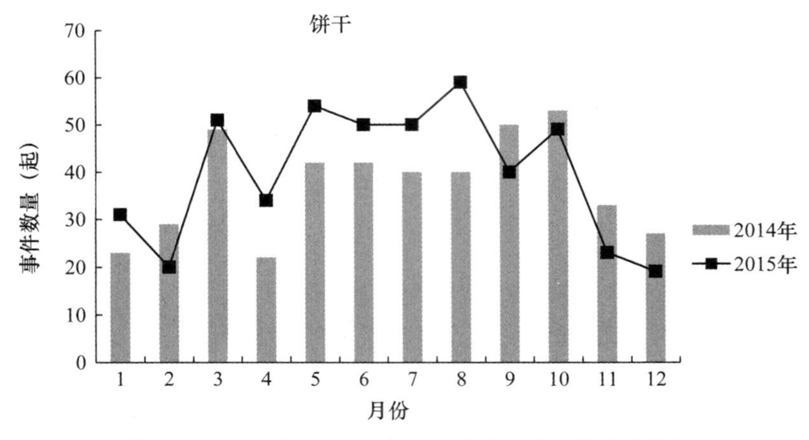

图 7-11 2014 年和 2015 年各月度涉及饼干的事件数量

9. 食用油、油脂及其制品

2014 年和 2015 年各月度此类别发生的食品安全事件数量见图 7-12 所示。2015 年食用油、油脂及其制品涉及食品安全事件数量最多的月份为 6 月，达到 170 起；涉及事件数量最少的月份为 12 月，达到 53 起。而 9 月为 2014 年和 2015 年该类别涉及食品安全事件数量均相对较多的月份。

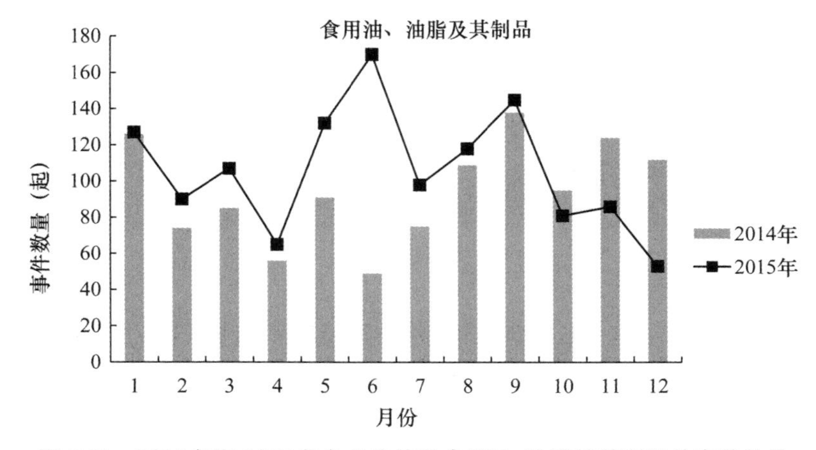

图 7-12 2014 年和 2015 年各月度涉及食用油、油脂及其制品的事件数量

10. 食糖

2014 年和 2015 年各月度此类别发生的食品安全事件数量见图 7-13 所示。2015 年食糖涉及食品安全事件数量最多的月份为 9 月，达到 74 起；涉及事件数量最少的月份为 8 月，达到 4 起。而 9 月为 2014 年和 2015 年食糖涉及食品安全事件数量均相对较多的月份。

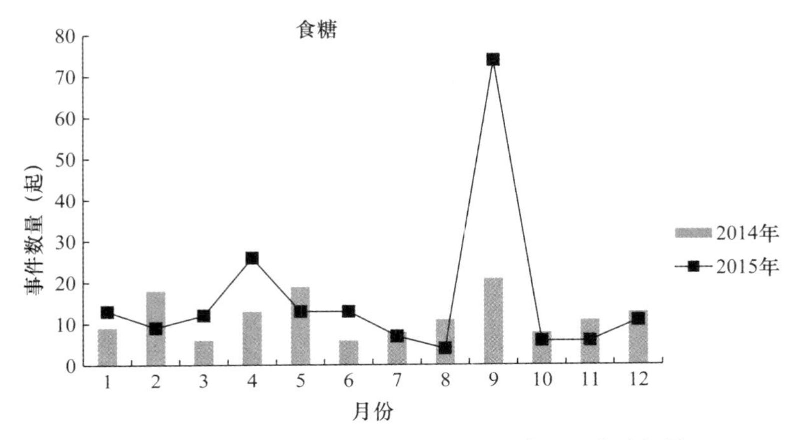

图7-13 2014年和2015年各月度涉及食糖的事件数量

11. 可可及焙炒咖啡产品

2014年和2015年各月度此类别发生的食品安全事件数量见图7-14所示。

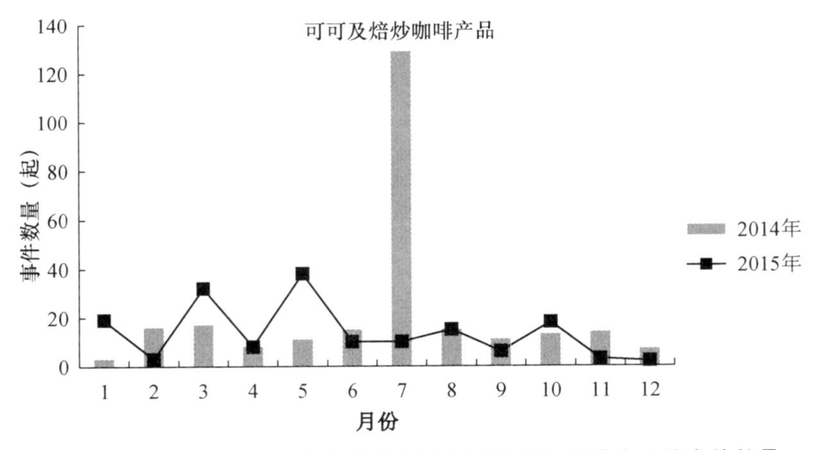

图7-14 2014年和2015年各月度涉及可可及焙炒咖啡产品的事件数量

2015年可可及焙炒咖啡制品涉及事件数量最多的月份为5月，达到38起；涉及事件数量最少的月份为12月，达到2起。而3月为2014年和2015年该类别涉及食品安全事件数量均相对较多的月份。

12. 调味品

2014年和2015年各月度此类别涉及食品安全事件数量见图7-15所示。2015年调味品涉及食品安全事件数量最多的月份为6月，达到155起；涉及事件数量最少的月份为12月，达到32起。而9月为2014年和2015年调味品涉及的食品安全事件数量均相对较多的月份。

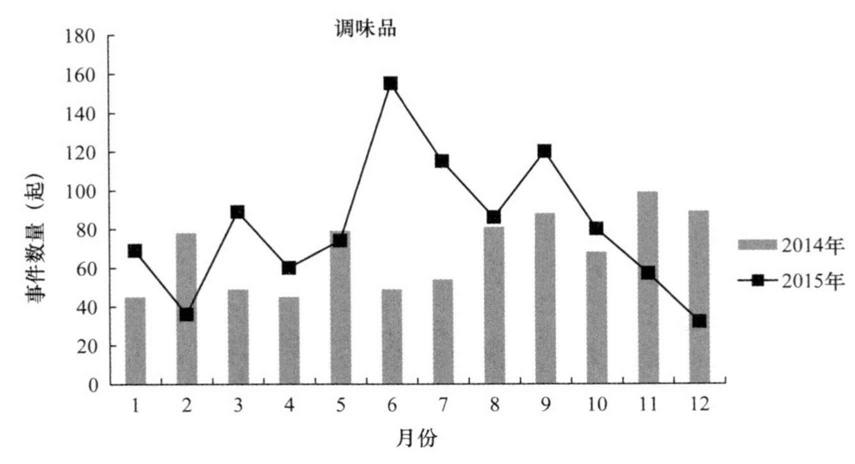

图 7-15　2014 年和 2015 年各月度涉及调味品的事件数量

13. 蛋与蛋制品

2014 年和 2015 年各月度此类别涉及的食品安全事件数量见图 7-16 所示。2015 年蛋与蛋制品涉及食品安全事件数量最多的月份为 6 月，达到 7 起；涉及事件数量最少的月份为 4 月，达到 1 起。而 2 月为 2014 年和 2015 年该类别涉及食品安全事件数量均相对较多的月份。

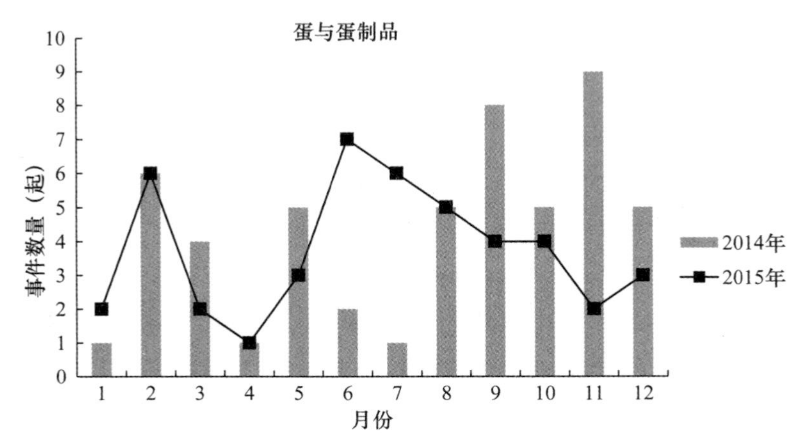

图 7-16　2014 年和 2015 年各月度涉及蛋与蛋制品的事件数量

14. 炒货食品及坚果制品

2014 年和 2015 年各月度此类别涉及的食品安全事件数量见图 7-17 所示。2015 年炒货食品及坚果制品涉及食品安全事件数量最多的月份为 9 月，达到 147

起;涉及事件数量最少的月份为12月,达到37起。而9月为2014年和2015年该类别涉及的食品安全事件数量均相对较多的月份。

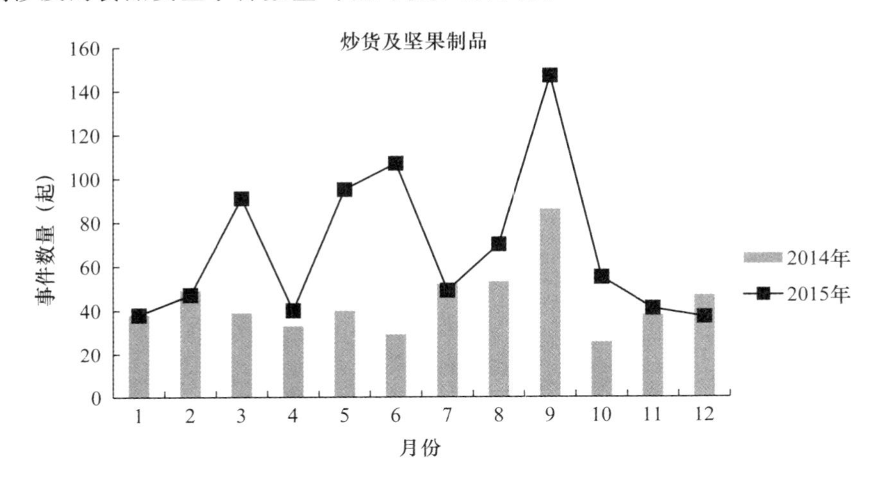

图7-17　2014年和2015年各月度涉及炒货食品及坚果制品的事件数量

15. 水果与水果制品

2014年和2015年各月度此类别涉及的食品安全事件数量见图7-18所示。2015年水果与水果制品涉及食品安全事件数量最多的月份为9月,达到254起;涉及事件数量最少的月份为2月,达到84起。而9月为2014年和2015年水果与水果制品涉及的食品安全事件数量均相对较多的月份。

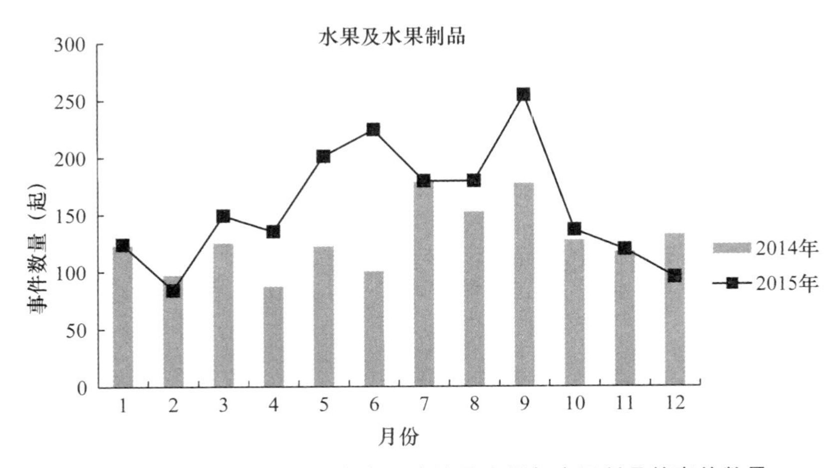

图7-18　2014年和2015年各月度涉及水果与水果制品的事件数量

16. 肉与肉制品

2014 年和 2015 年各月度此类别涉及的食品安全事件数量见图 7-19 所示。

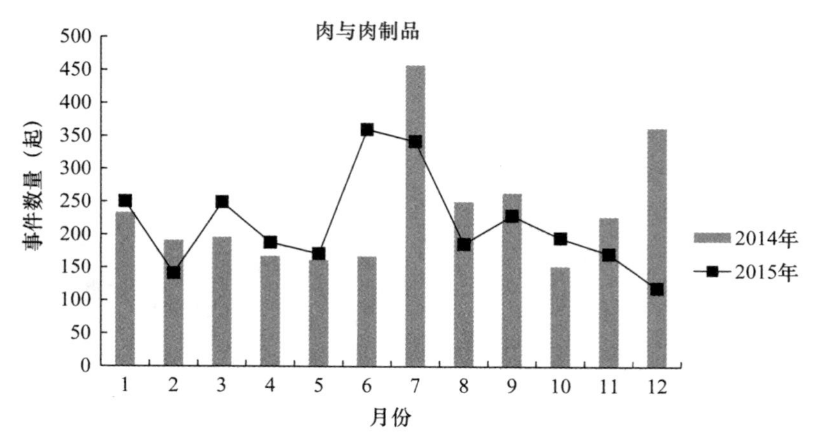

图 7-19　2014 年和 2015 年各月度涉及肉与肉制品的事件数量

2015 年肉与肉制品涉及的食品安全事件数量最多的月份为 6 月，达到 360 起；涉及事件数量最少的月份为 12 月，达到 119 起。而 7 月为 2014 年和 2015 年肉与肉制品涉及的食品安全事件数量均相对较多的月份。

17. 蔬菜与蔬菜制品

2014 年和 2015 年各月度此类别涉及的食品安全事件数量见图 7-20 所示。2015 年蔬菜与蔬菜制品发生数量最多的月份为 6 月，达到 239 起；发生数量最少的月份为 12 月，达到 98 起。而 7 月为 2014 年和 2015 年安全事件数量均相对较多的月份。

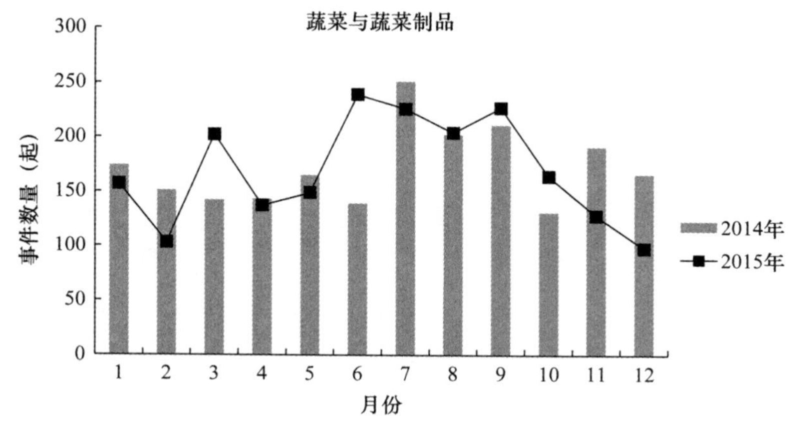

图 7-20　2014 年和 2015 年各月度涉及蔬菜与蔬菜制品的事件数量

18. 乳制品

2014年和2015年各月度此类别涉及的食品安全事件数量见图7-21所示。2015年乳制品涉及食品安全事件数量最多的月份为5月，达到202起；涉及事件数量最少的月份为12月，达到62起。而5月为2014年和2015年发生乳制品安全事件数量均相对较多的月份。

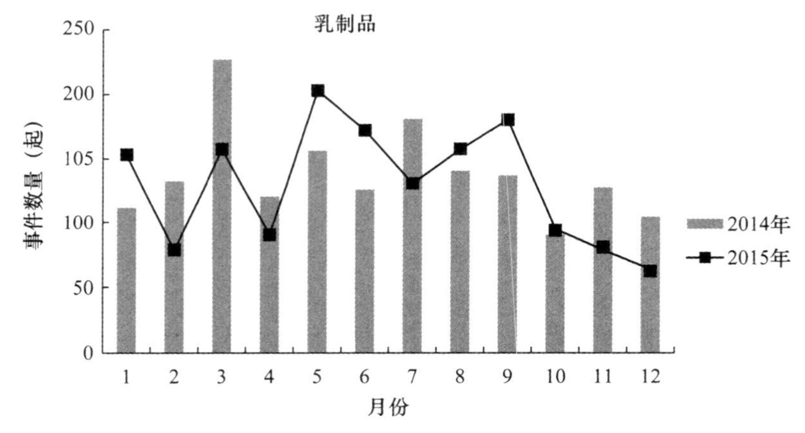

图7-21　2014年和2015年各月度涉及蛋与蛋制品的事件数量

19. 饮料

2014年和2015年各月度此类别涉及的食品安全事件数量见图7-22所示。2015年饮料涉及的食品安全事件数量最多的月份为9月，达到207起；涉及事件数量最少的月份为12月，达到66起。而8月为2014年和2015年发生饮料食品安全事件数量均相对较多的月份。

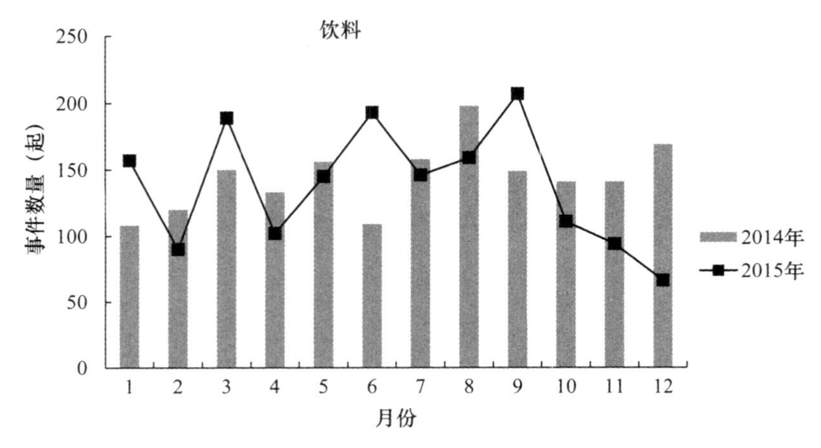

图7-22　2014年和2015年各月度涉及饮料的事件数量

20. 方便食品

2014 年和 2015 年各月度此类别涉及的食品安全事件数量见图 7-23 所示。2015 年方便食品涉及食品安全事件数量最多的月份为 8 月，达到 35 起；涉及事件数量最少的月份为 4 月，达到 7 起。而 5 月为 2014 年和 2015 年发生方便食品安全事件数量均相对较多的月份。

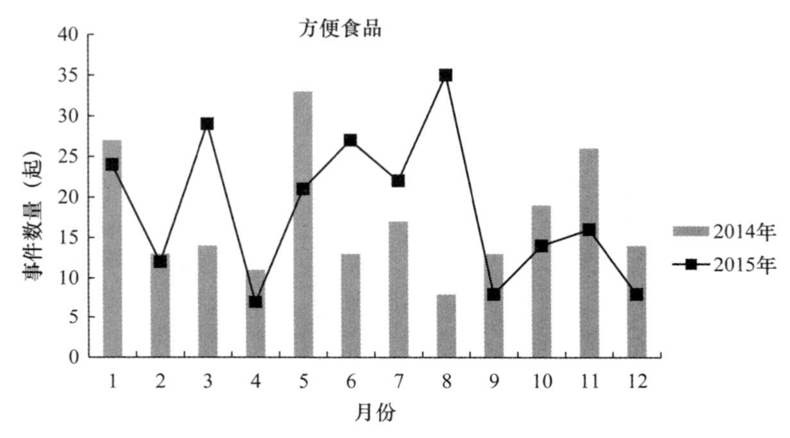

图 7-23　2014 年和 2015 年各月度涉及方便食品的事件数量

21. 罐头食品

2014 年和 2015 年各月度此类别涉及的食品安全事件数量见图 7-24 所示。

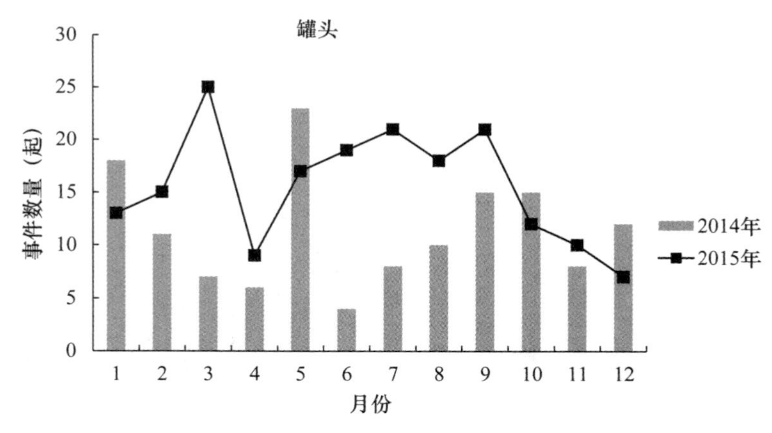

图 7-24　2014 年和 2015 年各月度涉及罐头食品的事件数量

2015 年罐头食品涉及食品安全事件数量最多的月份为 3 月，达到 25 起；涉及事件数量最少的月份为 12 月，达到 7 起。而 5 月为 2014 年和 2015 年罐头食品涉及的食品安全事件数量均相对较多的月份。

22. 冷冻饮品

2014 年和 2015 年各月度此类别涉及的食品安全事件数量见图 7-25 所示。2015 年冷冻饮品涉及的食品安全事件数量最多的月份为 9 月，达到 46 起；涉及事件数量最少的月份为 2 月，达到 4 起。而 7 月为 2014 年和 2015 年冷冻饮品涉及的食品安全事件数量均相对较多的月份。

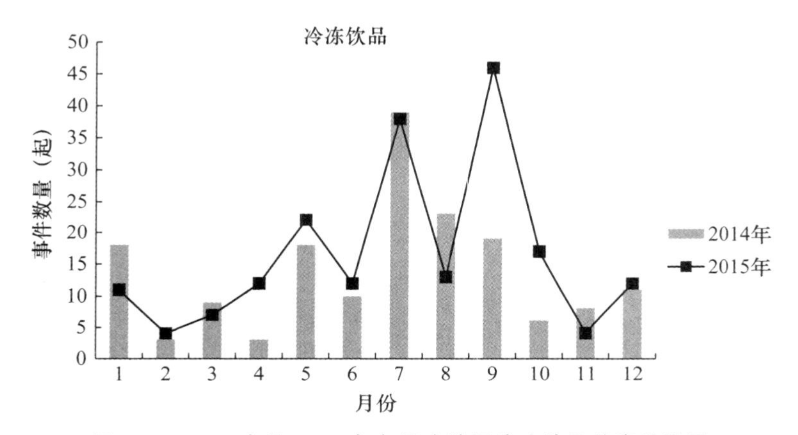

图 7-25　2014 年和 2015 年各月度涉及冷冻饮品的事件数量

23. 速冻食品

2014 年和 2015 年各月度此类别涉及的食品安全事件数量见图 7-26 所示。2015 年速冻食品涉及的食品安全事件数量最多的月份为 3 月，达到 34 起；涉及事件数量最少的月份为 4 月，达到 8 起。而 9 月为 2014 年和 2015 年速冻食品涉及的食品安全事件数量均相对较多的月份。

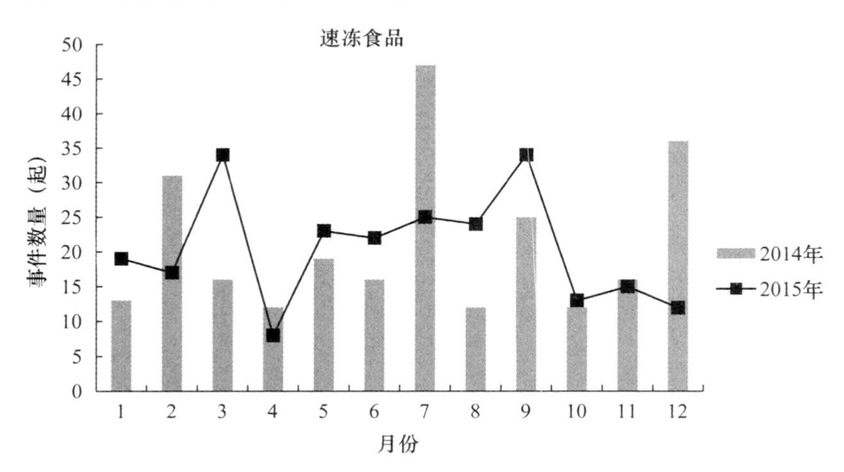

图 7-26　2014 年和 2015 年各月度涉及速冻食品的事件数量

24. 薯类和膨化食品

2014 年和 2015 年各月度此类别涉及的食品安全事件数量见图 7-27 所示。2015 年薯类和膨化食品涉及的食品安全事件数量最多的月份为 10 月，达到 59 起；涉及事件数量最少的月份为 2 月，达到 10 起。而 7 月为 2014 年和 2015 年该类别涉及的食品安全事件数量均相对较多的月份。

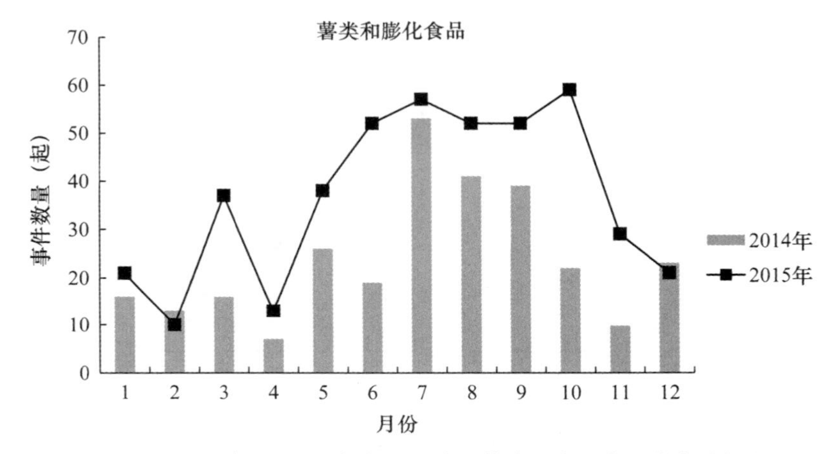

图 7-27　2014 年和 2015 年各月度涉及薯类和膨化食品的事件数量

25. 酒类

2014 年和 2015 年各月度此类别涉及的食品安全事件数量见图 7-28 所示。2015 年酒类涉及食品安全事件数量最多的月份为 6 月，达到 247 起；涉及事件数量最少的月份为 12 月，达到 91 起。而 9 月为 2014 年和 2015 年酒类涉及的食品安全事件数量均相对较多的月份。

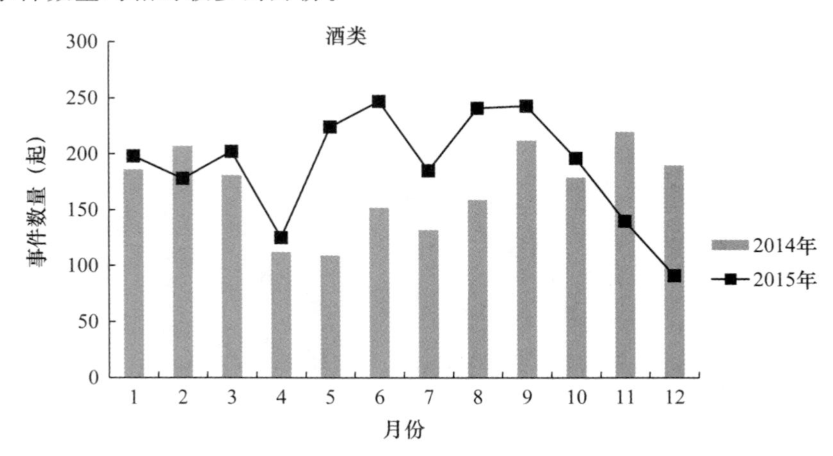

图 7-28　2014 年和 2015 年各月度涉及酒类食品的事件数量

26. 糖果制品(含巧克力及制品)

2014年和2015年此类别各月度涉及的食品安全事件数量见图7-29所示。2015年糖果制品涉及食品安全事件数量最多的月份为3月,达到87起;涉及事件数量最少的月份为12月,达到17起。而3月为2014年和2015年该类别涉及的食品安全事件数量均相对较多的月份。

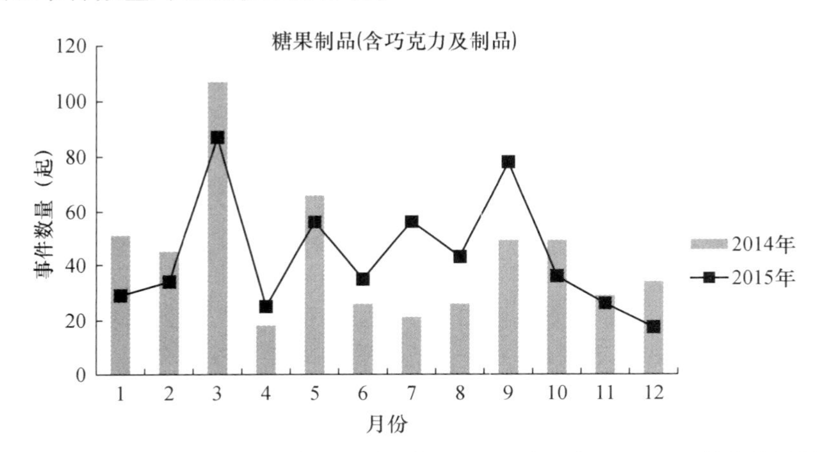

图7-29 2014年和2015年各月度涉及糖果制品(含巧克力及制品)的事件数量

27. 茶叶及相关制品

2014年和2015年各月度此类别涉及的食品安全事件数量分布见图7-30所示。2015年茶叶及相关制品涉及食品安全事件数量最多的月份为6月,达到101起;涉及事件数量最少的月份为2月,达到28起。而9月为2014年和2015年该类别涉及的食品安全事件数量均相对较多的月份。

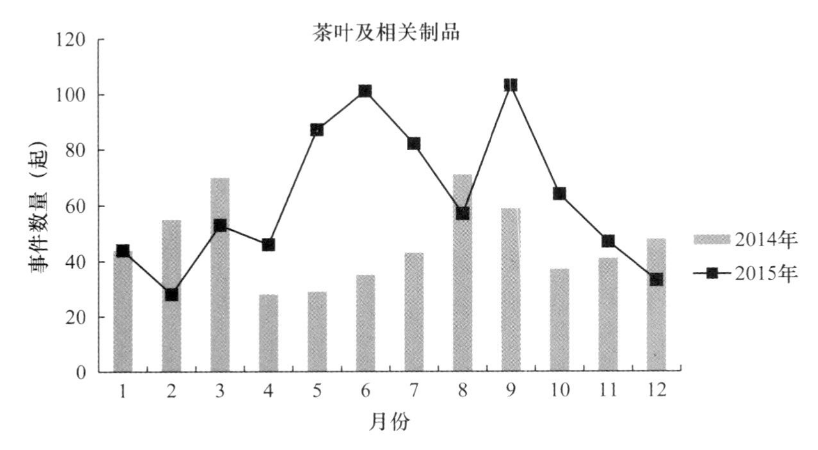

图7-30 2014年和2015年各月度涉及茶叶及相关制品的事件数量

三、2015年发生的食品安全事件的空间分布与事件特点

利用大数据挖掘工具所收集的数据，本章节继续对2015年我国内地发生的食品安全事件在各省（自治区、直辖市）的空间分布与事件特点等展开分析。

（一）总体的空间分布

2015年，我国内地31个省（自治区、直辖市）均不同程度地发生了食品安全事件（图7-31）。图7-31显示，事件发生数量排名前五位的区域分别为北京（3094起，11.80%）、[①]山东（2418起，9.22%）、广东（2155起，8.22%）、上海（1589起，6.06%）、浙江（1126起，4.29%）；排名最后五位的省区分别为贵州（395起，1.51%）、新疆（246起，0.94%）、宁夏（201起，0.77%）、青海（151起，0.58%）、西藏（62起，0.24%）。北京、山东、广东、上海、浙江等经济发达地区发生的食品安全事件数量远远高于经济欠发达的区域，这与2005—2014年间食品安全事件发生的状况完全一致。主要的原因可能是，发达地区的食品安全信息公开状况相对较好，也为国内主流媒体所关注，媒体报道的食品安全事件更多。

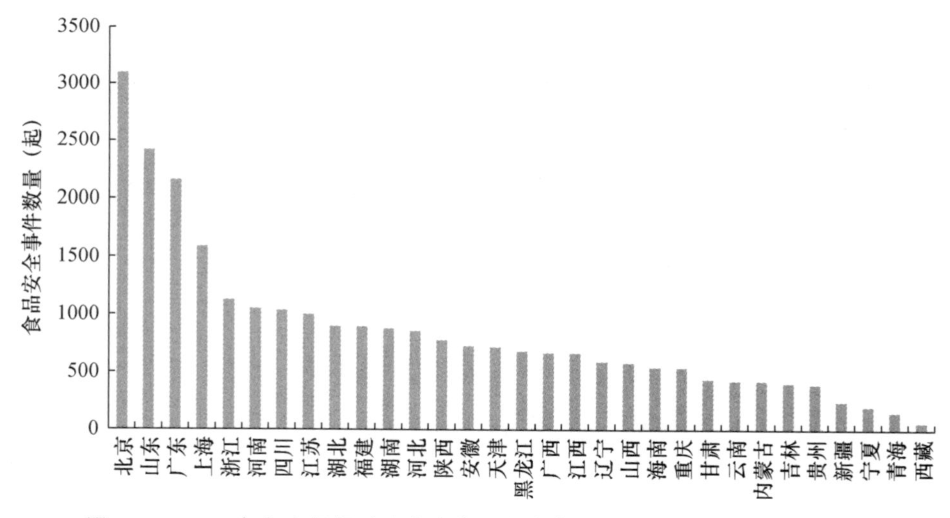

图7-31 2015年各省级行政区发生食品安全事件数量的分布图 （单位：起）

（二）各省区食品安全事件发生数量与主要特点

按照2015年各省区发生的食品安全事件数量由高到低的顺序进行分析如下。

① 括号中的数据分别为发生在该省区食品安全事件数量与占全国事件总量的比例（下同）。

1. 北京

与2014年相比较，2015年北京市发生的食品安全事件中的食品种类分布如图7-32所示。根据所发生的食品安全事件的数量计算其在同一省份内的占比，2015年北京市发生比例最高的前5位的食品类别及其占比（括号中数字为占比）分别为肉与肉制品（8.37%）、蔬菜与蔬菜制品（8.08%）、酒类（7.92%）、水产与水产制品（7.85%）、水果与水果制品（7.82%）。

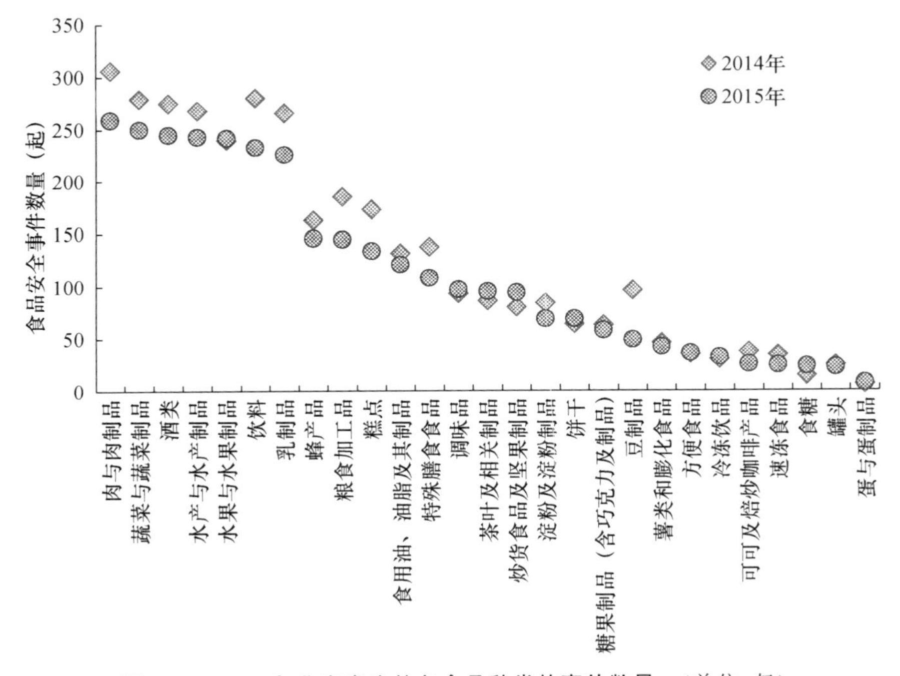

图7-32　2015年北京发生的各食品种类的事件数量（单位：起）

2. 山东

与2014年相比较，2015年山东省发生的食品安全事件中的食品种类分布如图7-33所示。根据所发生的食品安全事件的数量计算其在同一省份内的占比，2015年山东省发生比例最高的前5位的食品类别及其占比（括号中数字为占比）分别为肉与肉制品（9.93%）、蔬菜与蔬菜制品（9.68%）、酒类（9.55%）、水果与水果制品（8.27%）、水产与水产制品（7.90%）。

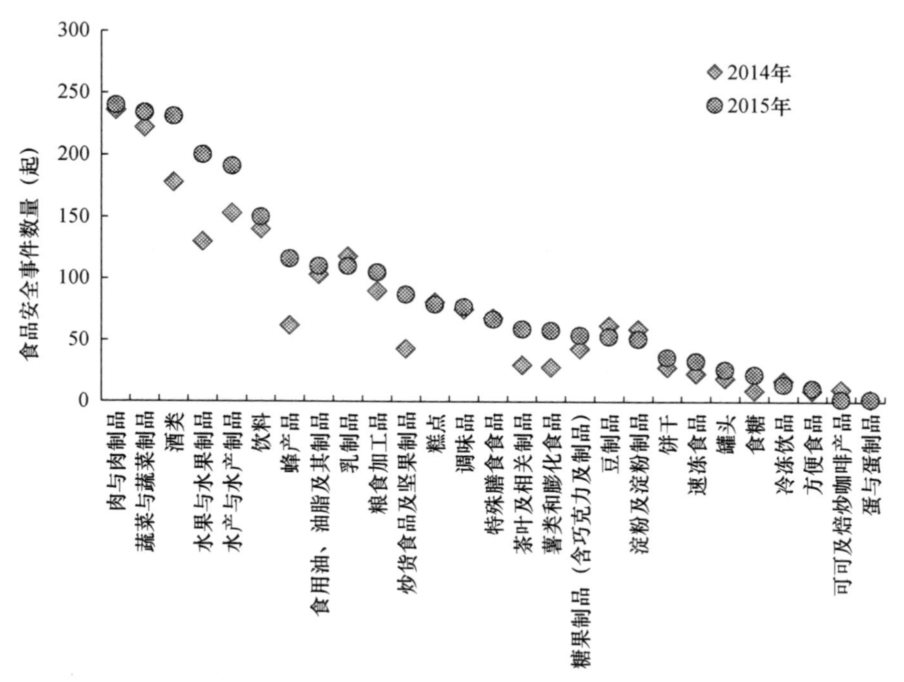

图 7-33 2015 年山东发生的各食品种类的事件数量 （单位：起）

3. 广东

与 2014 年相比较，2015 年广东省发生的食品安全事件中的食品种类分布如图 7-34 所示。根据所发生的食品安全事件的数量计算其在同一省份内的占比，2015 年广东省发生比例最高的前 5 位的食品类别及其占比（括号中数字为占比）分别为水产与水产制品（9.28%）、肉与肉制品（9.10%）、酒类（8.03%）、水果与水果制品（7.33%）、饮料（6.68%）。

4. 上海

与 2014 年相比较，2015 年上海市发生的食品安全事件中的食品种类分布如图 7-35 所示。根据所发生的食品安全事件的数量计算其在同一省份内的占比，2015 年上海市发生比例最高的前 5 位的食品类别及其占比（括号中数字为占比）分别为水产与水产制品（9.94%）、肉与肉制品（9.63%）、酒类（7.36%）、水果与水果制品（7.30%）、乳制品（7.30%）。

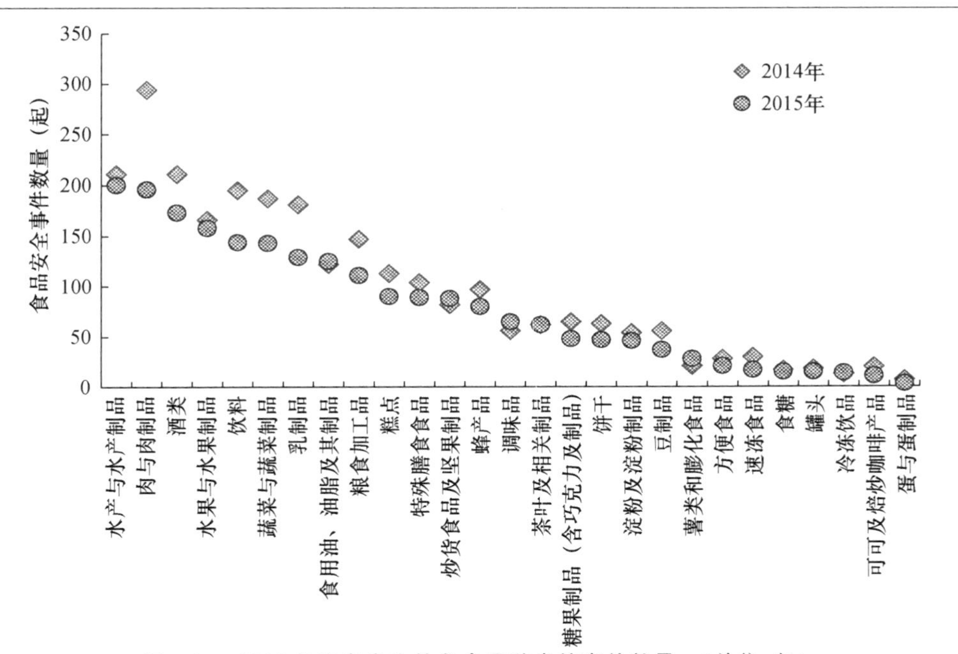

图 7-34　2015年广东发生的各食品种类的事件数量　（单位：起）

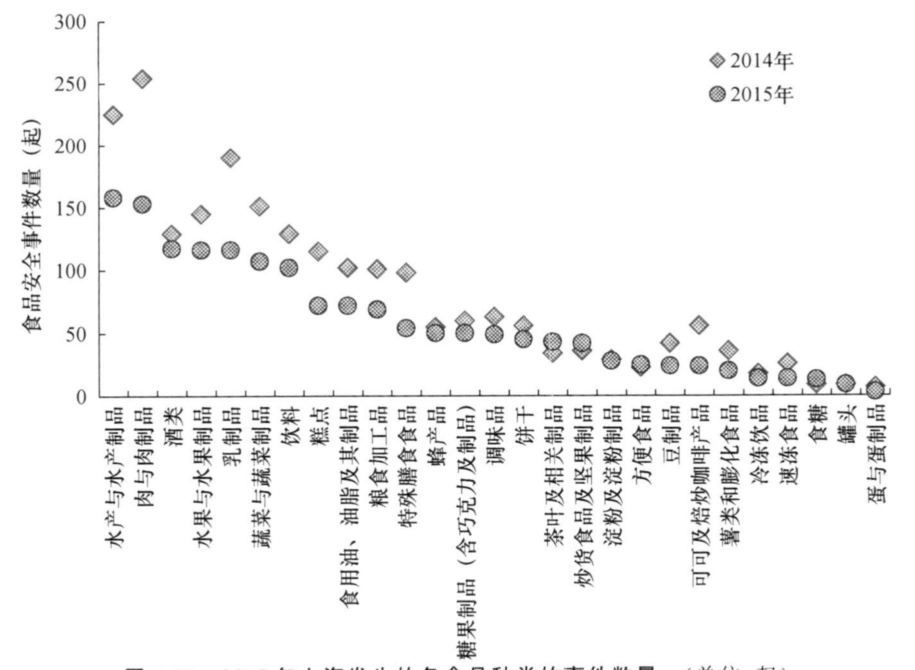

图 7-35　2015年上海发生的各食品种类的事件数量　（单位：起）

5. 浙江

与 2014 年相比较,2015 年浙江省发生的食品安全事件中的食品种类分布如图 7-36 所示。根据所发生的食品安全事件的数量计算其在同一省份内的占比,2015 年浙江省发生比例最高的前 5 位的食品类别及其占比(括号中数字为占比)分别为水产与水产制品(10.66%)、肉与肉制品(10.66%)、酒类(8.35%)、蔬菜与蔬菜制品(7.37%)、水果与水果制品(6.93%)。

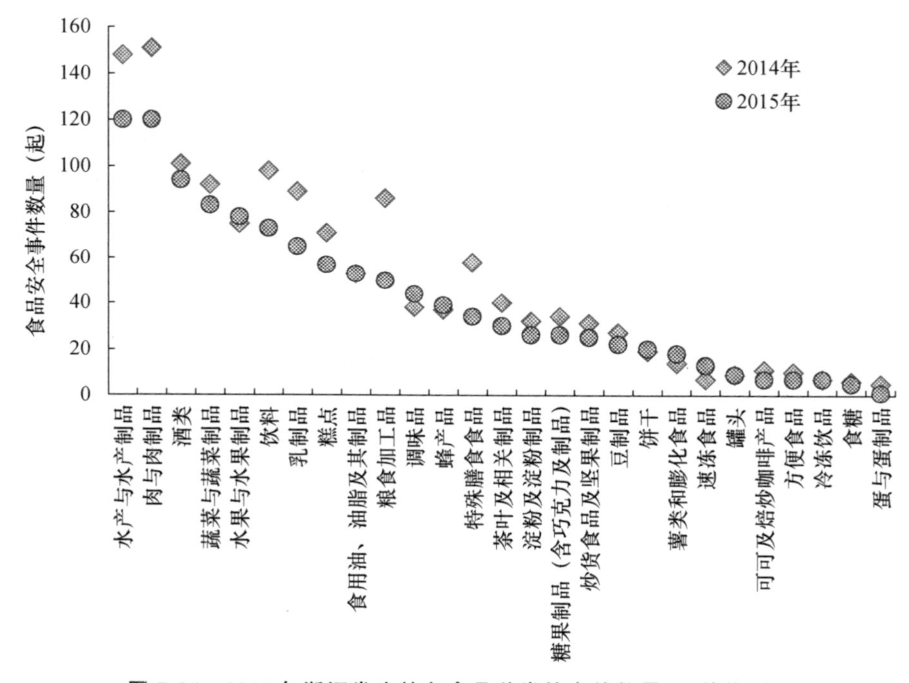

图 7-36 2015 年浙江发生的各食品种类的事件数量 (单位:起)

6. 江苏

与 2014 年相比较,2015 年江苏省发生的食品安全事件中的食品种类分布如图 7-37 所示。根据所发生的食品安全事件的数量计算其在同一省份内的占比,2015 年江苏省发生比例最高的前 5 位的食品类别及其占比(括号中数字为占比)分别为水产与水产制品(10.10%)、肉与肉制品(10.10%)、酒类(9.10%)、蔬菜与蔬菜制品(8.80%)、水果与水果制品(8.80%)。

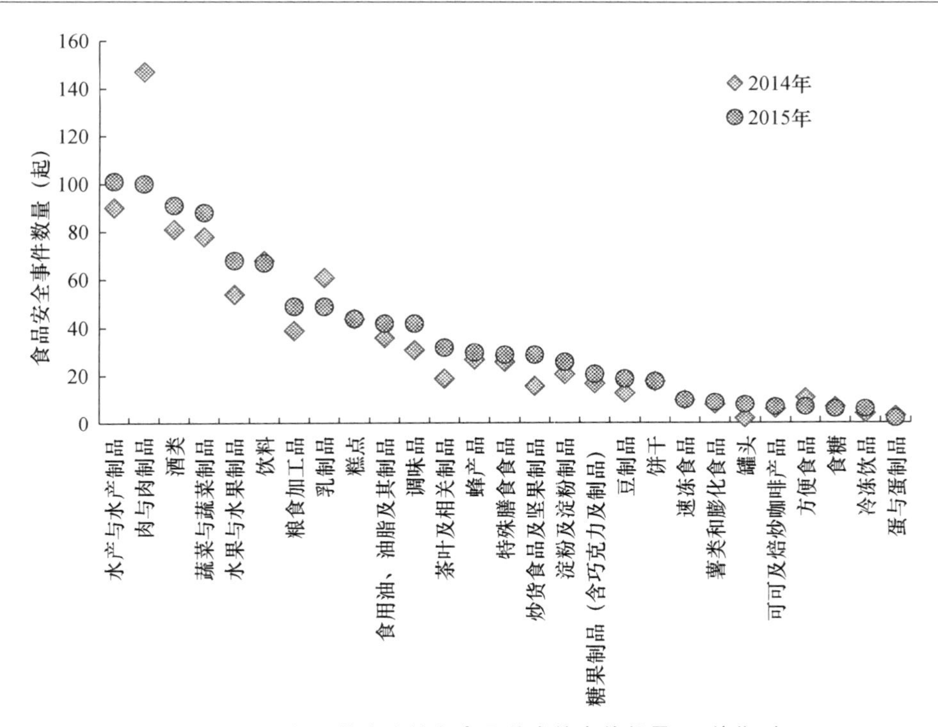

图 7-37　2015 年江苏发生的各食品种类的事件数量　（单位:起）

7. 河北

与 2014 年相比较，2015 年河北省发生的食品安全事件中的食品种类分布如图 7-38 所示。根据所发生的食品安全事件的数量计算其在同一省份内的占比，2015 年河北省发生比例最高的前 5 位的食品类别及其占比（括号中数字为占比）分别为肉与肉制品（9.70%）、蔬菜与蔬菜制品（8.64%）、乳制品（8.64%）、酒类（7.94%）、水产与水产制品（6.66%）。

8. 四川

与 2014 年相比较，2015 年四川省发生的食品安全事件中的食品种类分布如图 7-39 所示。根据所发生的食品安全事件的数量计算其在同一省份内的占比，2015 年四川省发生比例最高的前 5 位的食品类别及其占比（括号中数字为占比）分别为肉与肉制品（11.33%）、酒类（10.04%）、蔬菜与蔬菜制品（7.84%）、水产与水产制品（7.26%）、饮料（6.00%）。

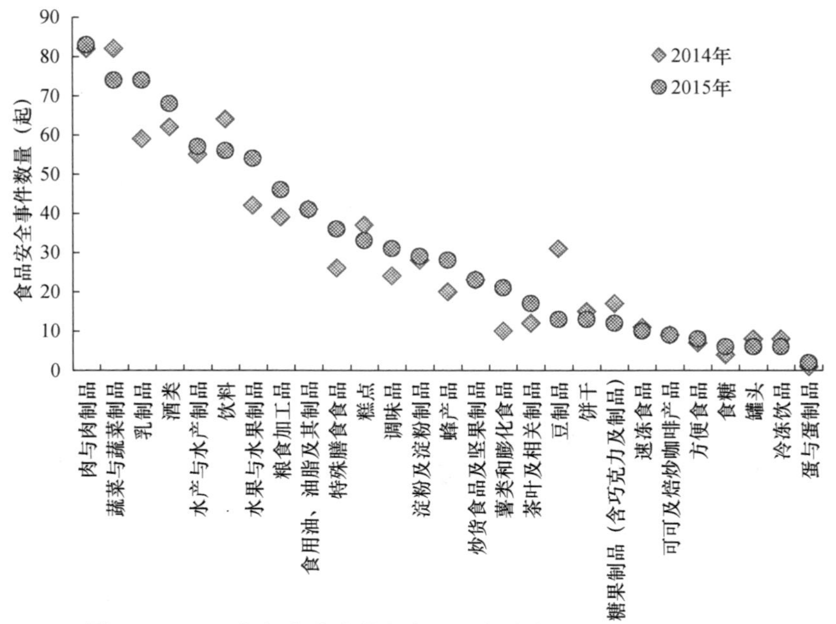

图 7-38　2015 年河北发生的各食品种类的事件数量　（单位：起）

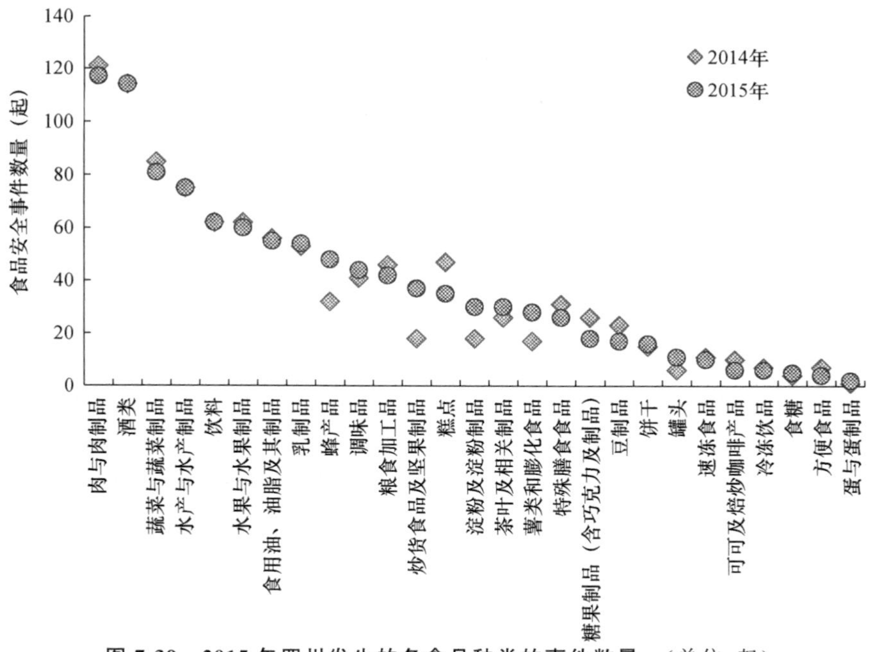

图 7-39　2015 年四川发生的各食品种类的事件数量　（单位：起）

9. 河南

与2014年相比较，2015年河南省发生的食品安全事件中的食品种类分布如图7-40所示。根据所发生的食品安全事件的数量计算其在同一省份内的占比，2015年河南省发生比例最高的前5位的食品类别及其占比（括号中数字为占比）分别为肉与肉制品（11.62％）、酒类（8.19％）、蔬菜与蔬菜制品（7.43％）、水产与水产制品（6.76％）、粮食加工品（6.38％）。

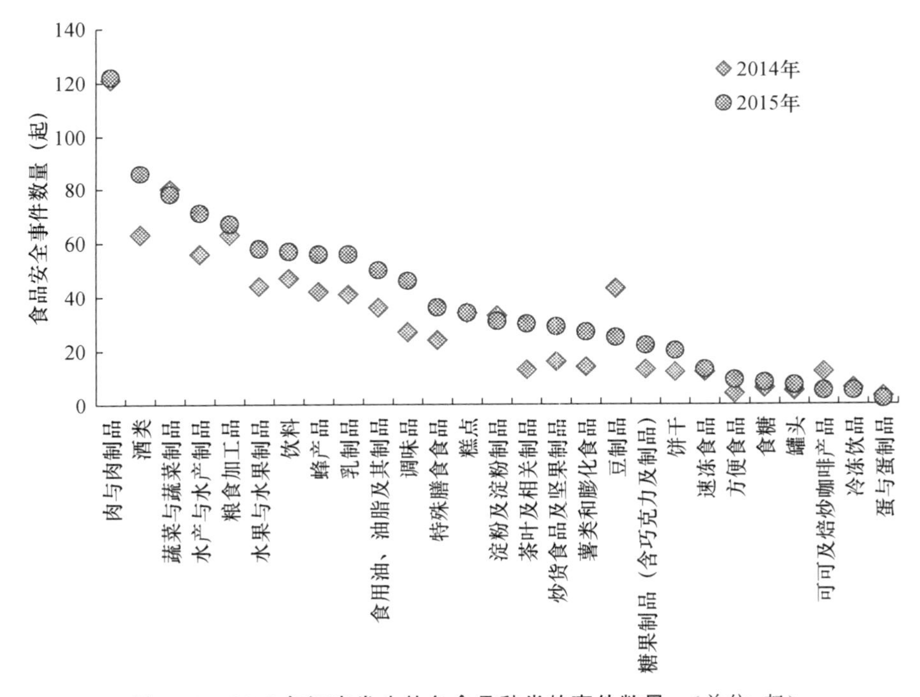

图7-40　2015年河南发生的各食品种类的事件数量　（单位：起）

10. 湖南

与2014年相比较，2015年湖南省发生的食品安全事件中的食品种类分布如图7-41所示。根据所发生的食品安全事件的数量计算其在同一省份内的占比，2015年湖南省发生比例最高的前5位的食品类别及其占比（括号中数字为占比）分别为肉与肉制品（13.34％）、水产与水产制品（8.32％）、酒类（7.64％）、蔬菜与蔬菜制品（7.07％）、粮食加工品（6.50％）。

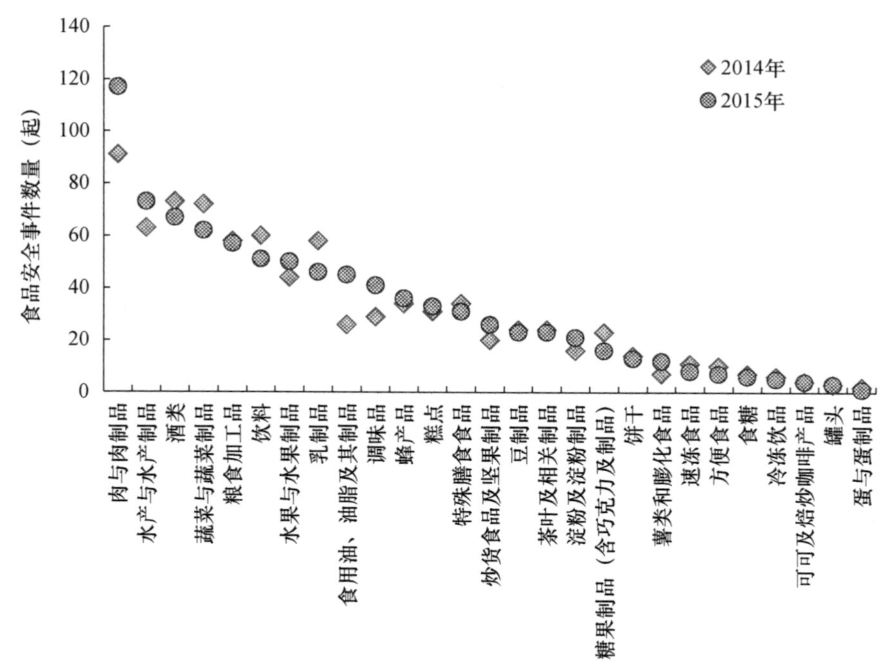

图 7-41　2015 年湖南发生的各食品种类的事件数量　（单位：起）

11. 福建

与 2014 年相比较，2015 年福建省发生的食品安全事件中的食品种类分布如图 7-42 所示。根据所发生的食品安全事件的数量计算其在同一省份内的占比，2015 年福建省发生比例最高的前 5 位的食品类别及其占比（括号中数字为占比）分别为肉与肉制品（10.17%）、水产与水产制品（9.94%）、蔬菜与蔬菜制品（8.16%）、水果与水果制品（7.04%）、酒类（7.04%）。

12. 湖北

与 2014 年相比较，2015 年湖北省发生的食品安全事件中的食品种类分布如图 7-43 所示。根据所发生的食品安全事件的数量计算其在同一省份内的占比，2015 年湖北省发生比例最高的前 5 位的食品类别及其占比（括号中数字为占比）分别为酒类（9.93%）、肉与肉制品（8.82%）、蔬菜与蔬菜制品（7.81%）、水产与水产制品（7.25%）、饮料（6.47%）。

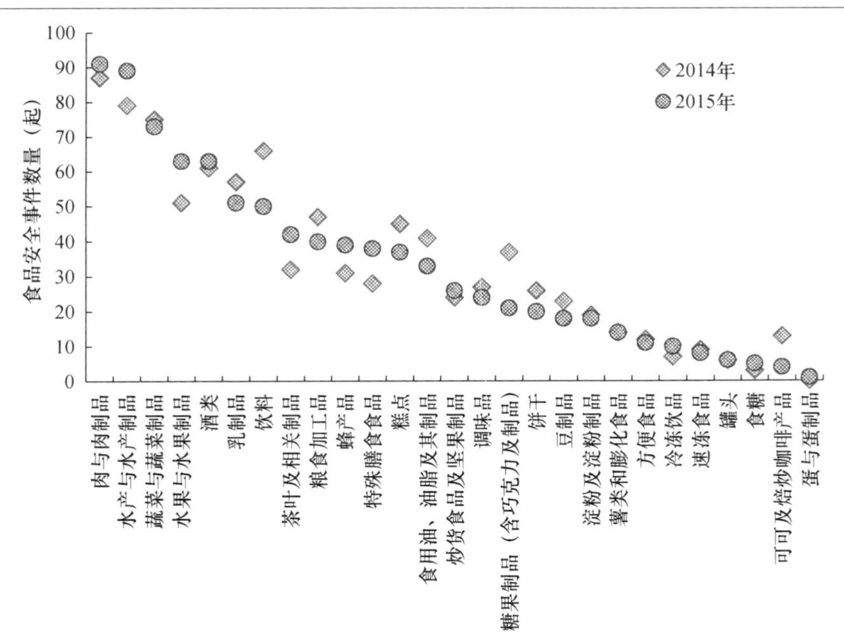

图 7-42　2015 年福建发生的各食品种类的事件数量　（单位：起）

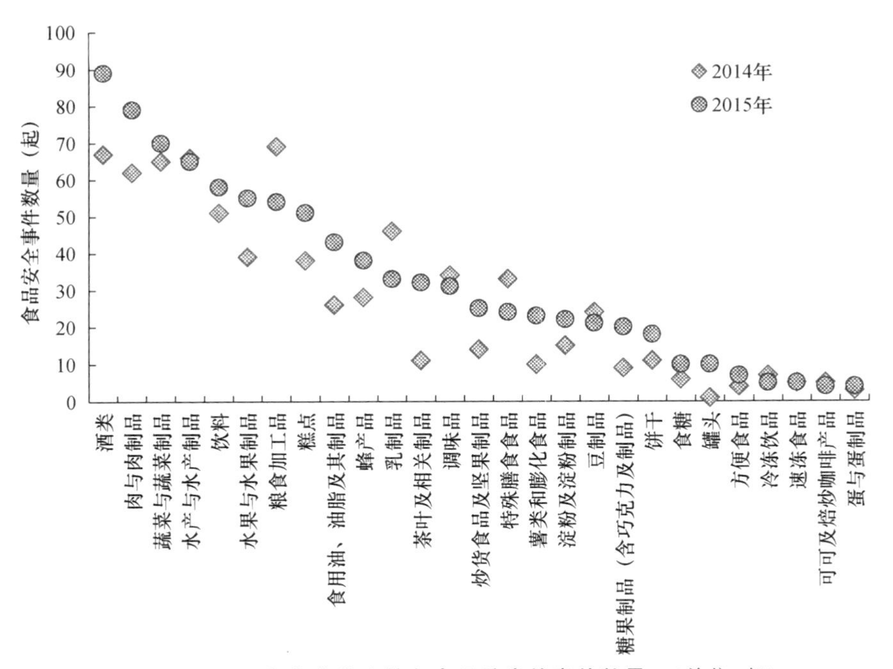

图 7-43　2015 年湖北发生的各食品种类的事件数量　（单位：起）

13. 天津

与 2014 年相比较,2015 年天津市发生的食品安全事件中的食品种类分布如图 7-44 所示。根据所发生的食品安全事件的数量计算其在同一省份内的占比,2015 年天津市发生比例最高的前 5 位的食品类别及其占比(括号中数字为占比)分别为肉与肉制品(8.94%)、水产与水产制品(8.38%)、蔬菜与蔬菜制品(8.24%)、水果与水果制品(7.40%)、酒类(6.56%)。

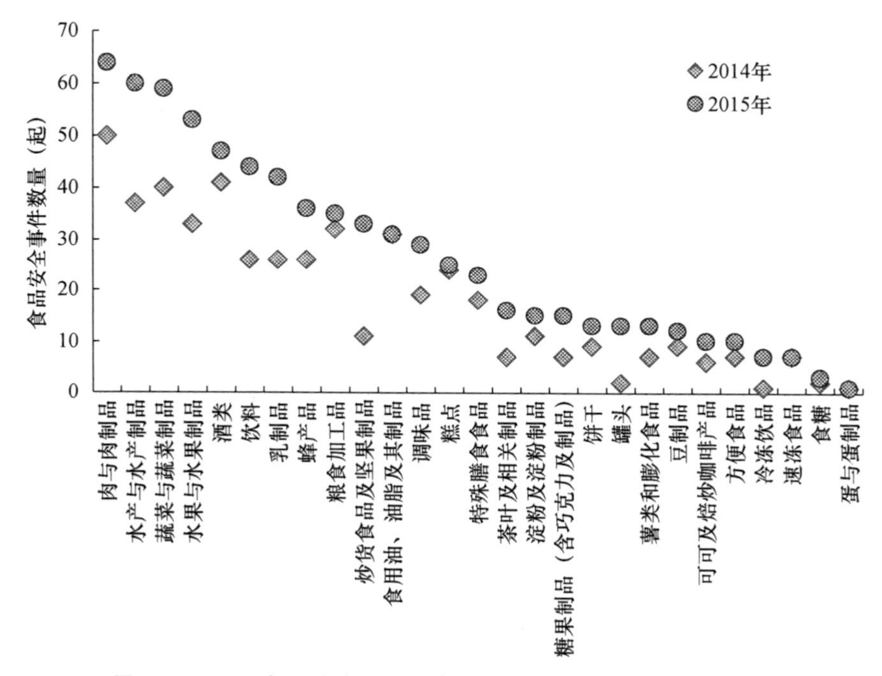

图 7-44 2015 年天津发生的各食品种类的事件数量 (单位:起)

14. 安徽

与 2014 年相比较,2015 年安徽省发生的食品安全事件中的食品种类分布如图 7-45 所示。根据所发生的食品安全事件的数量计算其在同一省份内的占比,2015 年安徽省发生比例最高的前 5 位的食品类别及其占比(括号中数字为占比)分别为肉与肉制品(11.40%)、酒类(10.16%)、水产与水产制品(8.24%)、蔬菜与蔬菜制品(8.10%)、水果与水果制品(6.87%)。

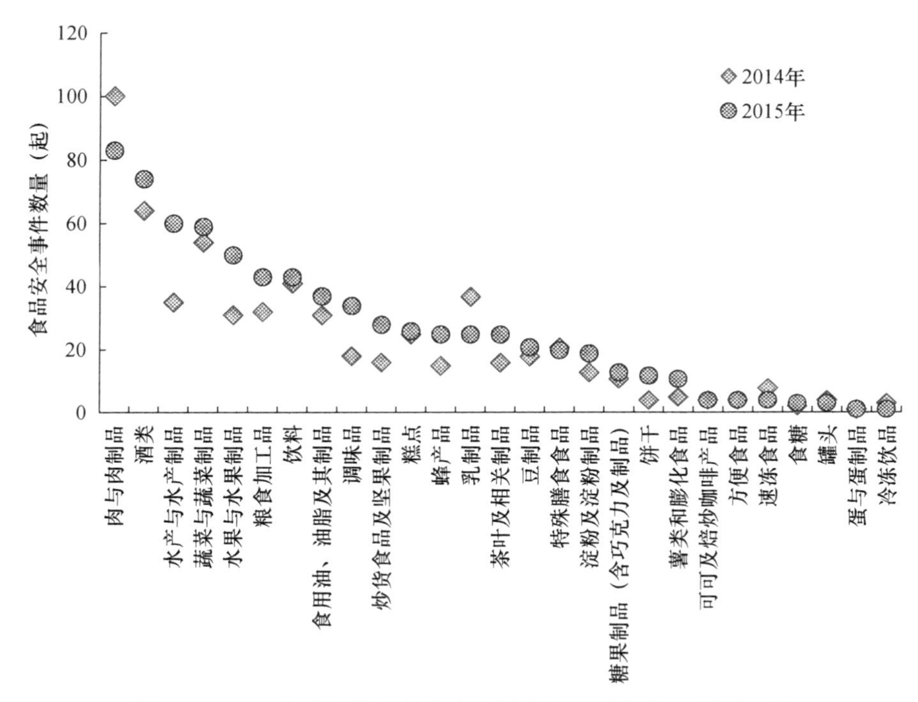

图7-45 2015年安徽发生的各食品种类的事件数量 （单位:起）

15. 辽宁

与2014年相比较,2015年辽宁省发生的食品安全事件中的食品种类分布如图7-46所示。根据所发生的食品安全事件的数量计算其在同一省份内的占比,2015年辽宁省发生比例最高的前5位的食品类别及其占比(括号中数字为占比)分别为水产与水产制品(10.14%)、肉与肉制品(9.29%)、蔬菜与蔬菜制品(8.28%)、水果与水果制品(7.94%)、酒类(7.94%)。

16. 重庆

与2014年相比较,2015年重庆市发生的食品安全事件中的食品种类分布如图7-47所示。根据所发生的食品安全事件的数量计算其在同一省份内的占比,2015年重庆市发生比例最高的前5位的食品类别及其占比(括号中数字为占比)分别为肉与肉制品(11.67%)、水产与水产制品(8.70%)、酒类(7.78%)、蔬菜与蔬菜制品(7.22%)、水果与水果制品(6.85%)。

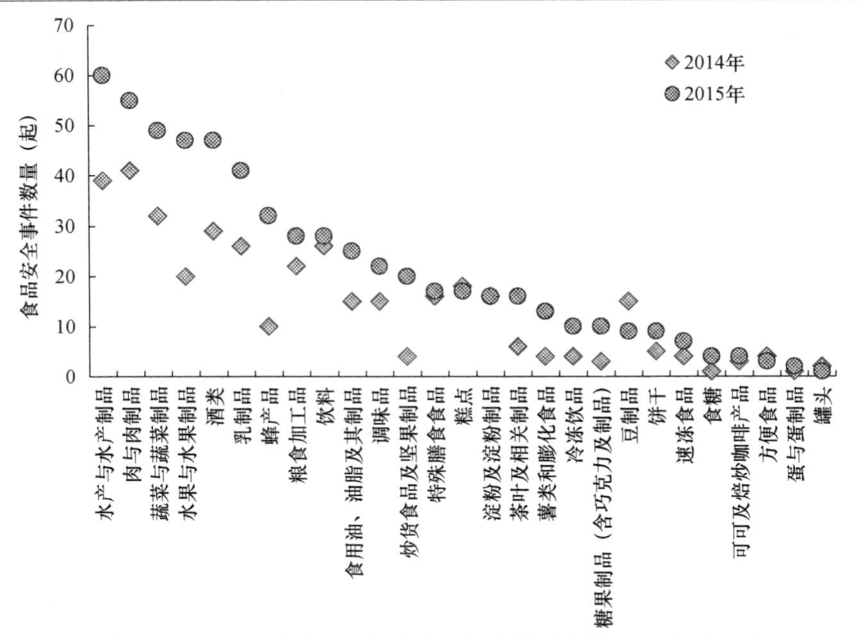

图 7-46　2015 年辽宁发生的各食品种类的事件数量　（单位：起）

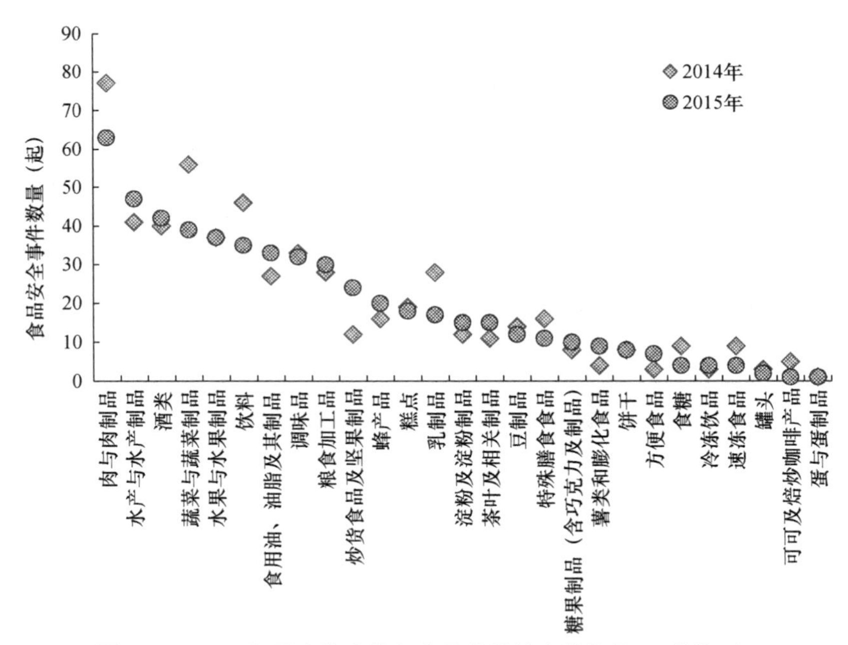

图 7-47　2015 年重庆发生的各食品种类的事件数量　（单位：起）

17. 广西

与2014年相比较，2015年广西壮族自治区发生的食品安全事件中的食品种类分布如图7-48所示。根据所发生的食品安全事件的数量计算其在同一省份内的占比，2015年广西壮族自治区发生比例最高的前5位的食品类别及其占比（括号中数字为占比）分别为肉与肉制品（14.97%）、酒类（8.98%）、水产与水产制品（8.53%）、水果与水果制品（7.04%）、粮食加工品（6.89%）。

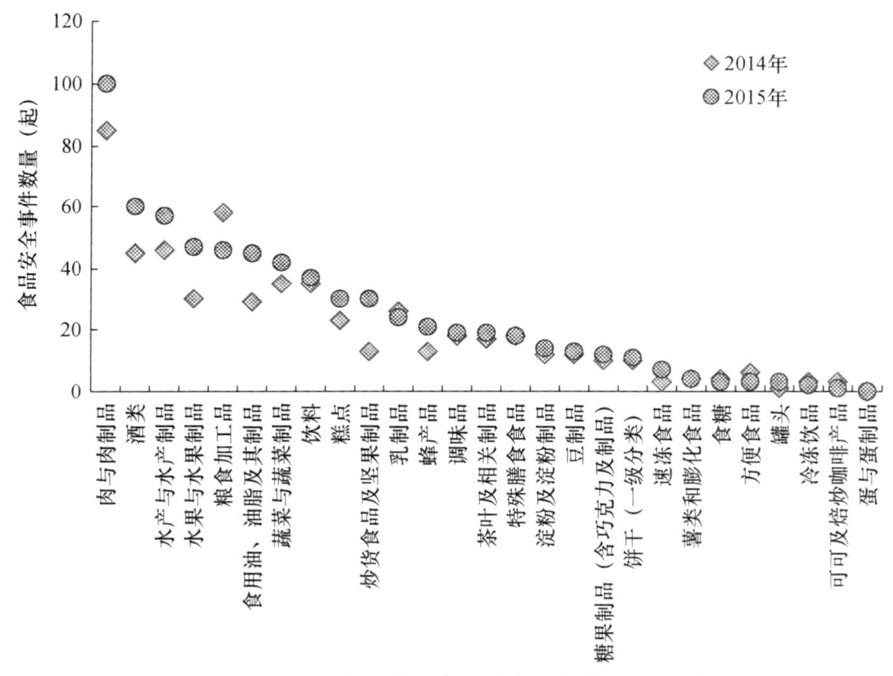

图7-48　2015年广西发生的各食品种类的事件数量　（单位：起）

18. 黑龙江

与2014年相比较，2015年黑龙江省发生的食品安全事件中的食品种类分布如图7-49所示。根据所发生的食品安全事件的数量计算其在同一省份内的占比，2015年黑龙江省发生比例最高的前5位的食品类别及其占比（括号中数字为占比）分别为乳制品（8.96%）、肉与肉制品（7.93%）、水产与水产制品（7.64%）、特殊膳食食品（7.06%）、粮食加工品（6.90%）。

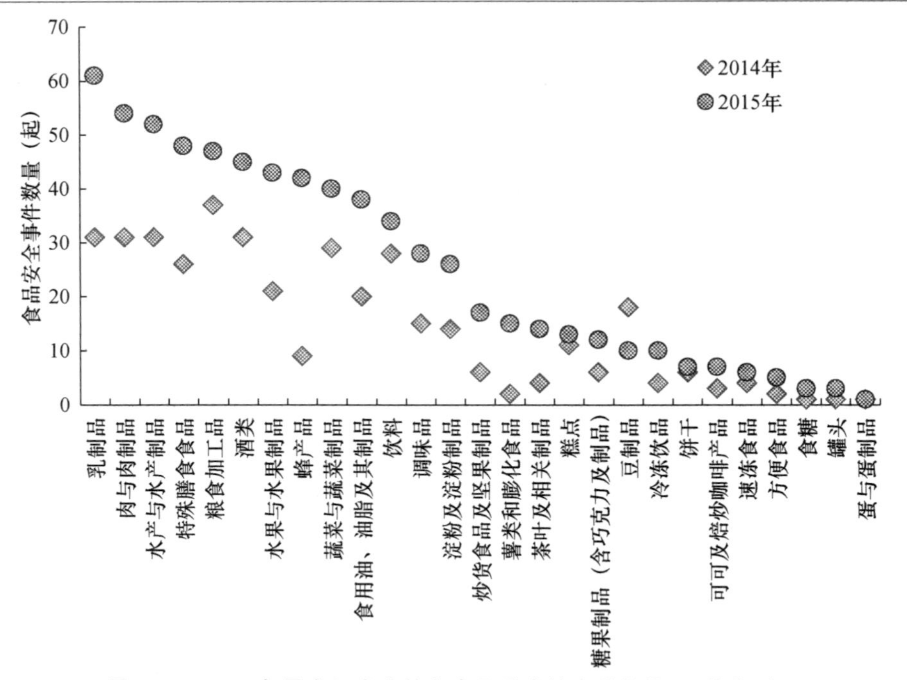

图 7-49　2015 年黑龙江发生的各食品种类的事件数量　（单位：起）

19. 陕西

与 2014 年相比较，2015 年陕西省发生的食品安全事件中的食品种类分布如图 7-50 所示。根据所发生的食品安全事件的数量计算其在同一省份内的占比，2015 年陕西省发生比例最高的前 5 位的食品类别及其占比（括号中数字为占比）分别为特殊膳食食品（9.50%）、乳制品（9.50%）、蔬菜与蔬菜制品（8.09%）、酒类（8.09%）、肉与肉制品（7.83%）。

20. 山西

与 2014 年相比较，2015 年山西省发生的食品安全事件中的食品种类分布如图 7-51 所示。根据所发生的食品安全事件的数量计算其在同一省份内的占比，2015 年山西省发生比例最高的前 5 位的食品类别及其占比（括号中数字为占比）分别为酒类（11.36%）、调味品（7.92%）、肉与肉制品（7.40%）、水果与水果制品（6.88%）、饮料（6.71%）。

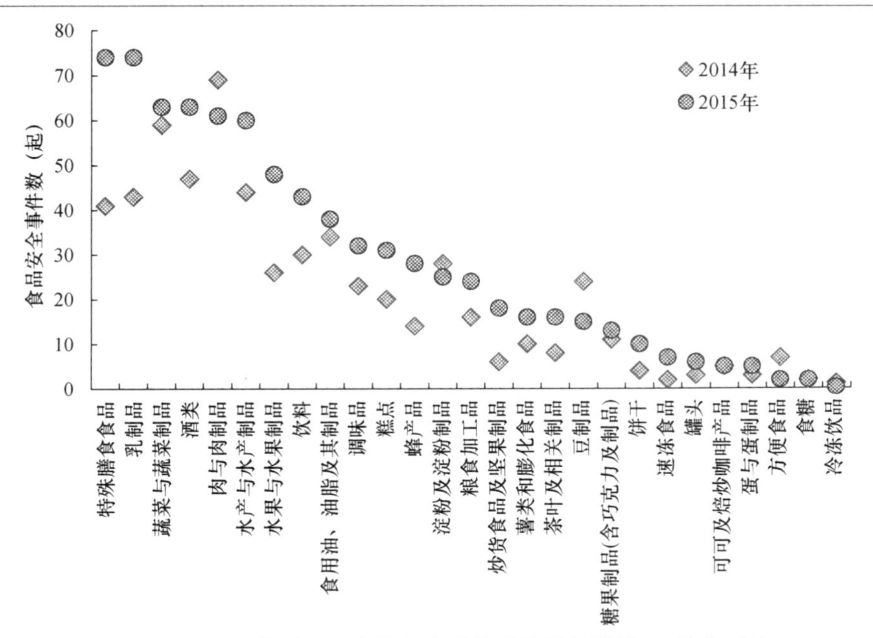

图 7-50　**2015年陕西发生的各食品种类的事件数量**　（单位：起）

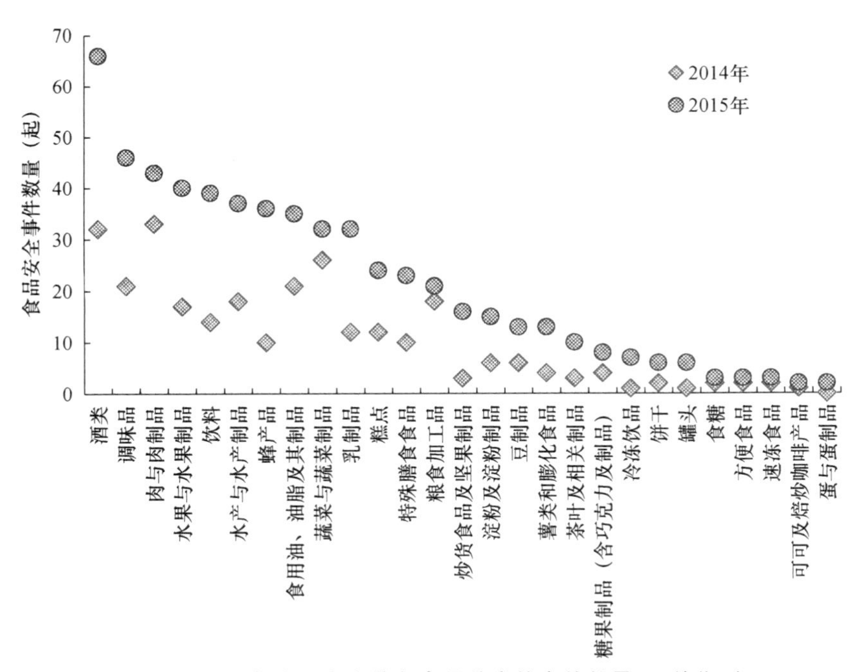

图 7-51　**2015年山西发生的各食品种类的事件数量**　（单位：起）

21. 江西

与 2014 年相比较,2015 年江西省发生的食品安全事件中的食品种类分布如图 7-52 所示。根据所发生的食品安全事件的数量计算其在同一省份内的占比,2015 年江西省发生比例最高的前 5 位的食品类别及其占比(括号中数字为占比)分别为肉与肉制品(11.86%)、粮食加工品(7.96%)、酒类(7.51%)、水产与水产制品(7.06%)、水果与水果制品(6.61%)。

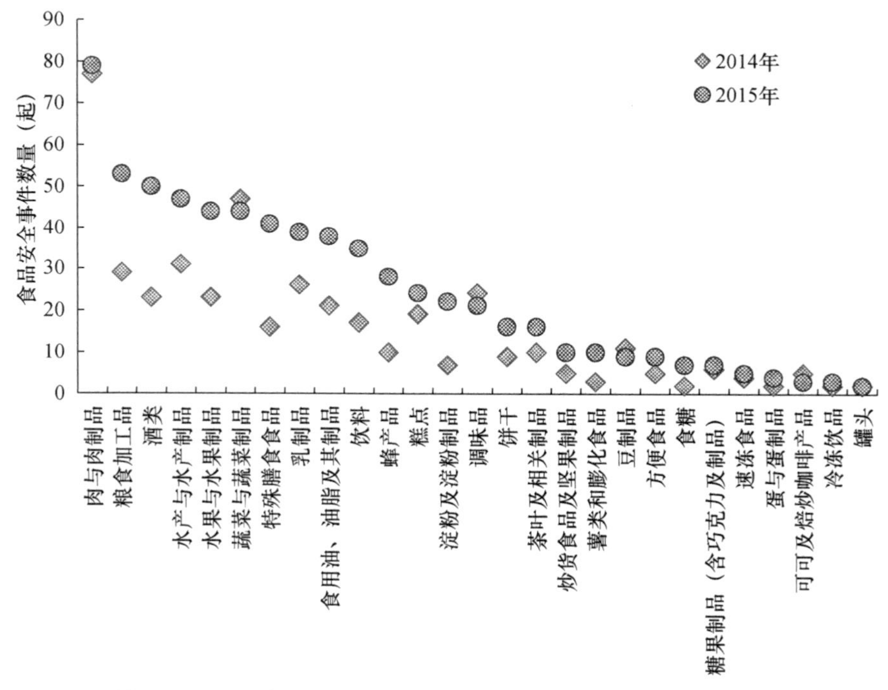

图 7-52 2015 年江西发生的各食品种类的事件数量 (单位:起)

22. 云南

与 2014 年相比较,2015 年云南省发生的食品安全事件中的食品种类分布如图 7-53 所示。根据所发生的食品安全事件的数量计算其在同一省份内的占比,2015 年云南省发生比例最高的前 5 位的食品类别及其占比(括号中数字为占比)分别为肉与肉制品(13.88%)、酒类(10.82%)、水产与水产制品(8.94%)、蔬菜与蔬菜制品(8.71%)、粮食加工品(6.82%)。

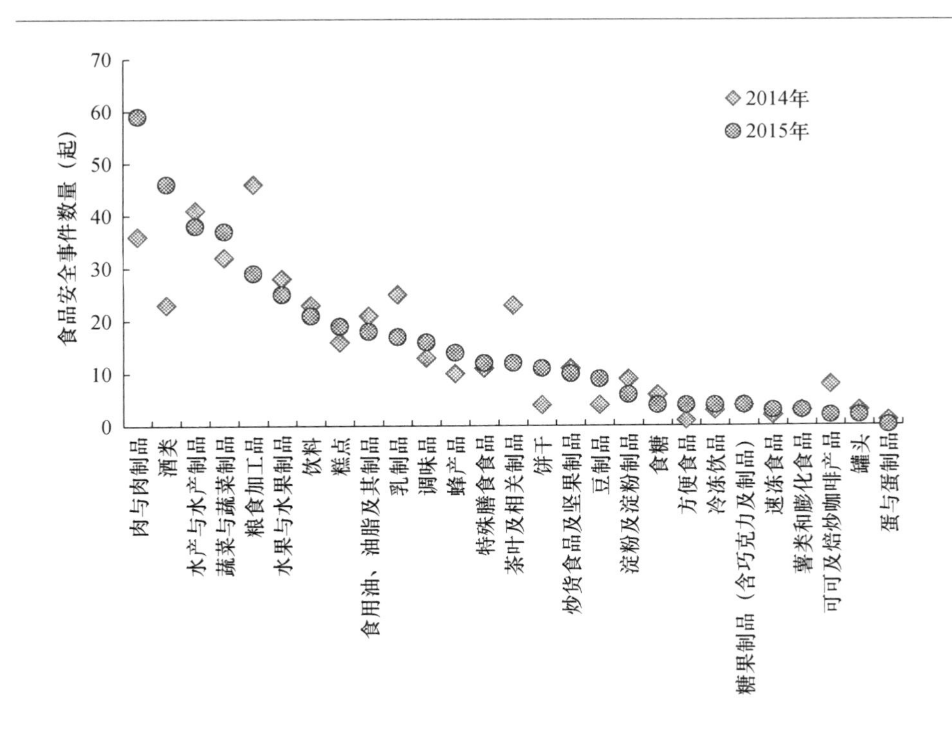

图 7-53　2015 年云南发生的各食品种类的事件数量（单位：起）

23. 甘肃

与 2014 年相比较，2015 年甘肃省发生的食品安全事件中的食品种类分布如图 7-54 所示。根据所发生的食品安全事件的数量计算其在同一省份内的占比，2015 年甘肃省发生比例最高的前 5 位的食品类别及其占比（括号中数字为占比）分别为酒类（10.73%）、肉与肉制品（10.27%）、蔬菜与蔬菜制品（7.76%）、水果与水果制品（7.08%）、乳制品（7.08%）。

24. 海南

与 2014 年相比较，2015 年海南省发生的食品安全事件中的食品种类分布如图 7-55 所示。根据所发生的食品安全事件的数量计算其在同一省份内的占比，2015 年海南省发生比例最高的前 5 位的食品类别及其占比（括号中数字为占比）分别为水果与水果制品（13.63%）、蔬菜与蔬菜制品（9.76%）、肉与肉制品（9.39%）、酒类（7.92%）、水产与水产制品（7.73%）。

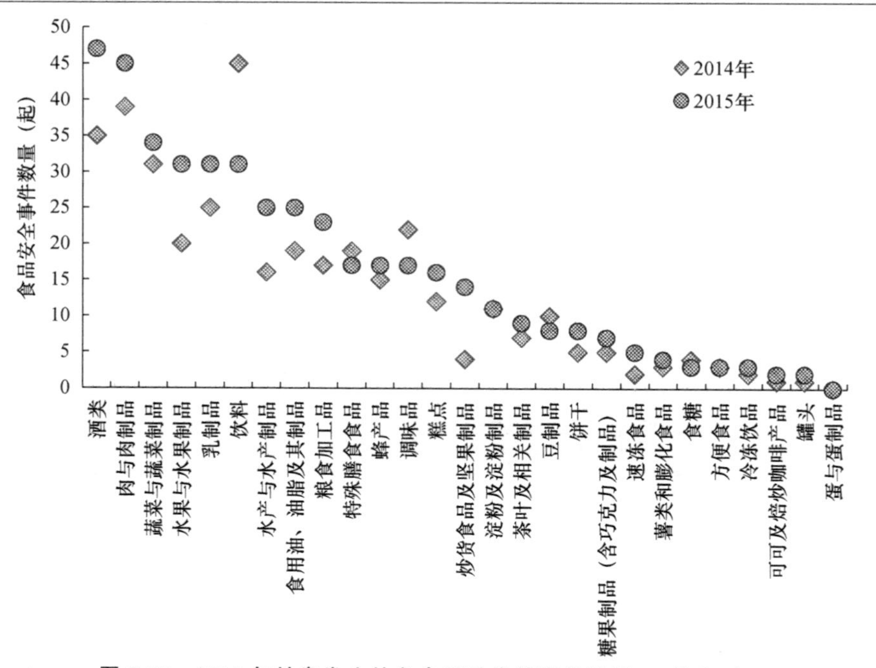

图 7-54　2015 年甘肃发生的各食品种类的事件数量　（单位：起）

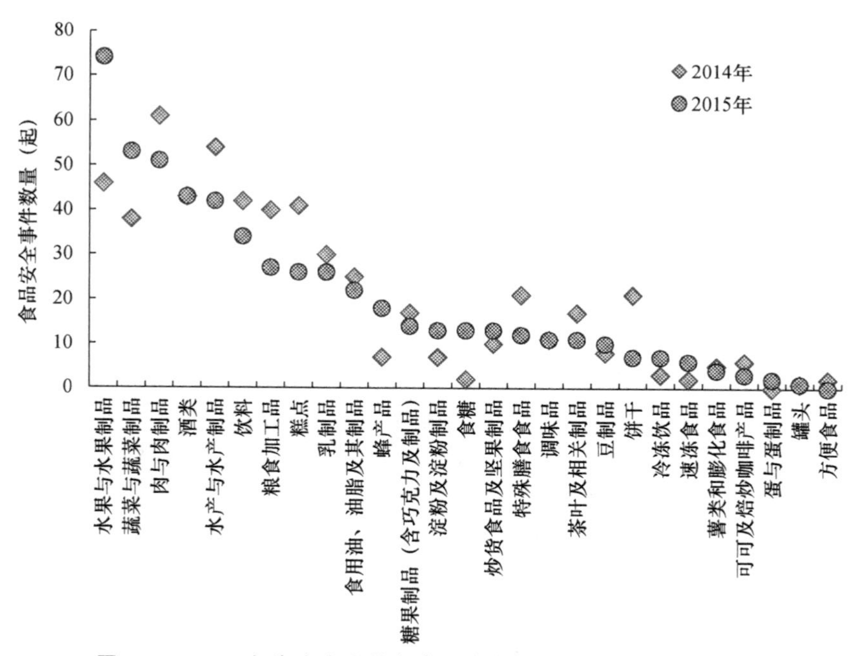

图 7-55　2015 年海南发生的各食品种类的事件数量　（单位：起）

25. 吉林

与2014年相比较，2015年吉林省发生的食品安全事件中的食品种类分布如图7-56所示。根据所发生的食品安全事件的数量计算其在同一省份内的占比，2015年吉林省发生比例最高的前5位的食品类别及其占比（括号中数字为占比）分别为酒类（10.59%）、粮食加工品（7.64%）、蔬菜与蔬菜制品（7.14%）、水果与水果制品（6.90%）、水产与水产制品（6.65%）。

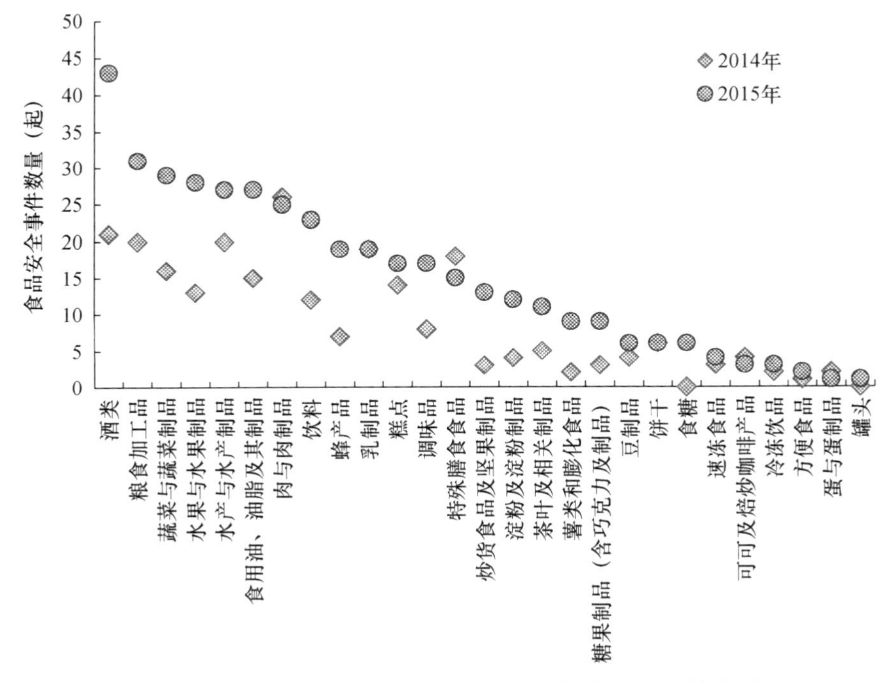

图7-56　2015年吉林发生的各食品种类的事件数量　（单位：起）

26. 贵州

与2014年相比较，2015年贵州省发生的食品安全事件中的食品种类分布如图7-57所示。根据所发生的食品安全事件的数量计算其在同一省份内的占比，2015年贵州省发生比例最高的前5位的食品类别及其占比（括号中数字为占比）分别为酒类（16.46%）、肉与肉制品（9.87%）、饮料（8.10%）、蔬菜与蔬菜制品（7.09%）、蜂产品（6.08%）。

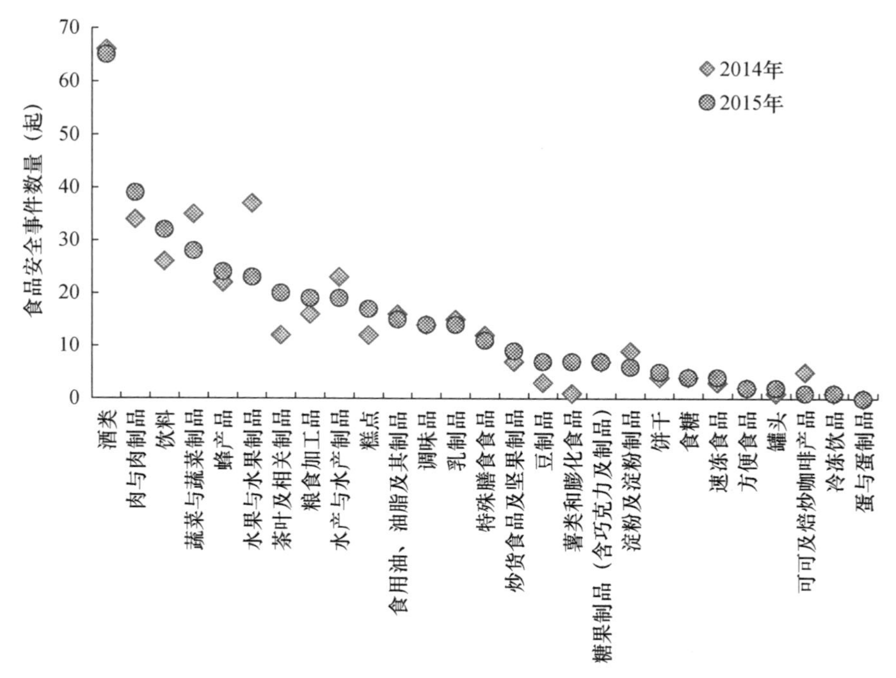

图 7-57　2015 年贵州发生的各食品种类的事件数量　（单位：起）

27. 内蒙古

与 2014 年相比较，2015 年内蒙古自治区发生的食品安全事件中的食品种类分布如图 7-58 所示。根据所发生的食品安全事件的数量计算其在同一省份内的占比，2015 年内蒙古自治区发生比例最高的前 5 位的食品类别及其占比（括号中数字为占比）分别为肉与肉制品（10.14%）、乳制品（9.43%）、水产与水产制品（7.08%）、蔬菜与蔬菜制品（7.08%）、酒类（6.84%）。

28. 新疆

与 2014 年相比较，2015 年新疆维吾尔自治区发生的食品安全事件中的食品种类分布如图 7-59 所示。根据所发生的食品安全事件的数量计算其在同一省份内的占比，2015 年新疆维吾尔自治区发生比例最高的前 5 位的食品类别及其占比（括号中数字为占比）分别为酒类（11.38%）、水果与水果制品（10.57%）、饮料（8.57%）、蔬菜与蔬菜制品（7.72%）、水产与水产制品（6.50%）。

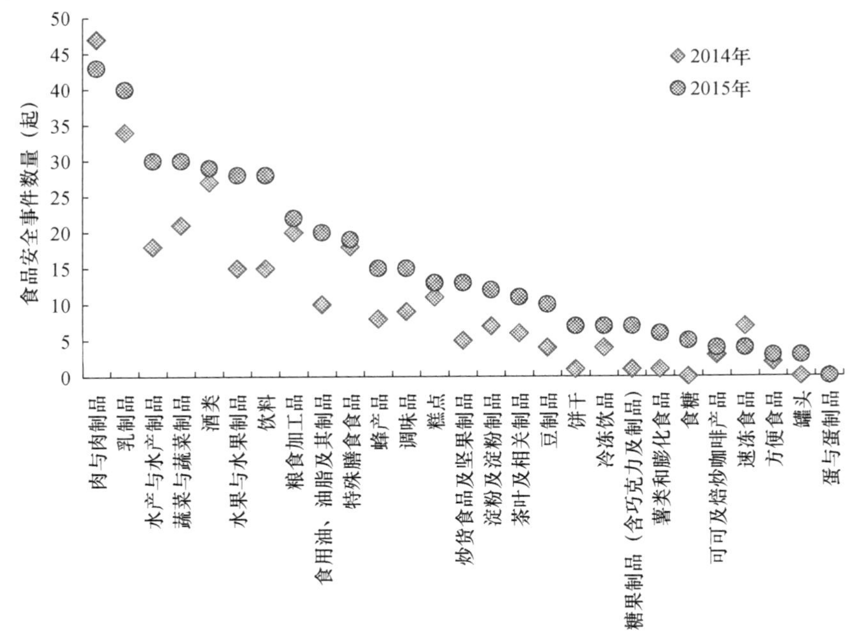

图 7-58　2015年内蒙古发生的各食品种类的事件数量　（单位：起）

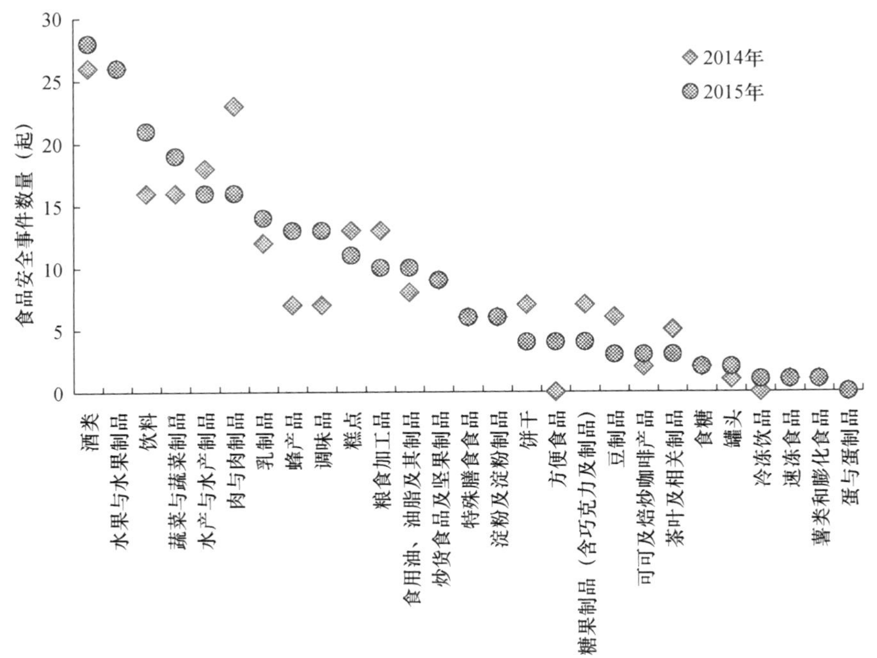

图 7-59　2015年新疆发生的各食品种类的事件数量　（单位：起）

29. 宁夏

与 2014 年相比较,2015 年宁夏回族自治区发生的食品安全事件中的食品种类分布如图 7-60 所示。根据所发生的食品安全事件的数量计算其在同一省份内的占比,2015 年宁夏回族自治区发生比例最高的前 5 位的食品类别及其占比(括号中数字为占比)分别为肉与肉制品(10.45%)、酒类(9.95%)、水果与水果制品(9.45%)、蔬菜与蔬菜制品(7.96%)、乳制品(6.97%)。

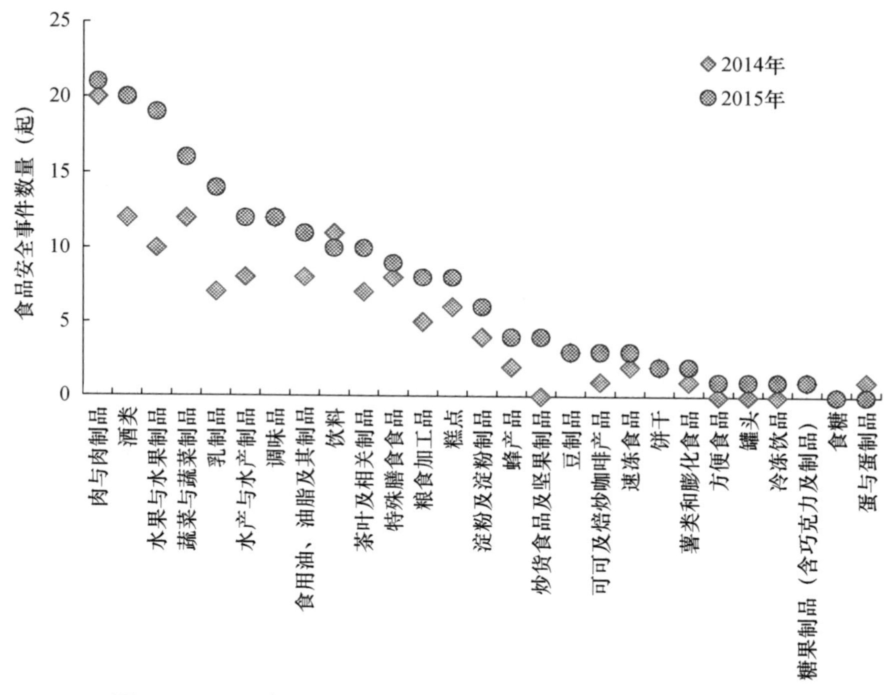

图 7-60 2015 年宁夏发生的各食品种类的事件数量 (单位:起)

30. 青海

与 2014 年相比较,2015 年青海省发生的食品安全事件中的食品种类分布如图 7-61 所示。根据所发生的食品安全事件的数量计算其在同一省份内的占比,2015 年青海省发生比例最高的前 5 位的食品类别及其占比(括号中数字为占比)分别为肉与肉制品(10.60%)、蔬菜与蔬菜制品(10.60%)、酒类(10.60%)、乳制品(9.27%)、食用油油脂及其制品(6.62%)。

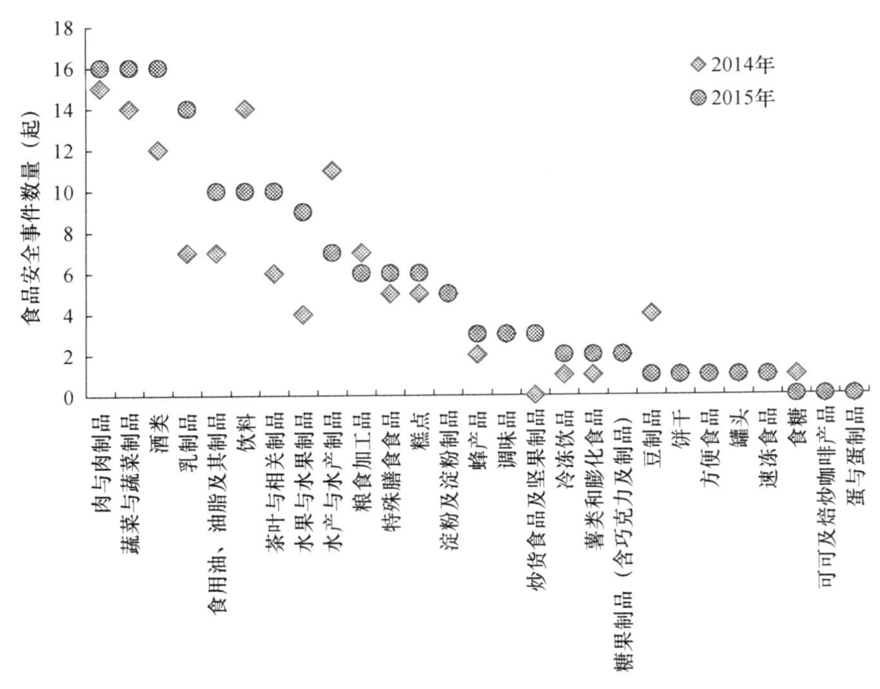

图 7-61 2015 年青海发生的各食品种类的事件数量 （单位：起）

31. 西藏

与 2014 年相比较，2015 年西藏自治区发生的食品安全事件中的食品种类分布如图 7-62 所示。根据所发生的食品安全事件的数量计算其在同一省份内的占比，2015 年西藏自治区发生比例最高的前 5 位的食品类别及其占比（括号中数字为占比）分别为饮料（11.29%）、肉与肉制品（9.68%）、粮食加工品（6.45%）、蜂产品（6.45%）、糕点（6.45%）。

四、2006—2015 年间发生的食品安全事件分析与治理路径

（一）总体分析

分析 2006—2015 年间我国发生的食品安全事件，具有如下特征：

1. 处于高发期且近年来呈小幅增长态势

表 7-2 显示，2006—2015 的 10 年间发生的食品安全事件数量达到 245862 起，平均全国每天发生约 67.4 起。从时间序列上分析（见图 7-63），在 2006—2011 年间食品安全事件发生的数量呈逐年上升趋势且在 2011 年达到峰值（当年发生了 38513 起）。以 2011 年为拐点，从 2012 年食品安全事件发生量开始下降且趋势较为明显，2013 年下降至 18190 起，但 2014 年出现反弹，事件发生数上升到 25006

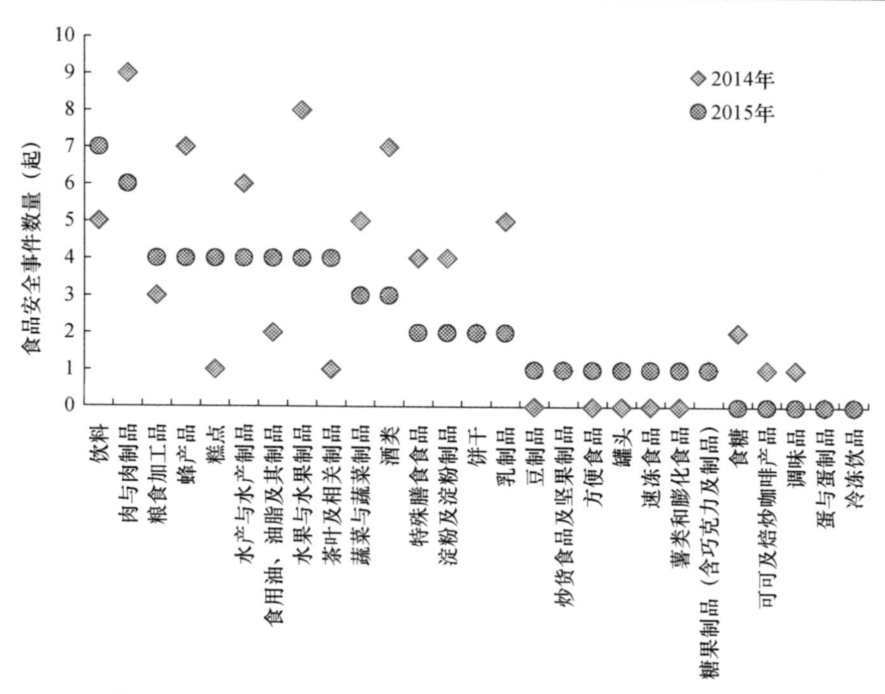

图 7-62　2015 年西藏发生的各食品种类的事件数量　（单位：起）

起，2015 年呈现缓慢上升，食品安全事件数量较 2014 年增加 1125 起。在 2006—2015 年间食品安全事件发生的数量，除 2010 年、2012 年、2013 年同比下降外，其余年份均不同程度地增长。其中，同比增长最快的年份为 2007 年，增长 100.12%，同比下降最快的年份则是 2013 年，下降 52.21%。

表 7-2　2006—2015 年间全国发生的食品安全事件数量　（单位：起）

年份	2006	2007	2008	2009	2010	2011	2012	2013	2014	2015	合计
数量	8189	16389	20926	27167	27187	38513	38064	18190	25006	26231	245862

2. 五大类大众化食品是事件发生量最多的食品

最具大众化的肉与肉制品、蔬菜与蔬菜制品、酒类、水果与水果制品和饮料是发生事件量最多的五类食品，事件数量分别为 22436、20999、20262、18276、17594 起，占总量比例分别为 9.13%、8.54%、8.24%、7.43%、7.16%，发生事件量之和占总量的 40.50%。

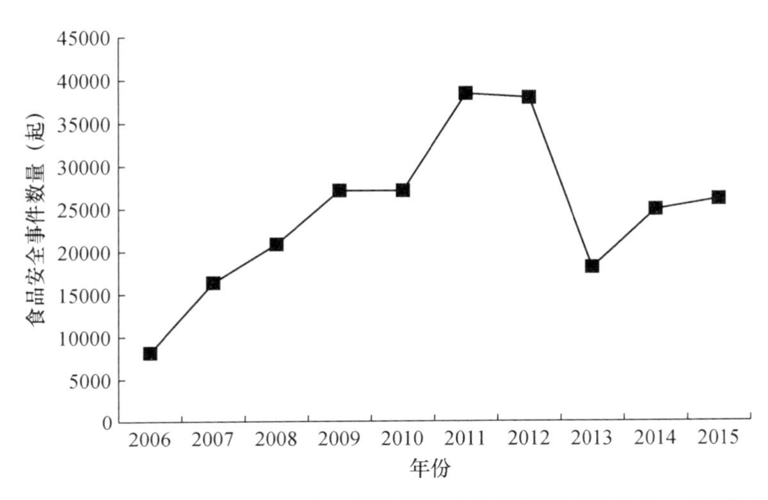

图7-63 2006—2015年间中国发生的食品安全事件数的时序分布 （单位：起）

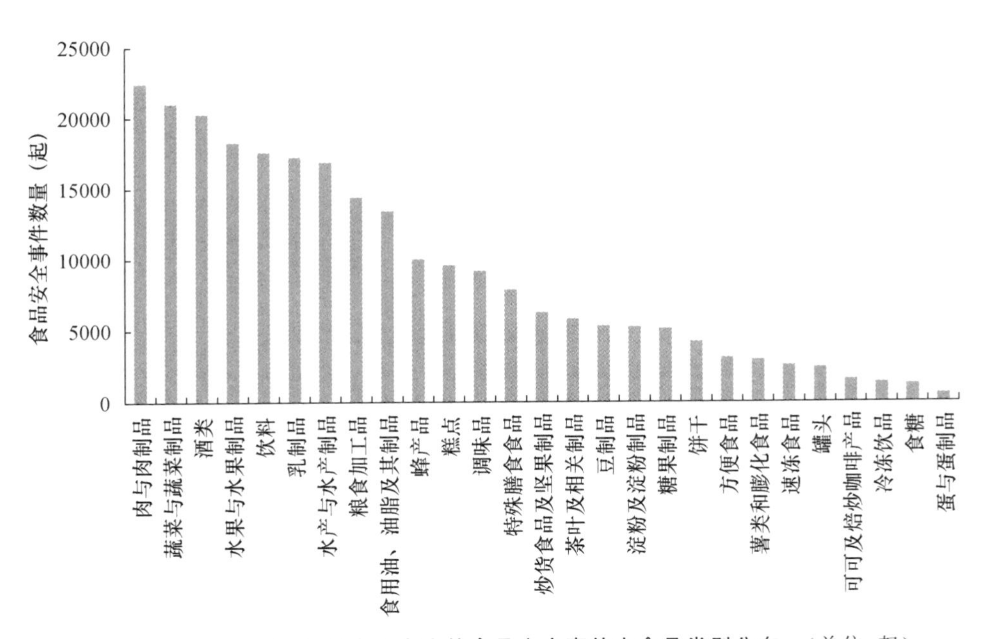

图7-64 2006—2015年间中国发生的食品安全事件中食品类别分布 （单位：起）

3. 主要发生在生产与加工环节

食品供应链各个主要环节均不同程度地发生了安全事件，其中66.91%的事件发生在食品生产与加工环节，其他环节依次是批发与零售、餐饮与家庭食用、初级农产品生产、仓储与运输，发生事件量分别占总量的 11.25%、8.59%、8.24%和 5.01%。

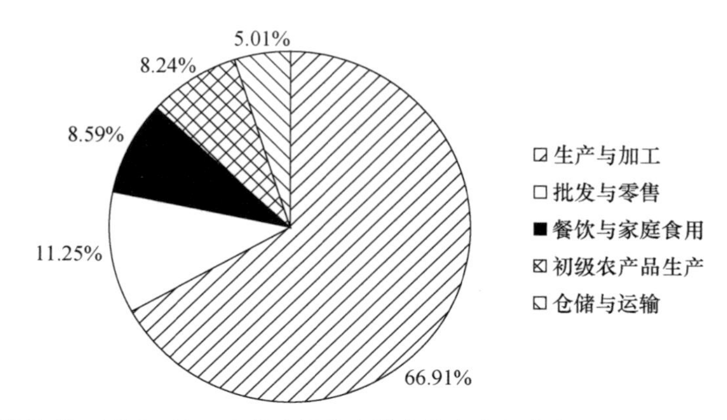

图 7-65 2006—2015 年间中国发生的食品安全事件中供应链环节分布

4. 人为因素是事件发生的最主要因素

引发食品安全事件的因素如图 7-66 所示，75.50%的事件是由人为因素所导致，其中违规使用添加剂引发的事件最多，占总数的 34.36%，其他依次为造假或欺诈、使用过期原料或出售过期产品、无证或无照的生产经营、非法添加违禁物，分别占总量的 13.53%、11.07%、8.99%、4.38%。在非人为因素所产生的事件中，含有致病微生物或菌落总数超标引发的事件量最多，占总量的 10.44%，其他因素依次为农兽药残留、重金属超标、物理性异物，分别占总量的 8.19%、6.71%、2.33%。

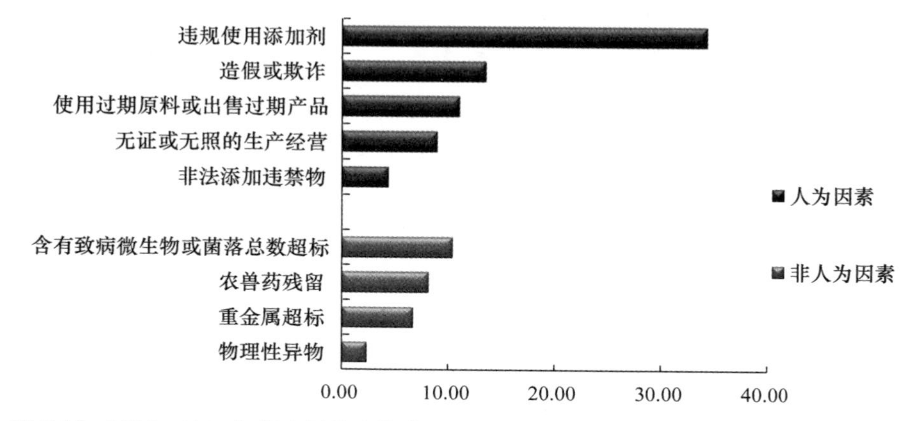

图 7-66 2006—2015 年间中国发生的食品安全事件中风险因子分布与占比 （单位：%）

5. 具有明显的区域差异与聚集特点

北京、广东、上海、山东、浙江是发生量最多的五省市，累计总量为100236起，占总量的40.77%；内蒙古、新疆、宁夏、青海、西藏等则是发生数量最少的五省区，累计总量为11171起，占总量的4.54%。值得关注的是，事件发生量最多的五个省市均是发达或地处东南沿海的省市，而发生量最少的五个省区均分布于西北地区，区域空间分布上呈现明显的差异性。

（二）原因分析

食品安全事件发生的成因十分复杂，但最基本的成因是：

1. 长期以来各种矛盾累积的必然结果

农产品生产新技术、食品加工新工艺在为消费者提供新食品体验的同时，潜在的新风险、新问题也悄然滋生。同时，不法食品生产者对新科技的负面应用行为衍生出一系列隐蔽性较强的食品安全风险。食品安全风险前移，重金属、地膜与畜禽粪便污染严重，农兽药残留超标问题突出，源头污染已成重要的风险之一，多层风险叠加导致食品安全事件高发。

2. 生产与加工环节的多发性具有现实基础

多年来，我国食品生产与加工企业的组织形态虽然在转型中发生了积极的变化，但以“小、散、低”为主的格局并没有发生根本性改观。在全国40多万家食品生产加工企业中，90%以上是非规模型企业。每天全国食品市场需求约20亿公斤的不同类型的食品，而技术手段缺乏与道德缺失的小微型生产与加工企业成为重要的生产供应主体，并成为食品安全事件的多发地带。

3. 人为因素占主导与现阶段诚信缺失密切相关

分散化小农户仍然是农产品生产的基本主体，出于改善生活水平的迫切需要，不同程度且普遍存在不规范的农产品生产经营行为。而且由于我国食品工业的基数大、产业链长、触点多，更由于诚信和道德的缺失，且经济处罚与法律制裁不到位，在“破窗效应”的影响下，必然诱发人源性的食品安全事件。

4. 监管体制的滞后是事件多发的制度原因

改革开放以来，我国的食品安全监管体制经历了七次改革，基本上每5年为一个周期，由此形成了目前主要由食品药品监督总局、农业部为主体的相对集中监管模式。虽然监管体制在探索中逐步优化，但并没有从根本上解决政府、市场与社会间，地方政府负总责与治理能力匹配间的关系。

（三）治理路径

未来是历史与现实的延伸。2005—2015年间已发生的食品安全事件的主要特征，对“十三五”期间食品安全风险治理具有重要的借鉴价值。“十三五”期间食品安全风险治理必须以推进食品安全风险治理体系与治理能力现代化建设为基本主线，以全面实施新的《食品安全法》为基本路径，以推进全程无缝监管、构建社会共治格局、最大程度地遏制重大食品安全事件为基本任务，努力实现食品安全状况总体格局的根本性转变。

1. 明确治理主线，深化体制改革，有效提升治理能力

以整体性治理为视角，重点厘清各级政府间、同一层次政府部门间风险治理的职能与权限，特别是要在实践中探索解决食品与农产品间的监管缝隙。郡县治，天下安。重心下移、力量下沉、保障下倾，优先向县及乡镇街道倾斜与优化配置监管力量与技术装备，形成横向到边、纵向到底的监管体系；以县级行政区为单位，分层布局、优化配置、形成体系，基于风险的区域性差异与技术能力建设的实际，强化县级技术支撑能力建设，将地方政府负总责直接落实到监管能力建设上。

2. 全面依法治理，完善法治体系，严厉打击犯罪活动

消除新的《食品安全法》在实施过程中可能出现的盲点，基本形成与新的《食品安全法》相配套、相衔接的较为完备的法律体系；组建"食药警察"专业队伍，协同监管部门与司法部门的力量，统筹不同行政区域间、城市与农村间的联合行动，依法坚决打击犯罪活动，特别是生产与加工环节的非法添加违禁物、不规范使用添加剂、造假或欺诈等犯罪行为，防范区域性、系统性的安全风险；必须确保《食品安全法》与相关法律法规在实际执行中的严肃性，确保不走样，尤其是努力消除地方保护主义。

3. 突出治理重点，转变监管方式，推进全程无缝监管

重点监管肉与肉制品、蔬菜与蔬菜制品、酒类、水果与水果制品和饮料等大众食品；改革基于食品生产经营主体的业态、规模大小等要素实施分类分级监管的传统做法，以人源性因素治理为重点，对食品生产经营厂商分类分级，实施精准治理；以新的《食品安全法》等相关法律法规为依据，从种植、养殖开始，实施源头治理，并建立全产业链的无缝监管；推广随机抽查规范事中事后监管，建立随机抽取检查对象、随机选派执法检查人员的"双随机"抽查监管机制，科学确定国家、省区、市(县)等不同层次的随机抽查监管的分工体系，保证抽查监管覆盖面和工作力度。

4. 重构市场环境、重塑社会秩序，构建社会共治格局

准确界定政府、市场、社会的边界，积极发挥市场与社会力量，通过市场环境的重构与社会秩序的改革，建立主体间协同治理机制，实现治理理念的彻底转型与治理力量的增量改革，构建具有中国特色的食品安全风险共治模式；加快形成以国家食品药品监督管理总局牵头的纵横衔接的风险治理信息主平台，彻底解决食品安全信息分散与残缺不全的状况，并规范信息公开行为，特别是主动发布"双随机"抽查监管结果，形成有效震慑，推进市场治理；完善企业内部吹哨人制度和

监督举报制度等，用社会力量弥补政府监督力量的不足。

5. 顶层设计，提出重点，提升技术治理能力

必须基于从田间到餐桌的系统治理中面临的关键重大共性技术缺失，顶层设计食品安全技术的创新驱动，设计防范系统性、区域性食品安全技术创新线路图。重中之重的任务是有效突破重金属、农兽药残留、地膜、畜禽粪便污染的防范技术，提升源头治理的技术能力。充分运用现代信息技术，特别是大数据技术，以信息化推进食品安全治理的系统化。

第八章　基于熵权 Fuzzy-AHP 法的 2006—2016 年间中国食品安全风险评估

食品安全问题是现阶段我国面临的重大公共安全问题之一。在全社会的共同努力下，我国食品安全的基本状况是“总体稳定、趋势向好”。但我国食品安全的风险程度处于什么状态？未来的走势如何？这既是迫切需要回答的现实问题，也是评价我国食品安全风险治理能力与成效的关键问题之一。本章主要基于2006—2015 年间的国家相关部门发布的统计数据，基于国家宏观层面，从管理学的角度，评估我国食品安全风险的现实状态与未来走势，全景式地描述我国食品安全水平的真实变化。

一、研究方法

构建具有中国特色的社会共治的国家食品安全风险治理体系的基础是如何科学评估食品安全风险。虽然目前我国对食品安全风险评估的研究还处于起步阶段，但学者们在宏观性和操作性两个层面上对食品安全风险评估模型进行了研究，设计出不同的评价指标体系以及模型。李哲敏将食品安全指标体系分割成若干独立的指标群，然后再组合成整体的食品安全指标体系。[①] 许宇飞根据各污染物的限量标准对食品安全状态逐级评价，对多污染物的综合评价主要是主观比较判断，[②]缺乏量化比较。傅泽强等通过构建食物安全可持续性综合指数模型，对我国食物数量安全进行因子评价。[③] 周泽义等利用模糊综合评判对北京市主要蔬菜、水果和肉类中的重金属及农药等调查结果进行评价。[④] 刘华楠和徐锋将食品质量安全与信用管理相结合，通过模糊层次综合评估模型对肉类食品安全进行信

---

① 李哲敏：《食品安全内涵及评价指标体系研究》，《北京农业职业学院学报》2004 年第 1 期。

② 许宇飞：《沈阳市主要农产品污染调查下防治与预警研究》，《农业环境保护》1996 年第 1 期。

③ 傅泽强、蔡运龙、杨友孝：《中国食物安全基础的定量评估》，《地理研究》2001 年第 5 期。

④ 周泽义、樊耀波、王敏健：《食品污染综合评价的模糊数学方法》，《环境科学》2000 年第 3 期。

用评价。[①] 类似方法还被用于对上海市进口红酒的安全状况评价,[②]武力从食品供应链上建立食品安全风险评价指标体系进行风险评价。[③] 李旸等提出在综合评价指数法检测基础上,运用质量指数评分法划分了食品安全等级。[④] 刘补勋将层次分析和灰度关联分析相结合,提出食品安全综合评价指标体系计算模型,并通过实例验证了模型的可行性。[⑤] 刘清裙等提出以风险可能性与风险损失度为二维矩阵的食品安全风险监测模型进行综合评估。[⑥] 李为相等则将扩展粗集理论引入食品安全评价中,并对 2006 年酱菜的安全状况进行了综合评价。[⑦]

上述方法从不同角度对食品安全风险进行了评估,丰富与发展了食品安全风险的评估方法,取得了一定效果。但完整地研究食品安全风险整体状况评价的理论研究较少,特别是在食品供应链上风险的不确定性影响因素研究更少。吴林海等在《中国食品安全发展报告》(2012、2013、2014 年)三个食品安全年度报告中,在充分考虑数据的可得性与科学性的基础上,主要基于管理学的视角,应用突变模型对我国食品安全风险区间进行评判与量化分析,由此分析我国食品安全风险的现实状态,虽然解决了长期以来一直没有解决的问题,总体结论比较可靠,但所处风险区间评价参考的风险值度量标准是发达国家的标准,中国的食品安全风险虽然与发达国家具有共性,但有其自身的特殊性。因此,上述研究方法也存在一定缺陷。

需要进一步指出的是,按照食品工业"十二五"发展规划的口径,目前我国的食品工业形成了四大类、22 个中类、57 个小类共计数万种食品。对品种极其繁多的食品逐一抽查检测,并公布合格率固然非常重要,但是在信息网络非常发达的背景下,新闻媒体不断报道的食品安全事件在网络传播的巨大推动下,将进一步放大老百姓的食品安全恐慌心理。因此,必须科学合理地评估食品安全的总体状况,从宏观层次上来回答中国食品安全总体情况与食品安全的风险走势,逐步消除消费者的担忧,同时可为政府的食品安全监管提供决策依据。本章的研究主要是在传统的层次分析法与应用突变模型方法的基础上,通过引入熵权和三角模糊数,建立熵权 Fuzzy-AHP 方法,较好实现食品安全风险的定性与定量分析,为在

① 刘华楠、徐锋:《肉类食品安全信用评价指标体系与方法》,《决策参考》2006 年第 5 期。

② 杜树新、韩绍甫:《基于模糊综合评价方法的食品安全状态综合评价》,《中国食品学报》2006 年第 6 期。

③ 武力:《"从农田到餐桌"的食品安全风险评价研究》,《食品工业科技》2010 年第 9 期。

④ 李旸、吴国栋、高宁:《智能计算在食品安全质量综合评价中的应用研究》,《农业网络信息》2006 年第 4 期。

⑤ 刘补勋:《食品安全综合评价指标体系的层次与灰色分析》,《河南工业大学学报(自然科学版)》2007 年第 5 期。

⑥ 刘清珺、陈婷、张经华:《基于风险矩阵的食品安全风险监测模型》,《食品科学》2010 年第 5 期。

⑦ 李为相、程明、李帮义:《粗集理论在食品安全综合评价中的应用》,《食品研究与开发》2008 年第 2 期。

宏观层面上科学评估食品安全风险提供理论依据。

二、评价指标体系

与《中国食品安全发展报告》(2012、2013、2014、2015)四个食品安全年度报告相类似,根据政府信息公开数据的可得性,并随着研究的深入,本章的研究需要重新构建食品安全风险评价指标体系。

1. 指标选择

根据我国《食品安全法》的相关规定,在食品安全供应链上衡量食品安全风险的程度,主要内容包括食品以及食品相关产品中危害人体健康的物质包括致病性微生物、农药残留、兽药残留、重金属、污染物质以及其他危害人体健康的物质。另外,食品安全风险的产生既涉及技术问题,也涉及管理问题和消费者自身问题;风险的发生既可能是自然因素、经济环境,又可能是人源性因素等。上述错综复杂的问题,贯穿于整个食品供应链体系,因此,如何构建客观、准确的食品安全风险评价指标体系,对当前的食品安全风险评估起着至关重要的作用。本文构建如图 8-1 所示的食品安全风险评价指标体系体现了生产经营者、政府、消费者三个最基本的主体在整个食品安全体系的作用。从指标数据的构成来说具有如下特点:第一,可得性。数据绝大多数来源于国家相关部门发布的统计数据。第二,权威性。由于这些数据均来自于国家有关食品安全风险监管部门,相对具有权威性。第三,合理性。比如,原来使用食品卫生监测总体合格率、食品化学残留检测合格率、食品微生物合格率、食品生产经营单位经常性卫生监督合格率来衡量流通环节的食品安全风险,虽有一定的价值,但由于食品安全监管体制的改革,上述相关数据已不复存在,而且这些数据即使存在,由于食品质量国家监督抽查合格率所反映的是整个食品供应链主要环节的综合安全程度,因此并不如采用食品质量国家监督抽查合格率更科学。

2. 指标体系的层次结构

为了较为直观地体现目前我国食品安全风险,本文将食品供应链简化为生产加工、流通和消费(餐饮)三个环节,通过分析食品供应链上这三个主要环节的风险来完整地评估全程供应链体系的食品安全风险。具体指标设定如下。

(1) 生产加工环节(A_1)风险中的兽药残留(A_{11})主要是指使用兽药后蓄积或存留于畜禽机体或产品中的原型药物或其代谢产物,包括与兽药有关的杂质的残留。蔬菜农药残留(A_{12})主要是指随着农药在农业生产中广泛使用而造成食物污染,危害人体健康。水产品质量不合格(A_{13})主要指水产品在生产加工过程中使用劣质或非食用物质作为原料和食品,使用违禁添加物或其他有毒有害物质等以及加工环境不卫生不符合卫生标准,加工程序不当等风险,导致食品中微生物超标、菌落数超标、有异物等风险。考虑到猪肉是我国最大众化的食品，因此将生猪含有瘦肉精(A_{13})列入其中。

(2) 流通环节安全风险(A_2)主要是通过食品质量国家监督抽查合格率(A_{21})、饮用水经常性卫生监测合格率(A_{22})、全国消协受理食品投诉件数(A_{23})等三方面来反映流通环节的食品安全风险程度。

(3) 消费/餐饮环节(A_3)的风险主要是通过食物中毒人数(A_{31})、中毒后死亡人数(A_{32})以及中毒事件数(A_{33})等三方面来反映消费/餐饮环节的食品安全风险程度。

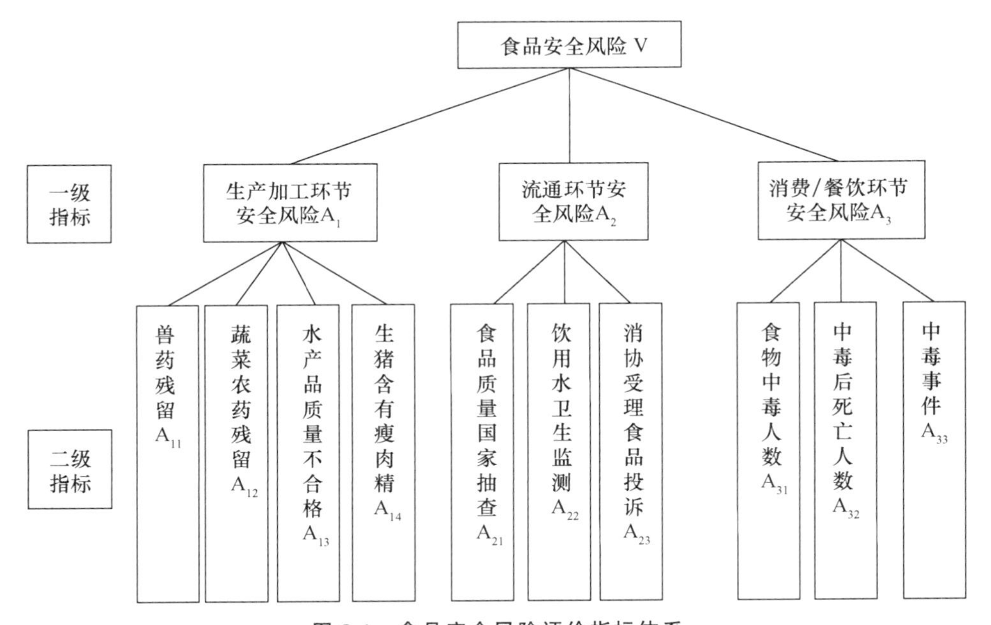

图 8-1　食品安全风险评价指标体系

三、熵权 Fuzzy-AHP 基本理论及决策步骤

(一) 熵权

熵(Entropy)是系统状态不确定性的一种度量，主要被用于度量评价指标体系中指标数据所蕴含的信息量。对于非模糊矩阵 A，即

$$A=\begin{bmatrix} a_{11} & a_{12} & \cdots & a_{1n} \\ a_{21} & a_{22} & \cdots & a_{2n} \\ \vdots & \vdots & \cdots & \vdots \\ a_{n1} & a_{n2} & \cdots & a_{nn} \end{bmatrix}$$

若令 $s_i = \sum_{i=1}^{n} a_{ij} (j = 1,2,\cdots,n)$ 为第 i 行元素之和，若定义 $P_{ij} = \frac{a_{ij}}{s_i}$ 表示矩阵中的元素 a_{ij} 在第 i 行出现的概率。则由概率矩阵(1)可求得熵(2)

$$P = \begin{bmatrix} P_{11} & P_{12} & \cdots & P_{1n} \\ P_{21} & P_{22} & \cdots & P_{2n} \\ \vdots & \vdots & \cdots & \vdots \\ P_{n1} & P_{n2} & \cdots & P_{nn} \end{bmatrix} \tag{1}$$

$$H_i = -\sum_{j=1}^{n} P_{ij} \log_2(P_{ij}) \quad (i = 1,2,\cdots,n) \tag{2}$$

（二）三角模糊数的定义及运算规则①

如果 M 为一实数集合，F 代表三角模糊数，且 $F \to [0,1]$，则可以简单记为 $M=(1,m,u)$，则其隶属函数 $V(x)$ 表示为：

$$V(x) = \begin{cases} 0 & x < a \\ \frac{x-a}{m-a} & a \leqslant x \leqslant m \\ \frac{b-x}{b-m} & m \leqslant x \leqslant b \\ 0 & x > b \end{cases} \tag{3}$$

对于隶属函数 $V(x)$，$1 \leqslant m \leqslant u$，其中，三角模糊数 M 的承集下界、上界分别是 a 和 b。对于 M(三角模糊数)，若定义 $M_1=(1_1,m_1,u_1)$，$M_2=(1_2,m_2,u_2)$ 是隶属函数 $V(x)$ 的两个模糊数，满足 $M_1 \oplus M_2=(1_1+1_2,m_1+m_2,u_1+u_2)$ 和 $M_1 \otimes M_2=(1_1 1_2,m_1 m_2,u_1 u_2)$，并且对于任意 λ，有 $\lambda M=\lambda(1,m,u)=(\lambda 1,\lambda m,\lambda u)$。

假设截集 $\beta \in [0,1]$，运用模糊数 $\tilde{1}$，$\tilde{3}$，$\tilde{5}$，$\tilde{7}$，$\tilde{9}$，其特征参数及置信区间见表 8-1。

表 8-1 模糊数的特征参数及置信区间

模糊数	特征参数	置信区间
$\tilde{1}$	(1,1,3)	$[1,3-2\beta]$
$\tilde{3}$	(1,3,5)	$[1+2\beta,5-2\beta]$
$\tilde{5}$	(3,5,7)	$[3+2\beta,7-2\beta]$
$\tilde{7}$	(5,7,9)	$[5+2\beta,9-2\beta]$
$\tilde{9}$	(7,9,11)	$[7+2\beta,11-2\beta]$

① 李明、刘桔林：《基于模糊层次分析法的小额贷款公司风险评价》，《统计与决策》2013 年第 23 期。

(三) 基于熵权 Fuzzy-AHP 的决策步骤

一是构建层次分析模型。通过对性能指标分值的比较,用模糊数 $\widetilde{1}$,$\widetilde{3}$,$\widetilde{5}$,$\widetilde{7}$,$\widetilde{9}$ 来表示同一层次体系或判断矩阵中元素的相对强度,分析系统中各因素之间的关系,确定模糊权重向量 $\widetilde{w}$ 和模糊判断矩阵 $\widetilde{X}$,根据层次分析法的基本原理和步骤,构建总模糊判断矩阵 $\widetilde{A}$:用各准则层的模糊 $\widetilde{w}$ 乘以模糊判断矩阵 $\widetilde{X}$。

$$\widetilde{A}=\begin{bmatrix} w_{11}a_{11} & w_{12}a_{12} & \cdots & w_{1n}a_{1n} \\ w_{21}a_{21} & w_{22}a_{22} & \cdots & w_{2n}a_{2n} \\ \vdots & \vdots & \cdots & \vdots \\ w_{n1}a_{n1} & w_{n2}a_{n2} & \cdots & w_{nn}a_{nn} \end{bmatrix} \tag{4}$$

二是总模糊判断矩阵 $\widetilde{A}$ 矩阵化。根据给定水平截集 $\boldsymbol{\beta}$,将 $\widetilde{A}$ 用区间形式表示:

$$\widetilde{A}_{\beta}=\begin{bmatrix} [a_{11l}^{\beta},a_{11r}^{\beta}] & [a_{12l}^{\beta},a_{12r}^{\beta}] & \cdots & [a_{1nl}^{\beta},a_{1nr}^{\beta}] \\ [a_{21l}^{\beta},a_{21r}^{\beta}] & [a_{22l}^{\beta},a_{22r}^{\beta}] & \cdots & [a_{2nl}^{\beta},a_{2nr}^{\beta}] \\ \vdots & \vdots & \cdots & \vdots \\ [a_{n1l}^{\beta},a_{n1r}^{\beta}] & [a_{n2l}^{\beta},a_{n2r}^{\beta}] & \cdots & [a_{nnl}^{\beta},a_{nnr}^{\beta}] \end{bmatrix} \tag{5}$$

其中 $a_{ijl}^{\beta}=w_{il}^{\beta}\times x_{ijl}^{\beta}$,$a_{ijr}^{\beta}=w_{ir}^{\beta}\times x_{ijr}^{\beta}$。

在 $\boldsymbol{\beta}$ 水平一定的情况下,用乐观指标 λ 来判断矩阵 $\widetilde{A}_{\beta}$ 的满意度,λ 代表了决策者的乐观程度,λ 值越大,乐观程度越大。用 λ 把 $\widetilde{A}_{\beta}$ 转化成非模糊矩阵 $\widetilde{\widetilde{A}}$:

$$\widetilde{\widetilde{A}}=\begin{bmatrix} \widetilde{a}_{11} & \widetilde{a}_{12} & \cdots & \widetilde{a}_{1n} \\ \widetilde{a}_{21} & \widetilde{a}_{22} & \cdots & \widetilde{a}_{2n} \\ \vdots & \vdots & \cdots & \vdots \\ \widetilde{a}_{n1} & \widetilde{a}_{n2} & \cdots & \widetilde{a}_{nn} \end{bmatrix} \tag{6}$$

其中 $\widetilde{a}_{ij}=\lambda a_{ijr}^{\beta}+(1-\lambda)a_{ijt}^{\beta}$。

根据式(2),求得 $H_i(i=1,2,\cdots,n)$,通过对 $H_1,H_2,\cdots,H_n$ 的归一化,则得到第 i 个因素熵权为:

$$w_H^i=\frac{1-H_i}{\sum_{i=1}^{n}(1-H_i)} \tag{7}$$

熵权 $w_H^j(i=1,2,\cdots,n)$ 可以反映食品供应链上各个环节以及不同年份食品安全风险发生的程度。

四、风险评估及结果分析

（一）数据来源与处理

本章节数据主要来源于《中国卫生统计年鉴》《中国统计年鉴》《中国食品工业年鉴》《中国食品安全发展报告 2012》《中国食品安全发展报告 2013》《中国食品安全发展报告 2014》《中国食品安全发展报告 2015》等；饮用水经常性卫生监测合格率采用的是国家卫生与计划生育委员会发布的集中式供水合格率；有关消协组织受理食品投诉件的数据，均来源于全国消费者协会不同年度发布的《全国消费者协会组织受理投诉情况》。具体数据见表 8-2。

表 8-2　2006—2016 年间食品安全风险评估指标值

环节	指标	2006	2007	2008	2009	2010	2011	2012	2013	2014	2015
生产加工环节	兽药残留抽检合格率(%)*	75.0	79.2	81.7	99.5	99.6	99.6	99.7	99.7	99.2	99.4
	蔬菜农残抽检合格率(%)	93.0	95.3	96.3	96.4	96.8	97.4	97.9	96.6	96.3	96.1
	水产品抽检合格率(%)	98.8	99.8	94.7	96.7	96.7	96.8	96.9	94.4	93.6	95.5
	生猪(瘦肉精)抽检合格率(%)**	98.5	98.4	98.6	99.1	99.3	99.5	99.7	99.7	99.8	99.9
流通环节	食品质量国家监督抽查合格率(%)	80.8	83.1	87.3	91.3	94.6	95.1	95.4	96.5	95.7	96.8
	饮用水经常性卫生监测合格率(%)	87.7	88.6	88.6	87.4	88.1	92.1	92.1	93.4	91.6	91.6
	全国消协受理食品投诉件数(万件)	4.2	3.7	4.6	3.7	3.5	3.9	2.9	4.3	2.7	2.2
消费/餐饮环节	食物中毒人数(人)	18063	13280	13095	11007	7383	8324	6685	5559	5657	5926
	中毒后死亡人数(人)	196	258	154	181	184	137	146	109	110	121
	中毒事件数(件)	596	506	431	271	220	189	174	152	160	169

注：* 是由于无法查阅到 2014 年、2015 年的兽药残留抽检合格率，这里使用畜禽产品的监测合格率；** 是农业部没有发布 2015 年的生猪（瘦肉精）抽检合格率，此为农业部发布的 2015 年上半年的合格率。

进一步将表 8-2 中的数据转化为模糊数值来对应表示不同年份的食品安全危险程度。具体方法是将表 8-2 按行求极值，将极值除以 5，对表 8-2 中原始数值落在不同区间的数值按照模糊权重数 $\tilde{1}$，$\tilde{3}$，$\tilde{5}$，$\tilde{7}$，$\tilde{9}$ 进行模糊赋值，具体数据见表 8-3。然后，再对每年的各项分值进行加权平均，得到 2006 年至 2015 年对三个环节的食品安全风险评估的模糊判断值，见表 8-4。

表 8-3　各指标模糊化区间及对应模糊值

环节	最小值	模糊值		模糊值		模糊值		模糊值		模糊值	最大值
生产加工环节	75.00	$\tilde{9}$	79.94	$\tilde{7}$	84.88	$\tilde{5}$	89.82	$\tilde{3}$	94.76	$\tilde{1}$	99.70
	93.00	$\tilde{9}$	93.98	$\tilde{7}$	94.96	$\tilde{5}$	95.94	$\tilde{3}$	96.92	$\tilde{1}$	97.90
	93.60	$\tilde{9}$	94.84	$\tilde{7}$	96.08	$\tilde{5}$	97.32	$\tilde{3}$	98.56	$\tilde{1}$	99.80
	98.40	$\tilde{9}$	98.70	$\tilde{7}$	99.00	$\tilde{5}$	99.30	$\tilde{3}$	99.60	$\tilde{1}$	99.90
流通环节	80.80	$\tilde{9}$	84.00	$\tilde{7}$	87.20	$\tilde{5}$	90.40	$\tilde{3}$	93.60	$\tilde{1}$	96.80
	87.00	$\tilde{9}$	87.93	$\tilde{7}$	88.86	$\tilde{5}$	89.78	$\tilde{3}$	90.71	$\tilde{1}$	91.64
	2.17	$\tilde{1}$	2.66	$\tilde{3}$	3.14	$\tilde{5}$	3.64	$\tilde{7}$	4.11	$\tilde{9}$	4.60
消费/餐饮环节	5559.00	$\tilde{1}$	8059.80	$\tilde{3}$	10560.60	$\tilde{5}$	13061.40	$\tilde{7}$	15562.20	$\tilde{9}$	18063.00
	109.00	$\tilde{1}$	138.80	$\tilde{3}$	168.60	$\tilde{5}$	198.40	$\tilde{7}$	228.20	$\tilde{9}$	258.00
	152.00	$\tilde{1}$	240.80	$\tilde{3}$	329.60	$\tilde{5}$	418.40	$\tilde{7}$	507.20	$\tilde{9}$	596.00

（二）模糊权重向量的构建与总判断矩阵的计算

食品安全风险因素在整个食品供应链上层出不穷，并且相互交叉影响，因此，为了真实反映食品供应链上每一个环节对食品安全的影响，我们运用德尔菲法，选取有关专家和有经验人员，根据上述数据对一级指标和二级指标进行两两比较，对各评价指标的重要程度采用模糊数进行打分，构建模糊权重向量 $\tilde{w}=\begin{bmatrix} A_1 & A_2 & A_3 \\ \tilde{7} & \tilde{5} & \tilde{3} \end{bmatrix}$和模糊判断矩阵 $\tilde{x}$。

$$\tilde{w}=\begin{bmatrix} A_1 & A_2 & A_3 \\ \tilde{7} & \tilde{5} & \tilde{3} \end{bmatrix} \tag{8}$$

$$\tilde{x}=\begin{matrix} \\ A_1 \\ A_2 \\ A_3 \end{matrix}\begin{bmatrix} 2006 & 2007 & 2008 & 2009 & 2010 & 2011 & 2012 & 2013 & 2014 & 2015 \\ \tilde{7} & \tilde{7} & \tilde{7} & \tilde{3} & \tilde{3} & \tilde{3} & \tilde{3} & \tilde{5} & \tilde{3} & \tilde{1} \\ \tilde{5} & \tilde{7} & \tilde{5} & \tilde{7} & \tilde{5} & \tilde{3} & \tilde{3} & \tilde{1} & \tilde{3} & \tilde{3} \\ \tilde{7} & \tilde{7} & \tilde{5} & \tilde{5} & \tilde{3} & \tilde{1} & \tilde{1} & \tilde{1} & \tilde{1} & \tilde{1} \end{bmatrix} \tag{9}$$

总判断矩阵为：

$$\tilde{A}=$$

$$\begin{bmatrix} 2006 & 2007 & 2008 & 2009 & 2010 & 2011 & 2012 & 2013 & 2014 & 2015 \\ \tilde{7}\times\tilde{7} & \tilde{7}\times\tilde{7} & \tilde{7}\times\tilde{7} & \tilde{7}\times\tilde{3} & \tilde{7}\times\tilde{3} & \tilde{7}\times\tilde{3} & \tilde{7}\times\tilde{3} & \tilde{7}\times\tilde{5} & \tilde{7}\times\tilde{3} & \tilde{7}\times\tilde{1} \\ \tilde{5}\times\tilde{9} & \tilde{5}\times\tilde{7} & \tilde{5}\times\tilde{5} & \tilde{5}\times\tilde{7} & \tilde{5}\times\tilde{5} & \tilde{5}\times\tilde{3} & \tilde{5}\times\tilde{3} & \tilde{5}\times\tilde{1} & \tilde{5}\times\tilde{3} & \tilde{5}\times\tilde{3} \\ \tilde{3}\times\tilde{7} & \tilde{3}\times\tilde{7} & \tilde{3}\times\tilde{5} & \tilde{3}\times\tilde{5} & \tilde{3}\times\tilde{3} & \tilde{3}\times\tilde{1} & \tilde{3}\times\tilde{1} & \tilde{3}\times\tilde{1} & \tilde{3}\times\tilde{1} & \tilde{3}\times\tilde{1} \end{bmatrix}$$

假设给定水平截集 $\beta=0.5$，将 $\widetilde{A}$ 用区间形式表示：

$$\widetilde{A}_\beta=\begin{bmatrix}[36,64] & [36,64] & [36,64] & [12,32] & [12,32] & [12,32] & [12,32] & [24,48] & [12,32] & [12,32] \\ [16,36] & [24,48] & [16,36] & [24,48] & [16,36] & [8,24] & [8,24] & [4,12] & [8,24] & [4,12] \\ [12,32] & [12,32] & [8,24] & [8,24] & [4,16] & [2,8] & [2,8] & [2,8] & [2,8] & [2,8]\end{bmatrix}$$

（三）非模糊判断矩阵及熵权的计算

取 $\lambda=0.6$，得到非模糊判断矩阵。

$$\widetilde{\widetilde{A}}=\begin{bmatrix}47.2 & 47.2 & 47.2 & 20.0 & 20.0 & 20.0 & 10.0 & 33.6 & 20.0 & 20.0 \\ 24 & 33.6 & 24.0 & 33.6 & 24.0 & 14.4 & 14.4 & 7.20 & 14.4 & 7.2 \\ 20 & 20 & 14.4 & 14.4 & 8.8 & 4.4 & 4.4 & 4.4 & 4.4 & 4.4\end{bmatrix}$$

利用公式(1)将非模糊判断矩阵转化为表 8-4 的概率矩阵。

表 8-4　由非模糊判断矩阵转化的概率矩阵

年份 环节	2006	2007	2008	2009	2010	2011	2012	2013	2014	2015
生产加工环节	0.423	0.423	0.423	0.263	0.263	0.263	0.263	0.357	0.263	0.263
流通环节	0.370	0.435	0.370	0.435	0.370	0.276	0.276	0.175	0.276	0.175
消费/餐饮环节	0.465	0.465	0.403	0.403	0.309	0.199	0.199	0.199	0.199	0.199

再利用公式(2)求得，则得到各年对应熵权，见表 8-5。

表 8-5　各年对应的食品安全风险熵权值

年份	2006	2007	2008	2009	2010	2011	2012	2013	2014	2015
熵权	1.258	1.323	1.196	1.102	0.943	0.738	0.738	0.730	0.738	0.637

五、主要结论

依据熵权值形成了如图 8-2 所示的 2006—2015 年间我国食品安全风险度的演化图，并据此形成了如图 8-3 所示的生产加工、流通、消费（餐饮）三个环节的食品安全风险的相对变化。

（一）食品安全风险的总体特征

从图 8-2 的食品安全风险度的演化图已清楚地表明，虽然分别在 2007 年、2014 年略有反弹，但 2006—2015 年间我国食品安全风险度一路下行，趋势非常明显，而且在 2009 年由于高风险状态进入中风险状态，并在 2011 年进入低风险状态，食品安全风险处于相对安全的区间。

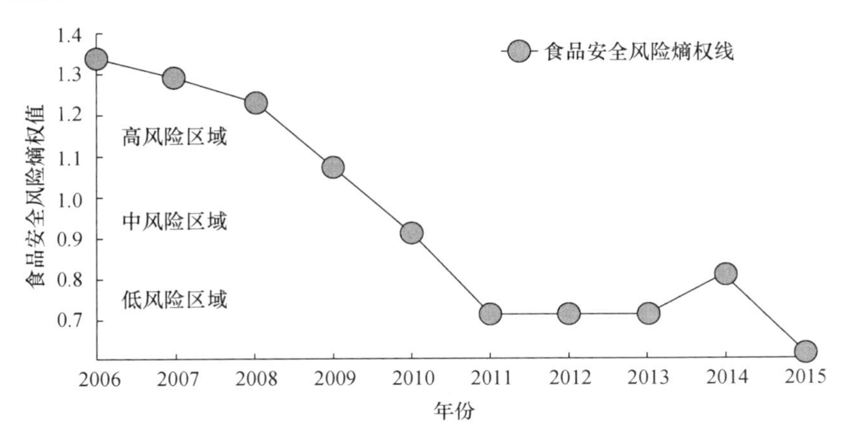

图 8-2　2006—2015 年间食品安全风险演化图

2014 年略有反弹的主要原因是，2014 年农业部发布的农产品生产加工环节中兽药残留抽检合格率、蔬菜农残抽检合格率与水产品抽检合格率比 2013 年有较大幅度的下降，特别是 2014 年的饮用水经常性卫生监测合格率下降幅度较大。由此可见，从 2011 年开始我国的食品安全风险一直处于相对安全的区间，虽然稍有变好，但并没有逆转我国食品安全保障水平"总体稳定，逐步向好"的基本格局。

（二）主要环节的风险特征与比较分析

图 8-3 显示的 2006—2015 年间各环节风险发生的概率值表明，此时间段内我国食品生产加工、流通和消费（餐饮）三个环节食品安全风险变化也呈现出较明显的规律：由于兽药、农残、瘦肉精等指标抽检合格率明显提高，而食物中毒人数、中毒后死亡人数以及中毒事件数呈现比较明显的下降，必然形成生产加工环节和消费环节的食品风险总体形态持续下降；流通环节总体上虽然也呈现下降趋势，但

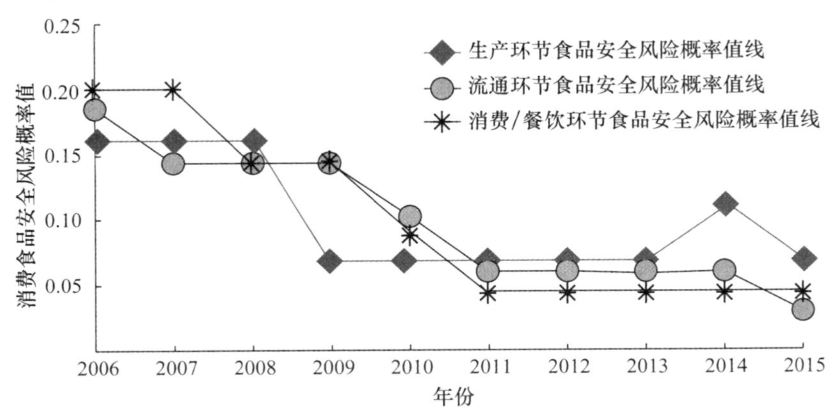

图 8-3　2006—2015 年间各环节风险发生的概率值

波动明显，由于 2009 年饮用水抽查的不合格率较高，直接导致流通环节的风险首次超过了生产加工环节的风险和消费环节的风险；从 2011 年起消费（餐饮）环节的风险值明显低于前两个环节，主要成因是与生产、流通环节的情形不同，衡量消费（餐饮）环节风险程度的食物中毒人数、中毒后死亡人数、中毒事件数在 2006—2015 年间持续下降了 69.22%以上。

综上所述，在 2006—2015 年间食品生产加工、流通与消费三个环节的食品安全风险相比较而言，生产加工环节的风险大于消费环节，消费环节的风险大于流通环节。这与基于大数据挖掘形成的 2006—2015 年间中国发生的食品安全事件高度吻合。此十年间全国发生的食品安全事件数量达到 245862 起，而且食品供应链各个主要环节均不同程度地发生了安全事件，其中 66.91%的事件发生在食品生产与加工环节，其他环节依次是批发与零售、餐饮与家庭食用、初级农产品生产、仓储与运输，发生事件量分别占总量的 11.25%、8.59%、8.24%和 5.01%。具体可参见《报告 2016》的第七章的相关内容。因此，生产加工环节的食品安全是政府监管部门的重点。当然，这是从宏观层次上得出的结论，不同的区域、不同的食品情况不一样，应该从实际出发加以监管。

第九章　2015 年度中国城乡居民食品安全状况的评价

通过调查研究城乡居民对食品安全状况的评价，一直是本研究的主要方法，也是本研究的重要特色。本章主要是基于 2015 年 10 月对全国 10 个省区的调查，分析城乡居民食品安全的满意度与满意度的变化、所担忧的食品安全的主要风险、食品安全风险成因与对政府监管力度的满意度等，努力刻画城乡居民对食品安全状况评价的现实状态。

一、调查说明与受访者特征

由于我国城乡居民食品安全认知、防范意识等存在较大差异，对其所在地区食品安全的满意度不尽相同，甚至具有很大的差异性，同时也受条件的限制难以在全国层面上展开大范围的调查，因此，与过去的历次调查相仿，2015 年对城乡居民食品安全满意度等方面的调查仍然采用抽样方法，选取全国部分省区的城乡居民作为调查对象，通过统计性描述与比较分析的方法研究所调查地区的城乡居民对当前食品安全状况的评价与食品安全满意度的总体情况，以期最大程度地反映全国的总体状况。

（一）调查样本的选取与调查区域

本次调查采取随机抽样的方法，在全国范围内选取调查样本进行实地问卷调查。

1. 抽样设计的原则

依据之前调查样本的抽样设计，本调查仍遵循科学、效率、便利的基本原则，整体方案的设计严格按照随机抽样方法，选择的样本在条件可能的情况下基本涵盖全国典型省区，以确保样本具有代表性。抽样方案的设计在相同样本量的条件下尽可能提高调查的精确度，最大程度减少目标量估计的抽样误差。同时，设计方案同样注重可行性与可操作性，便于后期的数据处理与分析。

2. 随机抽样方法

主要采取分层设计和随机抽样的方法，先将总体中的所有单位按照某种特征或标志（如性别、年龄、职业或地域等）划分成若干类型或层次，然后再在各个类型或层次中采用简单随机抽样的办法抽取子样本。

3. 调查的地区

在过去多次调查的基础上,2016 年的调查在福建、贵州、河南、湖北、吉林、江苏、江西、山东、四川、陕西等 10 个省、自治区的 29 个地区(包括城市与农村区域)展开,具体地点见表 9-1。调查共采集了 4358 个样本(以下简称总体样本),其中城市居民受访样本 2163 个(以下简称城市样本),占总体样本比例的 49.63%,农村区域受访样本 2195 个(以下简称农村样本),占总体样本比例的 50.37%。与过去的调查诸如 2014 年调查的 4258 个总体样本,其中 2139 个城市样本和 2119 个农村样本分布相差不大。调查在 2016 年 1—3 月间完成。

表 9-1 2016 年调查区域与地点分布简况

省级	城市(包括县级城市)	区/县	农村行政村(或乡镇)
江西	赣州、新余	章贡区、赣县、渝水区	潭口镇、王母渡镇、下村镇、城南办
吉林	吉林、长春、四平	舒兰市、桦甸、宽城、伊通县	平安镇、明华街道、兴隆山镇、伊通镇
河南	驻马店、洛阳、南阳	平舆县、上蔡县、洛龙区、南召县	郭楼镇、杨集镇、通济街、云阳镇
江苏	连云港、南通	灌云县、新浦区、如皋县、如东县	灌云镇、杨集镇、如城镇、掘港镇
福建	泉州、漳州、福州、南平	泉港区、龙文区、福清市、延平区	东庄镇、金升、步文镇、龙田镇、水东街道
四川	南充、达州、绵阳	西充县、宣汉县、南部区、高新区	晋城镇、东乡镇、老鸦镇、普明街道
湖北	荆州、黄冈、天门(省辖县级市)、宜昌	公安县、武穴、天门(省辖县级市)、西陵区	狮子口镇、石佛寺镇、竟陵街道、杨林街道、学院街道、云集街道
山东	青岛、淄博	黄岛区、胶州市、桓台县、博山区	琅琊路、福州路、马桥镇、博山镇
内蒙古	乌海、通辽、巴彦淖尔、呼和浩特	海南区、科左后旗、乌拉特中旗、玉泉区	公乌素镇、金宝屯镇、海流图镇、石羊桥东路街道
湖南	衡阳、常德市	蒸湘区、石鼓区、汉寿县	蒸湘街道、红湘街道、五一街道、山铺镇、毛家滩

4. 调查的组织

为了确保调查质量,在实施调查之前对调查人员进行了专门培训,要求其在实际调查过程中严格采用设定的调查方案,并采取一对一的调查方式,在现场针对相关问题进行半开放式访谈,协助受访者完成问卷,以提高数据的质量。

（二）受访者基本特征

表9-2显示了由10个省区4358个城乡受访者所构成的总体样本所具有的基本特征。

表9-2　受访者基本特征的统计性描述　（单位：个、%）

特征描述	具体特征	频数			有效比例		
		总体样本	农村样本	城市样本	总体样本	农村样本	城市样本
总体样本		4358	2195	2163	100.00	50.37	49.63
性别	男	2237	1152	1085	51.33	52.48	50.16
	女	2121	1043	1078	48.67	47.52	49.84
年龄	18—25	1263	488	775	28.98	22.23	35.83
	26—45	2114	1148	966	48.51	52.30	44.66
	46—60	847	468	379	19.44	21.32	17.52
	61岁及以上	134	91	43	3.07	4.15	1.99
婚姻状况	未婚	1460	604	856	33.50	27.52	39.57
	已婚	2898	1591	1307	66.50	72.48	60.43
家庭人口数	1人	37	17	20	0.85	0.77	0.92
	2人	207	98	109	4.75	4.46	5.04
	3人	1765	818	947	40.50	37.27	43.78
	4人	1252	661	591	28.73	30.11	27.32
	5人及以上	1097	601	496	25.17	27.39	22.94
受教育程度	初中或初中以下	1097	818	279	25.17	37.27	12.90
	高中，包括中等职业	1165	674	491	26.73	30.71	22.70
	大专	667	268	399	15.31	12.21	18.45
	本科	1247	369	878	28.61	16.81	40.59
	研究生及以上	182	66	116	4.18	3.00	5.36
个人年收入	1万元及以下	559	303	256	12.83	13.80	11.84
	1万—2万元之间	552	299	253	12.67	13.62	11.70
	2万—3万元之间	815	473	342	18.70	21.55	15.81
	3万—5万元之间	708	382	326	16.25	17.40	15.07
	5万元以上	743	391	352	17.05	17.81	16.27
	无收入	981	347	634	22.50	15.82	29.31
家庭年收入	5万元及以下	1289	696	593	29.58	31.71	27.42
	5万—8万元之间	1189	632	557	27.28	28.79	25.75
	8万—10万元之间	981	481	500	22.51	21.91	23.12
	10万元以上	899	386	513	20.63	17.59	23.71
家中是否有18岁以下的小孩	有	2243	1202	1041	51.47	54.76	48.13
	没有	2115	993	1122	48.53	45.24	51.87

（续表）

特征描述	具体特征	频数			有效比例		
		总体样本	农村样本	城市样本	总体样本	农村样本	城市样本
职业	公务员	165	62	103	3.79	2.82	4.76
	企业员工	795	287	508	18.24	13.08	23.49
	农民	740	651	89	16.98	29.66	4.11
	事业单位职员	596	222	374	13.68	10.11	17.29
	自由职业者	583	335	248	13.38	15.26	11.47
	离退休人员	86	55	31	1.97	2.51	1.43
	无业	92	59	33	2.11	2.69	1.53
	学生	998	348	650	22.90	15.85	30.05
	其他	303	176	127	6.95	8.02	5.87

1. 男性略多于女性

在总体样本、农村样本、城市样本中均是男性略多于女性，在总体样本中男性占 51.33%，女性占 48.67%；在农村样本中男性占 52.48%，女性占 47.52%；在城市样本中男性占 50.16%，女性占 49.84%。

2. 26—45 岁年龄段的受访者比例最高

如图 9-1 所示，在总体样本、城市样本和农村样本中 26—45 岁年龄段的受访者比例均为最高，分别为 48.51%、44.66%、52.30%；其次为 18—25 岁年龄段的受访者，相对应的比例分别为 28.98%、35.83%、22.23%，而年龄在 46—60 岁年龄段相对应的比例分别为 19.44%、17.52%和 21.32%。

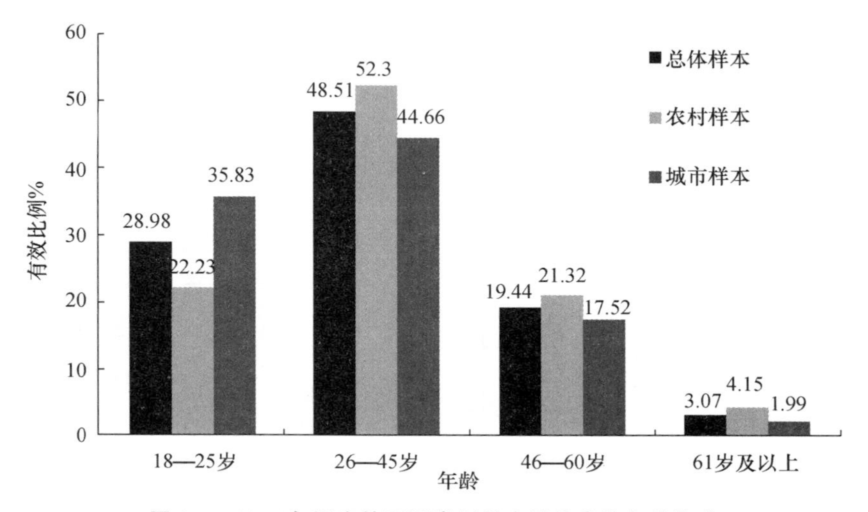

图 9-1 2016 年调查的不同类别样本受访者的年龄构成

3. 已婚的受访者占大多数

表9-1显示，总体样本、城市样本及农村样本中的已婚受访者均占大多数，比例都高于60%，分别为66.50%、60.43%、72.48%。

4. 家庭人口数为3人的受访者比例较高

图9-2显示，从样本的总体情况来看，40.50%、28.73%与25.17%的受访者家庭人口数分别为3人、4人、5人及以上。城市样本、农村样本的家庭人口数据与总体样本的分布结构均较为类似。

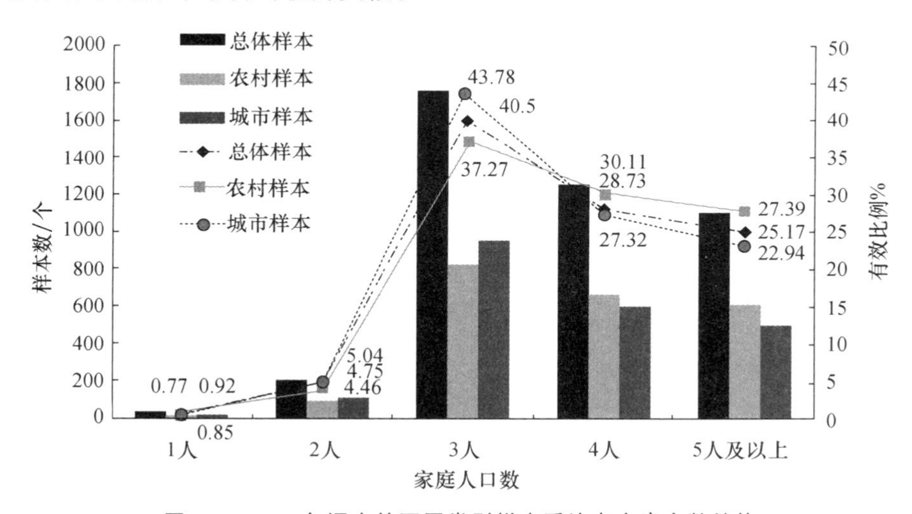

图9-2 2016年调查的不同类别样本受访者家庭人数结构

5. 受访者学历层次整体较高

图9-3显示了不同类别样本受访者的受教育程度。在总体样本中，28.61%的受访者学历为本科，占比最高。而农村样本中37.27%的受访者学历为初中或初中以下，占比最高，城市样本中40.59%的受访者为本科学历，既在该样本中占比最高，也在所有样本中占比最高。

6. 个人年收入分布相对均匀

图9-4显示，城市样本没有收入的受访者比例在所有受访者中占29.31%，是最高的；其次为总体样本中无收入受访者比例为22.50%；农村样本中无收入的受访者比例为15.82%，是三个样本中无收入受访者最低的。其余受访者的年均收入分布相对均匀。

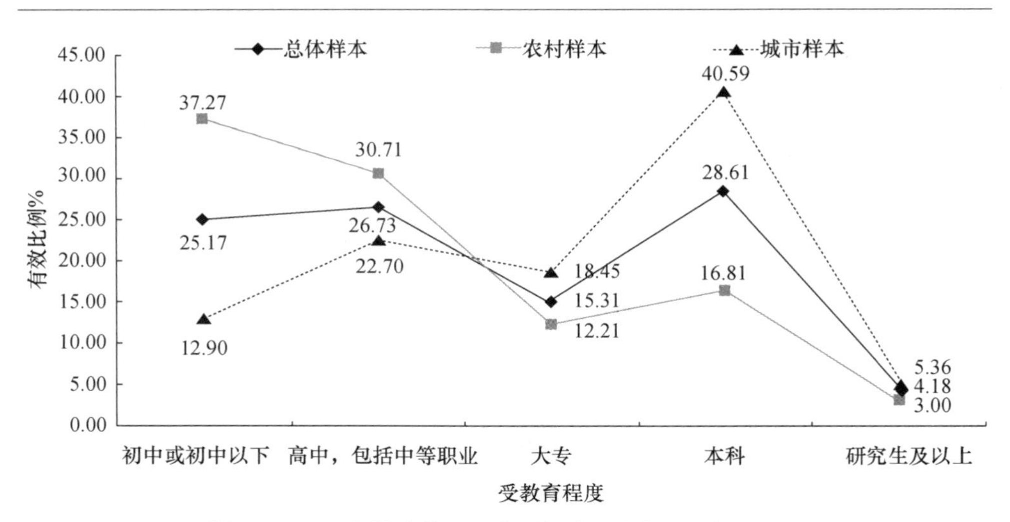

图 9-3 2016 年调查的不同类别样本受访者的受教育程度

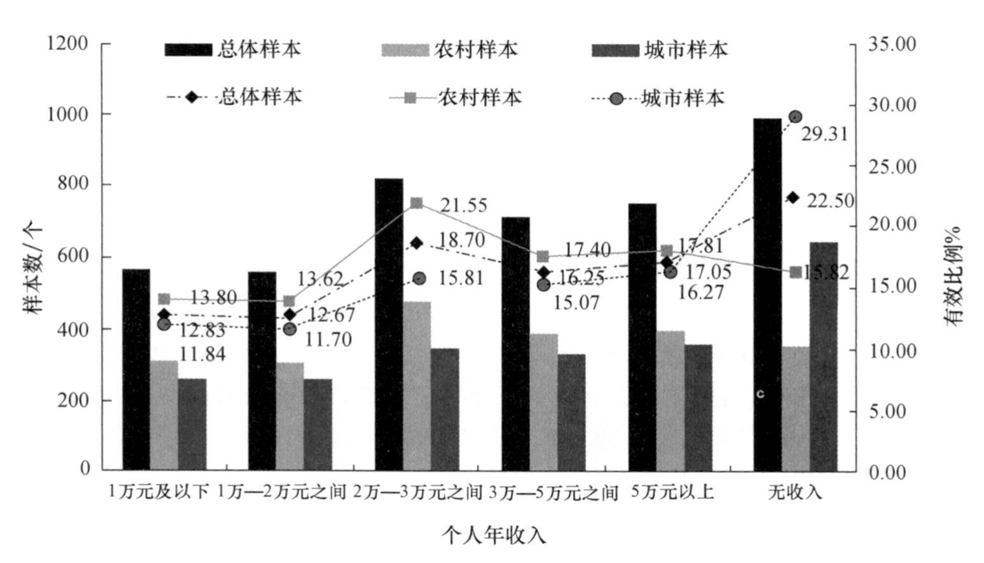

图 9-4 2016 年调查的不同类别样本受访者的个人年收入分布

7. 家庭年收入分布均匀

图 9-5 显示，总体样本、农村样本和城市样本的受访者家庭年收入整体分布相对平均，除了在家庭年收入 10 万元以上的受访者比例有所差距以外，各层次的比例基本分布在 17%—32%之间。10 万元以上的受访者比例在总体样本、农村样本和城市样本中差别较大，由高到低分别为城市样本的 23.71%、总体样本的 20.63%和农村样本的 17.59%。总体来看，家庭年收入在 5 万元及以下的受访者

比例较大，而家庭年收入在 10 万元以上的受访者比例相对较低。

图 9-5　2016 年调查的不同类别样本受访者的家庭年收入结构分布

8. 家中有 18 岁以下小孩的比例较高

从总体样本来分析，51.47％的受访者家中有 18 岁以下的小孩，城市和农村受访者家中有 18 岁以下的小孩比例分别为 48.13％、54.76％。这些家庭很可能因为家中有 18 岁以下小孩对食品安全关注度较高。

9. 受访者的职业分布较为广泛

图 9-6 显示，总体样本中 24.82％的受访者为学生，占比最高；其次分别为企业员工、自由职业者、事业单位职员、农民，占比分别为 17.80％、14.16％、13.43％和 11.65％；而公务员、离退休人员、无业人员的比例相对较低，分别为 4.49％、4.23％和 3.10％。

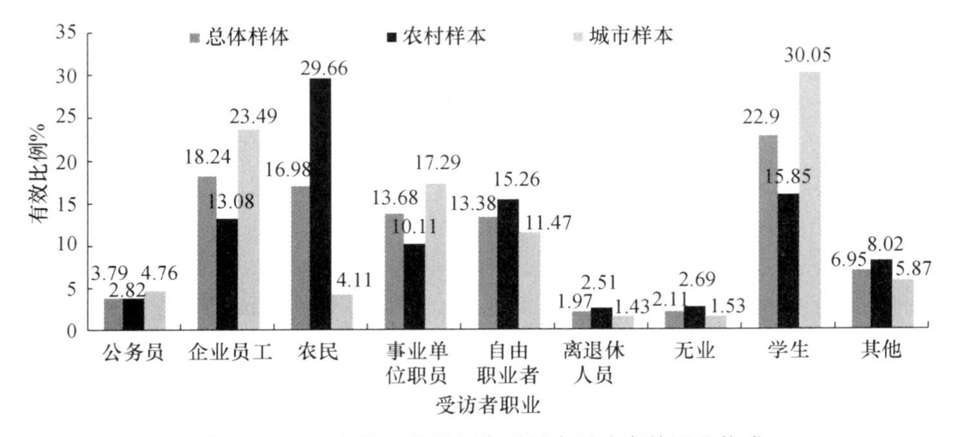

图 9-6　2016 年调查的不同类别样本受访者的职业构成

二、受访者的食品安全总体满意度与未来信心

基于调查数据，本部分主要研究城乡受访者对食品安全总体满意度、担忧的主要食品安全问题、受重大事件影响的食品安全信心、对未来食品安全的信心等问题，并比较城乡受访者相关评价的差异性。

（一）对当前市场上食品安全满意度的评价

如表 9-3 与图 9-7 所示，在 2016 年调查的总体样本 4358 名受访者中，有 30.08%的受访者对当前市场上的食品安全表示不满意，分别有 26.76%、23.82%的受访者表示一般和比较满意，而表示非常满意、非常不满意的受访者分别占 3.97%、15.37%。总体而言，45.45%的受访者对当前市场上的食品安全状况表现出非常不满意或不满意，仅有 27.79%的受访者对食品安全满意度显示为比较满意或非常满意，同时有 26.76%的受访者表示一般。显然，总体样本的受访者对当前食品安全满意度呈中等偏下的状况。其中，在农村样本中，36.04%的受访者对当前食品安全比较满意或非常满意或满意，而城市样本中，19.41%的受访者对当前食品安全比较满意或非常满意。显然，城市样本中的受访者对食品满意度评价最低。

表 9-3 2016 年调查的不同类别的受访者对食品安全的满意度 （单位：%）

样本	非常不满意	不满意	一般	比较满意	非常满意
总体样本	15.37	30.08	26.76	23.82	3.97
农村样本	12.30	26.10	25.56	30.89	5.15
城市样本	18.50	34.11	27.98	16.64	2.77

与 2014 年调查相比，总体样本、农村样本和城市样本中对当前食品安全满意度表示比较满意的受访者比例有不同程度上升，分别提高了 6.04%、11.92%和 0.04%；而三个样本的受访者对当前市场食品安全满意度明确表示不满意的受访者比例则上升与下降程度不一，其中总体样本、农村样本中表示不满意的受访者比例分别下降了 2.82%和 6.46%，而城市样本中该比例则上升了 0.88%。由于 2012 年的调查总体样本的受访者对食品安全满意度选择不满意的比例为 29.72%，2016 年的该调查数据与 2012 年的数据基本持平。可以认为，与 2014 年和 2012 年的调查结果相比，2016 年受访者对食品安全的总体满意度稳中有升①。

① 2012 年、2014 年调查情况可分别参见《中国食品安全发展报告 2012》与《中国食品安全发展报告 2014》。

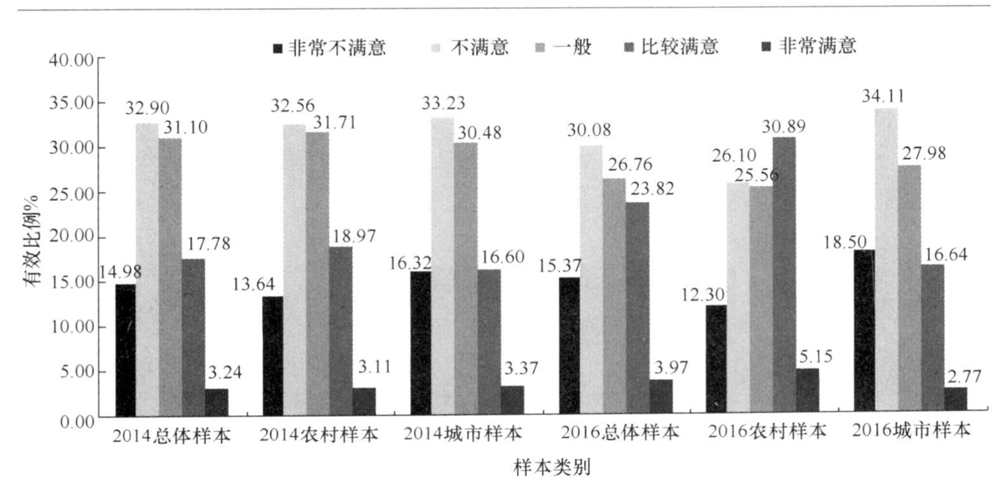

图 9-7　2014 年和 2016 年调查各类样本的受访者对食品安全满意度评价

(二) 对本地区食品安全是否改善的评价

表 9-4 显示，总体样本中 26.37%的受访者认为本地区食品安全状况有所好转或大有好转，37.88%的受访者认为基本没变化，而 35.75%的受访者认为不但没有好转，反而更差了或有所变差。城市样本中认为有所好转或大有好转的受访者比例为 24.87%，认为基本没变化的受访者比例为 40.59%，认为变差了或有所变差的受访者比例为 34.54%。农村样本中认为食品安全状况有所好转或大有好转的受访者比例为 27.83%，在三个样本中为最高；而 35.22%的农村受访者认为基本上没变化，认为变差了或有所变差的农村受访者比例为 36.95%，该比例在三个样本中同样最高。总体来看，各类样本受访者认为本地区食品安全状况好转的比例并不高，三成以上受访者认为食品安全状况并未明显变化，且认为食品安全状况变差的受访者比例要明显高于认为食品安全状况好转的受访者比例。

表 9-4　2016 年调查中不同类别样本的受访者对本地区食品安全是否改善的评价

（单位：%）

样本	变差了	有所变差	基本上没变化	有所好转	大有好转
总体样本	17.97	17.78	37.88	22.58	3.79
农村样本	19.32	17.63	35.22	23.96	3.87
城市样本	16.60	17.94	40.59	21.17	3.70

与 2014 年调查数据相比，2016 年调查的各类样本受访者对当地食品安全状况是否改善的评价并未有显著变化，且负面评价增加的比例还高于正面评价增加的比例。再与 2012 年调查数据相比，2016 年调查数据和 2014 年调查数据都显示

受访者对当地食品安全状况表示出变差的趋势增强，而表示好转的受访者比例一定程度下降，感觉基本没变化的受访者比例同样有所下降。可以认为，相较于2012年和2014年的调查结果，2016年调查显示出受访者对当地食品安全状况认为变差的比例有所增加，同时认为好转的比例却一定程度减少，且认为基本没变的受访者比例同样有所降低(图9-8)。

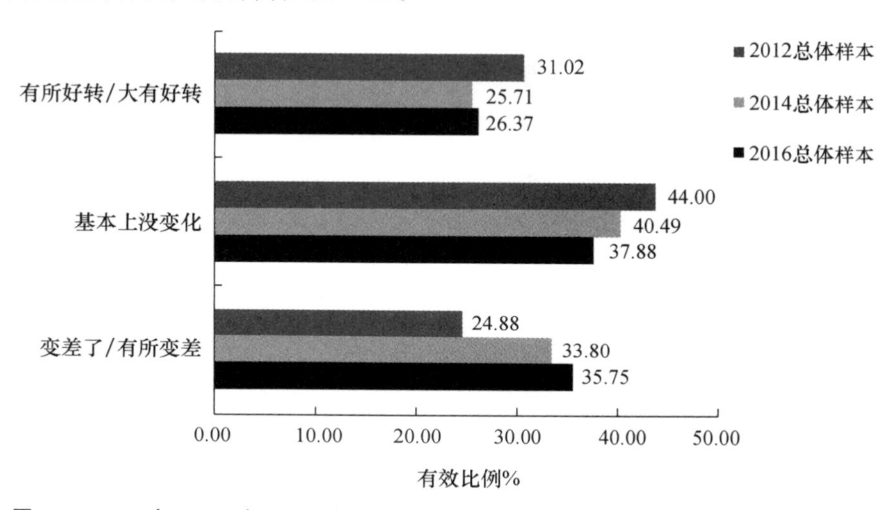

图9-8　2012年、2014年、2016年总体样本受访者对本地区食品安全改善状况的评价

(三)对未来食品安全状况的信心

如表9-5所示，在总体样本的受访者中，在被问及“对未来食品安全状况信心”时，“很没有信心”“没有信心”“一般”“比较有信心”和“非常有信心”的比例分别为10.23%、22.17%、37.17%、23.64%和6.79%。从2016年的调查中可以看出，各类样本的受访者对未来食品安全状况信心仍显不足。

表9-5　2016年调查的不同类别的受访者对未来食品安全状况信心　(单位：%)

样本	很没有信心	没有信心	一般	比较有信心	非常有信心
总体样本	10.23	22.17	37.17	23.64	6.79
农村样本	10.57	19.77	32.76	27.84	9.06
城市样本	9.89	24.60	41.66	19.37	4.48

图9-9显示，虽然2016年调查数据中对未来食品安全状况表示一般的受访者比例在各类样本仍最高，但与2014年调查相比已有一定的下降；而同时，2016年调查数据中，除了城市样本受访者对未来食品安全状况表示为比较有信心或非常有信心的比例与2014年数据相比下降了1.21%外，该比例在总体样本和农村样

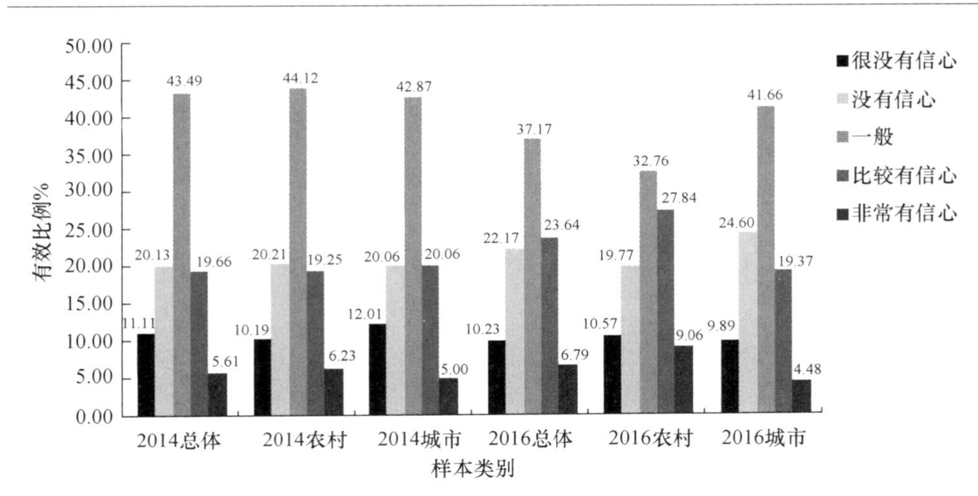

图 9-9　2014 年、2016 年调查的各类样本受访者对未来食品安全状况信心

本中均有所上升，分别增加了5.16%和11.42%。从整体情况分析，2016年受访者对未来食品安全状况信心开始有所回升，但是仍未回升到与2012年的调查数据持平。提升全社会食品安全信心还具有一定紧迫性。

（四）受重大事件影响的食品安全信心

图9-10显示，在2016年调查数据的总体样本中，64.50%的受访者认为受重大事件比较影响或严重影响食品安全信心，24.07%的受访者认为几乎没有影响，仅有11.43%的受访者认为比较有信心和非常有信心，且城市受访者受到的影响更为强烈。

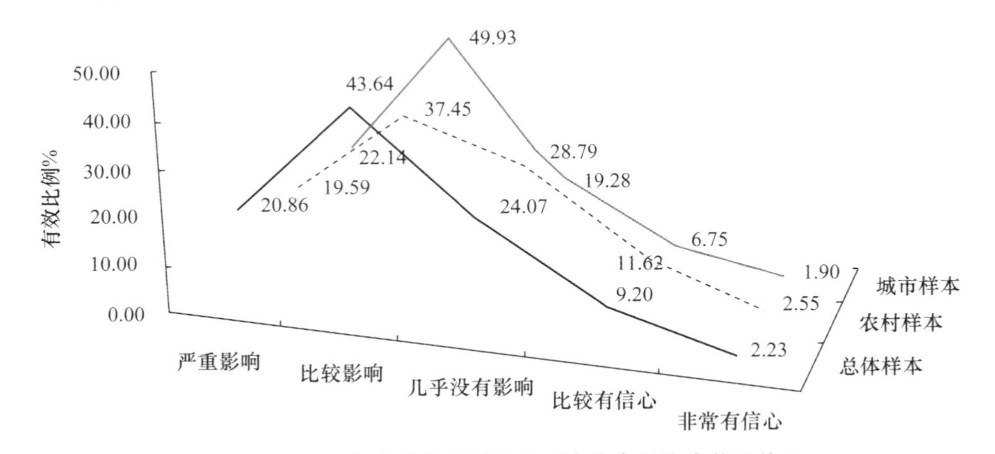

图 9-10　2016 年各类样本受访者对未来食品安全状况信心

图 9-11 中，与 2014 年调查数据比较发现，2016 年调查数据中虽然总体样本和农村样本受访者认为事件对食品安全信心比较有影响或严重影响的比例有所下降，但是该选项的城市样本受访者比例上升明显。显然，2016 年城市样本受访者受食品安全事件影响食品安全信心最大。虽然如此，2016 年总体样本受访者仍对食品安全比较有信心或非常有信心。

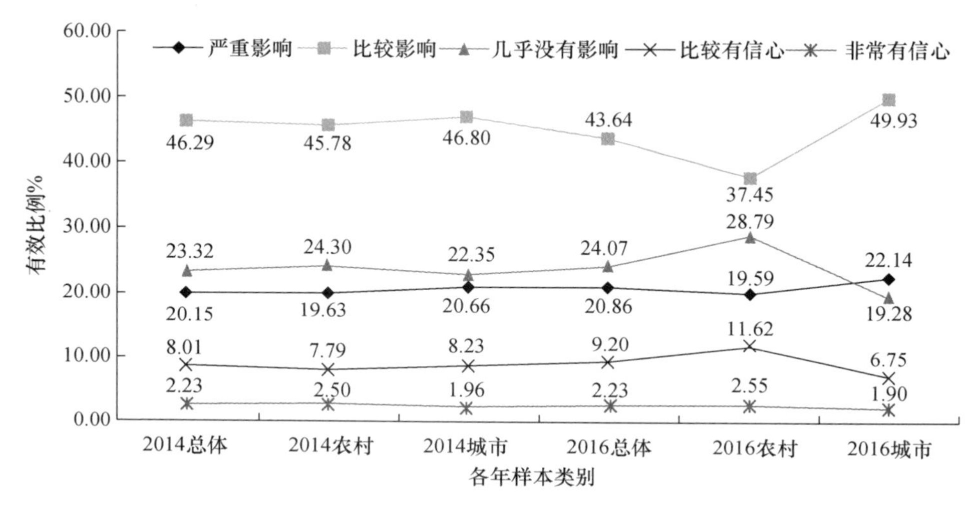

图 9-11　2014 年、2016 年调查中不同类别样本受访者食品安全信心受重大事件频发影响

纵观 2012 年、2014 年和 2016 年的调查数据，虽然城市样本受访者认为食品安全信心受到食品安全事件影响的比例有所反弹，但总体样本、农村样本受访者认为受到食品事件影响其食品安全信心的比例仍在下降。可以认为，近年来食品安全事件对受访者食品安全信心的影响在一定程度上有所减弱。

三、最突出的食品安全风险与受访者的担忧度

2016 年的调查将继续 2014 年、2012 年的调查内容，考察受访者所认为的目前最突出的食品安全风险，以及受访者对这些安全风险的担忧度，以动态评估城乡居民对食品安全状况的认知程度，更直接地反映其是否识别食品中可能隐含的安全风险，以及对安全风险可能造成的健康危害的担忧程度。

（一）目前最突出的食品安全风险

表 9-6 中，2016 年调查的总体样本、农村样本和城市样本受访者认知的最突出食品安全风险有所差别。总体样本受访者认为最突出的食品安全风险由高到低分别为农兽药残留超标、滥用添加剂与非法使用化学物质、微生物污染超标、重金属超标和食品本身的有害物质超标。城市样本和农村样本受访者均将食品本

身有害物质超标引起的食品安全风险排在末位，但对于其余四个食品安全风险的突出程度认知并不相同。

表 9-6　受访者认为目前最突出的食品安全风险　　（单位：%）

样本	微生物污染超标	重金属超标	农兽药残留超标	滥用添加剂与非法使用化学物质	食品本身的有害物质超标
总体样本	48.00	45.39	56.77	54.27	23.68
农村样本	51.94	45.05	55.63	49.66	28.47
城市样本	44.01	45.72	57.93	58.95	18.82

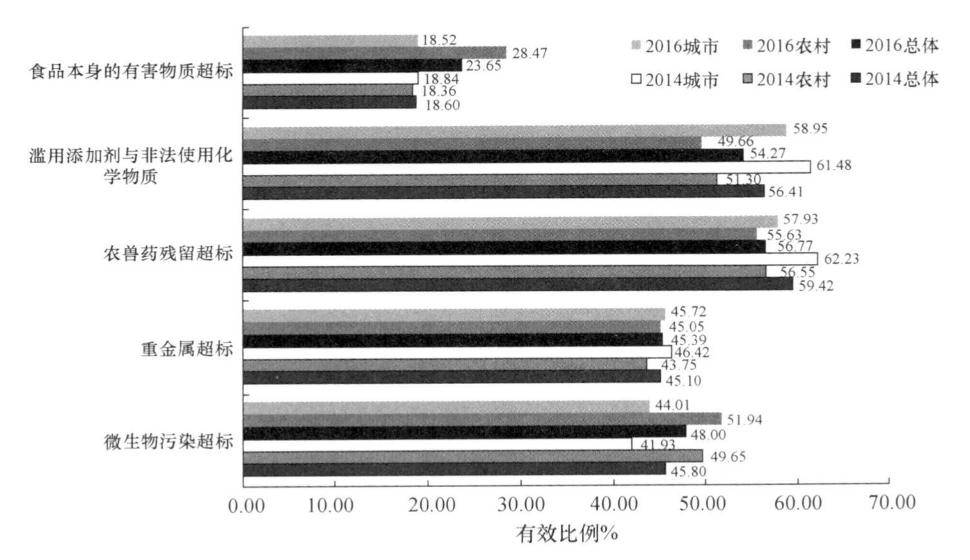

图 9-12　2014年、2016年调查中不同类别样本受访者认为最突出的食品安全风险

图9-12中，虽然相比2014年调查数据，2016年总体样本、农村样本和城市样本认为最突出的两个食品安全风险——农兽药残留超标、滥用添加剂与非法使用化学物质的受访者比例有所下降，但仍显示出对农兽药残留超标、滥用添加剂与非法使用化学物质两类风险最为关注。与2014年调查数据相比，总体样本、农村样本和城市样本受访者认为最突出的食品安全风险排序仍然保持不变。

再结合2012年调查数据发现（图9-13），仅从总体样本分析，除了数据有所增减，2016年与2014年调查的受访者认为最突出的食品安全风险排序并没有发生变化，但与2012年调查的受访者认为最突出的食品安全风险排序则有较大调整，尤其2012年受访者五大风险中关注度最低的重金属超标风险，受访者比例由

2012 年的 9.50%上升到 2016 年的 45.39%，超过食品本身有害物质超标风险，几乎与微生物污染超标风险并驾齐驱。且 2012 年受访者最关注的滥用添加剂与非法使用化学物质风险也在 2014 年被农兽药残留超标风险超过，在 2016 年仍保持为第二大关注的食品安全风险，且受访者对五大风险的关注程度均在 2016 年有较大提升。

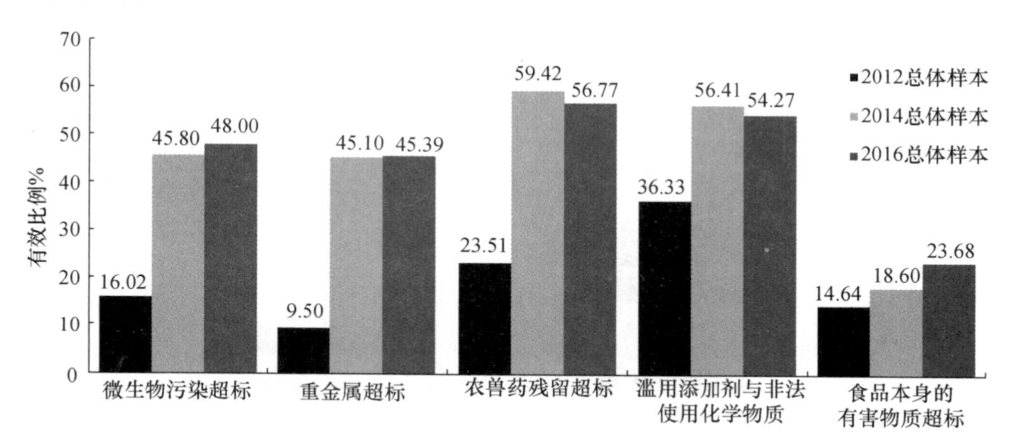

图 9-13 2012 年、2014 年和 2016 年总体样本受访者对最突出的食品安全风险的判断

(二) 食品安全风险的担忧度

本节通过调查受访者对不当违规使用添加剂、非法添加剂的担忧，以及对重金属含量、农兽药残留、细菌与有害微生物和食品本身有害物质的担忧，分析其对食品安全主要风险的担忧程度。

1. 对不当或违规使用添加剂、非法添加剂的担忧程度

图 9-14 中，2016 年调查数据表明，82.94%的城市样本受访者对不当或违规使用添加、非法添加剂表示非常担忧或比较担忧，高于农村样本受访者 15.19%。而表示非常不担忧或不担忧的城市样本、农村样本受访者比例仅分别为 6.33%、12.07%。表示为一般担忧的农村样本受访者比例要高于城市样本受访者比例 9.45%。

与 2014 年调查数据相比，2016 年城市样本受访者对此表示比较担忧或非常担忧的比例高出了 5.84%，农村样本受访者则相比减少了 4.36%，这也导致总体样本受访者对此表示比较担忧或非常担忧的比例增加了 0.68%。

在 2012 年的调查数据中，城市样本受访者对不当或违规使用添加剂、非法添加剂表示非常担忧或比较担忧的比例为 77.93%，高出农村样本受访者比例 75.96%近 2 个百分点。2016 年城市样本受访者对此选项表示非常担忧或比较担

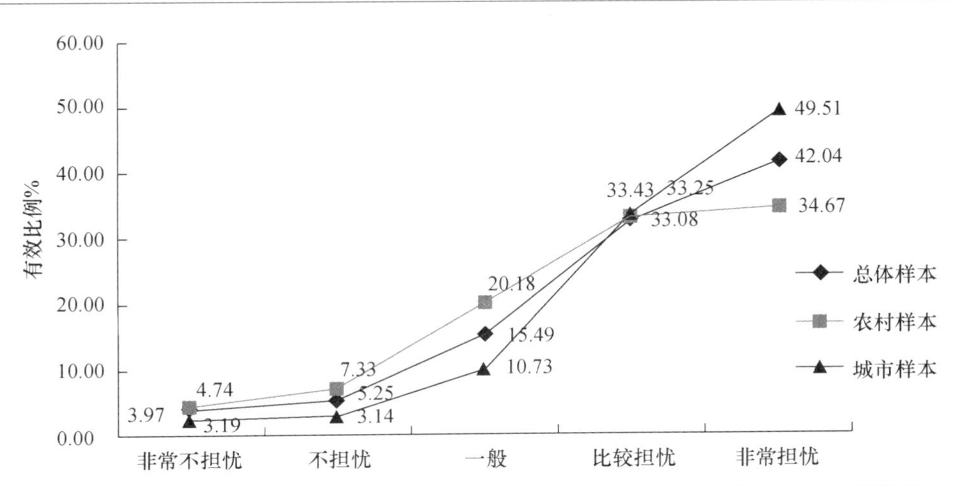

图 9-14　2016年调查中受访者关于食品中不当或违规使用添加剂、非法添加剂担忧度

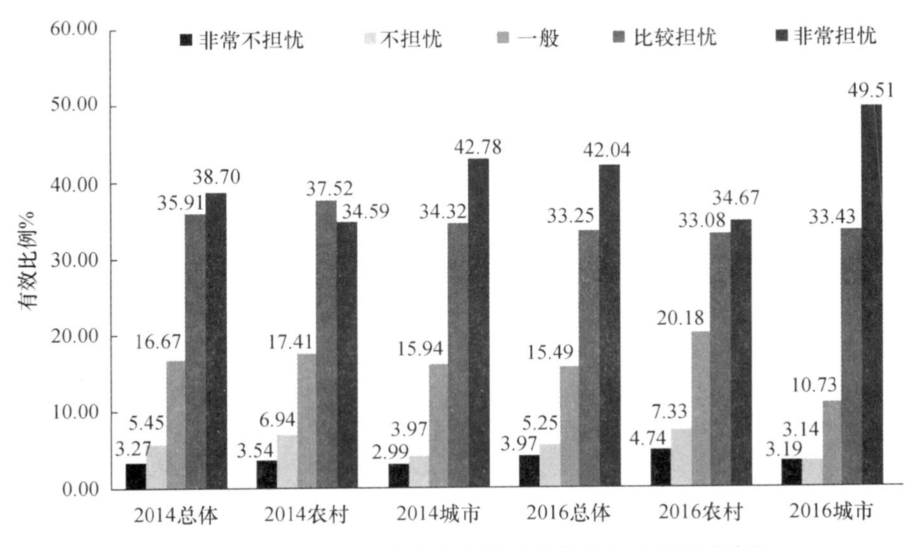

图 9-15　2014年、2016年调查受访者关于食品中不当或违规使用添加剂、非法添加剂担忧度对比

忧的比例在2014年小幅下降后再次提升。同时，2014年农村受访者对此选项表示非常担忧或比较担忧的比例较2012年数据小幅降低3.85%后，在2016年该数据又减少了4.36%。虽然城市样本受访者和农村样本受访者对此呈现不同的选择，但2016年总体样本受访者在此选项仍然表示出担忧的态势。

2. 对重金属含量的担忧程度

图 9-16 表明，2016 年调查的总体样本、城市样本和农村样本的多数受访者都对重金属含量表示出比较担忧或非常担忧，其中城市样本受访者中表示比较担忧或非常担忧的比例最高，达到 73.23%，其次为总体样本的 66.70% 和农村样本的 60.27%。农村样本受访者对重金属含量表示一般担忧的比例同样在三个样本中最高，分别比总体样本和城市样本高出 2.98% 和 6.01%。

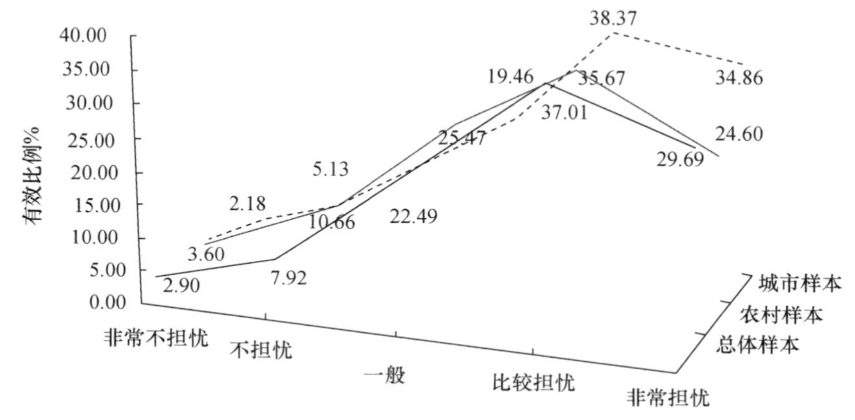

图 9-16 2016 年调查各类样本受访者对食品中重金属含量担忧度

图 9-17 中，与 2014 年的调查数据相比较发现，2014 年城市样本受访者表示对食品中重金属含量非常担忧或比较担忧的比例为 64.71%，2016 年该数据增加了 8.52%，而 2016 年农村样本受访者表示非常担忧或比较担忧的比例则相较于 2014 年数据减少了 4.44%。同时，2016 年总体样本受访者对重金属含量表示非常担忧或比较担忧的比例则较 2014 年调查数据增加了 4.53%。2016 年总体样本受访者表示食品重金属含量非常不担忧或不担忧的比例较 2014 年增加了 0.54%。2016 年调查数据与 2014 年调查数据相同的是各样本绝大多数受访者仍然对食品重金属含量表示出担忧的倾向。

再与 2012 年调查的 71.58% 城市样本受访者、63.98% 的农村样本受访者表示比较担忧或非常担忧食品重金属污染相比，2016 年城市样本受访者表示比较担忧或非常担忧的比例在 2014 年大幅降低后又回到 2012 年水平，并较 2012 年数据有小幅提升。而 2016 年农村样本受访者表示比较担忧或非常担忧的比例与 2012 年数据相比则下降了 3.71%。

3. 对农兽药残留的担忧程度

图 9-18 中，2016 年有 66.2% 的城市样本受访者表示出对食品农兽药残留比较担忧或非常担忧，远高于同样本 10.22% 受访者对农兽药残留表示不担忧或非

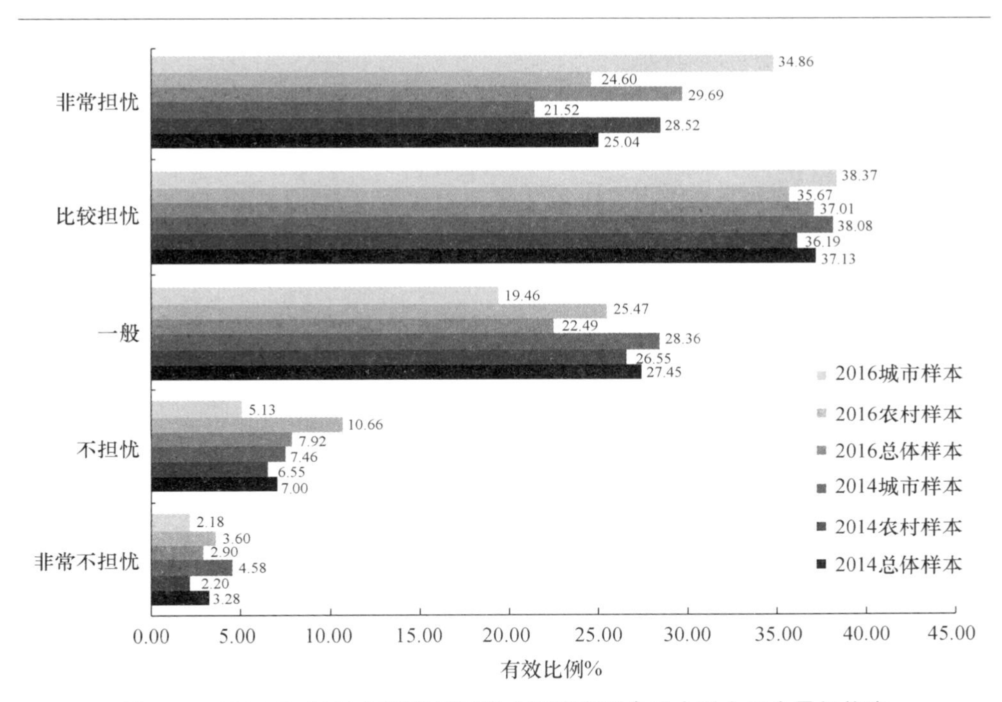

图9-17　2014年、2016年调查不同样本受访者对食品中重金属含量担忧度

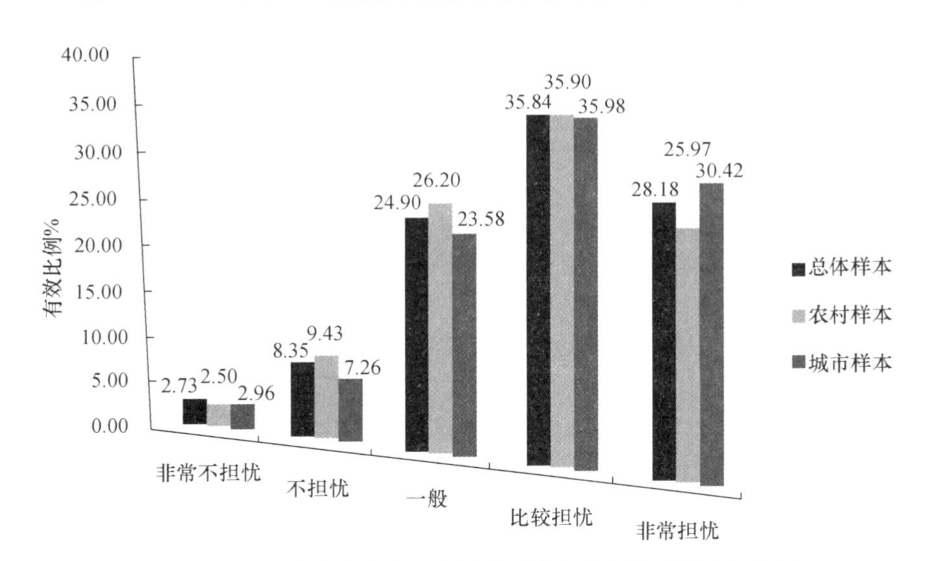

图9-18　2016年调查各样本受访者对食品中农兽药残留担忧度

常不担忧的比例，而农村样本受访者有61.87%表示比较担忧或非常担忧，因此总体样本受访者有64.02%对食品农兽药残留表示比较担忧或非常担忧，仅有

11.08%的总体样本受访者表示不担忧或非常不担忧。2016年各样本绝大多数受访者对食品农兽药残留表现出担忧态势。

图9-19中，与2014年调查数据相比，虽然2016年总体样本受访者对食品农兽药残留表示非常不担忧或不担忧的比例增加了0.87%，且总体样本受访者对食品农兽药残留表示比较担忧或非常担忧的比例减少了3.32%，但仍然有超过半数的受访者对食品农兽药残留表示出比较担忧或非常担忧，仅有不到25%的各样本受访者表示一般。

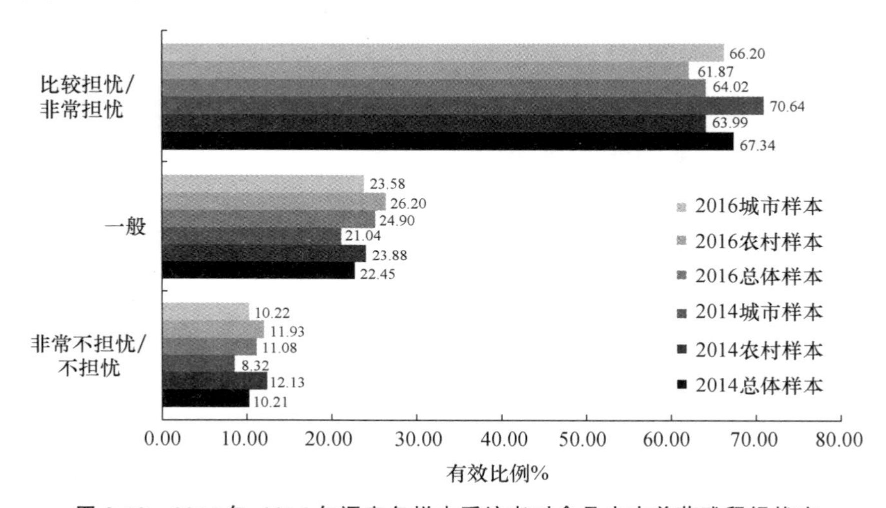

图9-19 2014年、2016年调查各样本受访者对食品中农兽药残留担忧度

与2012年的调查数据中74.62%的城市样本受访者、71.25%的农村样本受访者对食品中的农兽药残留超标比较担忧或非常担忧相比，2016年相关数据则分别下降了8.42%和9.38%。可以认为，虽然2016年各样本受访者对食品农兽药残留担忧程度较2012年调查有所降低，但仍保持较高态势。

4. 对细菌与有害微生物的担忧程度

图9-20显示了2016年的调查结果，表明三个样本受访者对食品中细菌与有害微生物非常担忧或比较担忧，其中城市样本受访者对此表示担忧的比例最高。而农村样本受访者表示对此含量一般担忧的比例为30.34%，在三个样本中最高。同时，受访者明确表示不担忧或非常不担忧的比例在三个样本中分别为：总体样本12.42%、农村样本14.58%和城市样本10.22%，农村样本受访者还是比例最高。

图9-21中，与2014年调查数据对比发现，2016年城市样本受访者对细菌与有害微生物非常担忧或比较担忧的比例较2014年城市样本增加了7.25%，农村样本受访者对此选项也较2014年增加了1.38%，因此，总体样本受访者比例也较

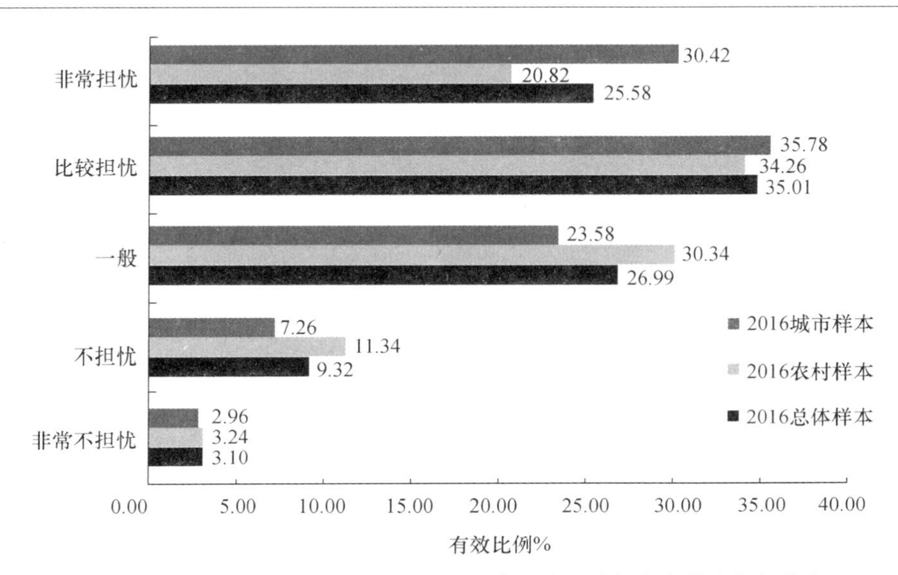

图 9-20　2016年调查各样本受访者关于食品中细菌与有害微生物担忧度

2014年提升了4.26%。另外，对于食品中细菌与有害微生物表示非常不担忧或不担忧的受访者比例，相较于2014年数据，城市样本减少了1.46%，农村样本增加了0.75%，总体样本减少了0.34%。2016年调查数据仍呈现较高的担忧态势。

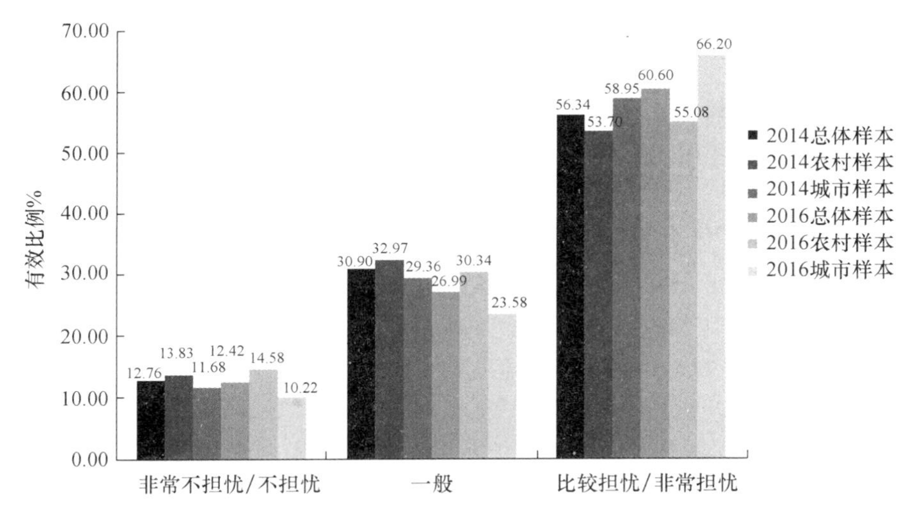

图 9-21　2014年、2016年调查各样本受访者关于食品中细菌与有害微生物担忧度

而与 2012 年的调查中 67.75%的城市样本受访者、62.12%的农村样本受访者表示非常担忧或比较担忧食品中的细菌与有害微生物风险的高峰值相比，经历 2014 年调查数据的显著降低后，2016 年城市样本受访者比例又反弹回 2012 年水平，而 2016 年农村受访者比例则比 2014 年数据有小幅提升。

5. 对食品本身带有的有害物质的担忧程度

图 9-22 中，2016 年城市样本、农村样本和总体样本的较大比例受访者都显示出对食品本身有害物质非常担忧或比较担忧。其中城市样本受访者对食品本身有害物质非常担忧、比较担忧的比例均最高，分别高出农村受访者 3.76%和 6.61%。同时，城市样本受访者对食品本身有害物质表示一般、不担忧和非常不担忧的比例却在三个样本中最低。2016 年城市样本受访者对食品本身有害物质呈现出明显的担忧，也带动了总体样本受访者的担忧势头。

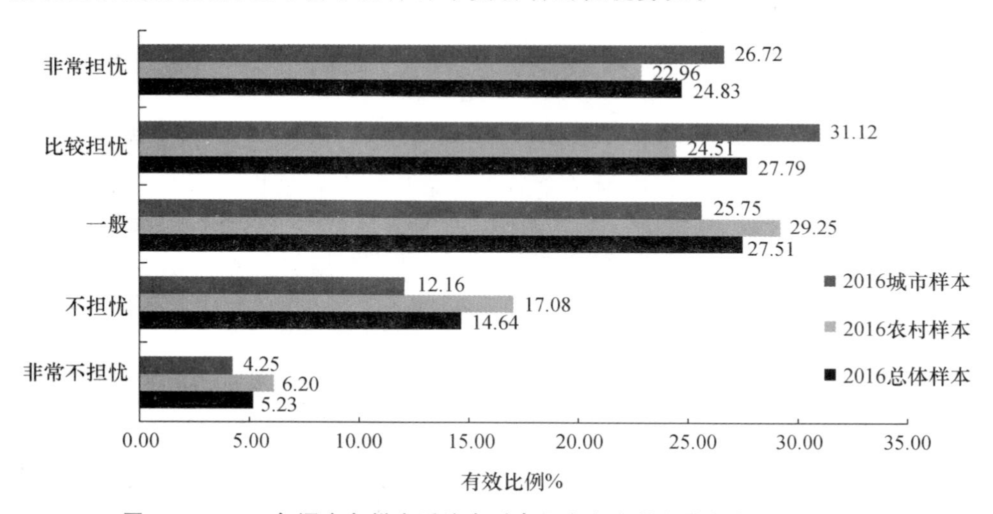

图 9-22　2016 年调查各样本受访者对食品中本身带有的有害物质担忧度

图 9-23 中，由于 2016 年城市样本受访者对食品本身带有的有害物质持比较担忧或非常担忧的比例较高，带动 2016 年总体样本受访者同样表示比较担忧或非常担忧的比例较 2014 年相关数据增加了 2.17%。需要指出的是，2016 年城市样本、农村样本和总体样本受访者对食品本身有害物质表示非常不担忧或不担忧的比例较 2014 年数据有所提升。总体来看，与 2014 年调查数据相比，2016 年各样本受访者对食品本身有害物质担忧程度有所增加。

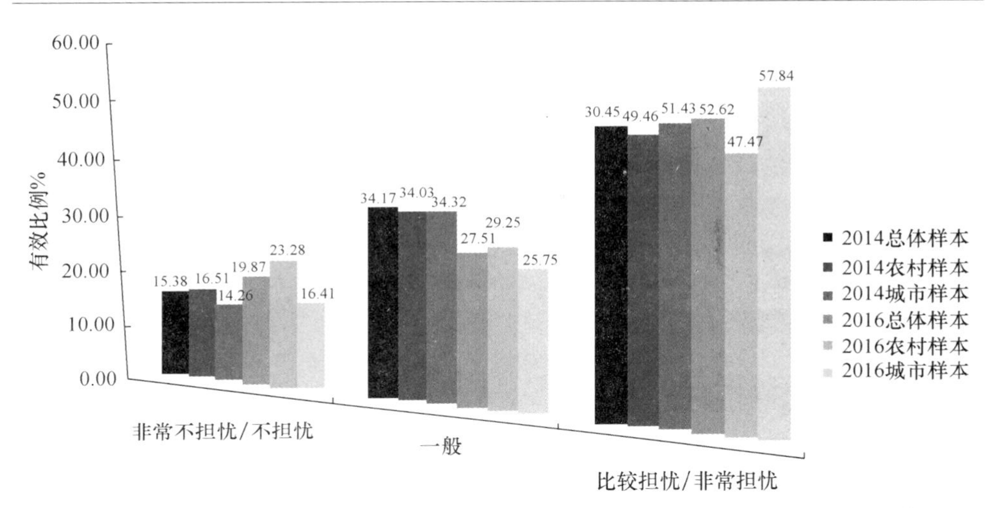

图 9-23 2014 年、2016 年调查各样本受访者对食品中本身带有的有害物质担忧度

四、食品安全风险成因判断与对政府监管力度的满意度

(一) 受访者对食品安全风险成因的判断

表 9-7 中,分别有 68.61%、66.37%、67.49%的城市样本、农村样本、总体样本的受访者认为是"企业追求利润,社会责任意识淡薄"构成了产生食品安全问题的主要原因。53.05%、54.03%、52.06%的总体样本、农村样本和城市样本的受访者认为"信息不对称下,厂商有机可乘"是主要原因,而"政府监管不到位""环境污染严重"和"国家标准不完善"的选项,在总体样本中分别有 47.22%、29.19%和 26.34%的受访者选择,另有 7.66%和 3.53%的总体样本受访者表示原因是"企业生产与技术水平不高"和"其他"。

表 9-7 2016 年调查中受访者对引发食品安全风险主要原因的判断 (单位:%)

样本	信息不对称下,厂商有机可乘	企业追求利润,社会责任意识淡薄	国家标准不完善	政府监管不到位	环境污染严重	企业生产技术水平不高	其他
总体样本	53.05	67.49	26.34	47.22	29.19	7.66	3.53
农村样本	54.03	66.37	25.38	46.15	31.29	8.25	4.46
城市样本	52.06	68.61	27.32	48.31	27.05	7.07	2.59

图 9-24 中,相比 2014 年、2012 年调查数据可以发现,2012 年、2014 年和 2016 年总体样本受访者对于食品安全风险成因总体判断主要集中在"企业追求利润,社会责任意识淡薄""信息不对称下,厂商有机可乘""政府监管不到位"三个选项,

且这三个选项均是 2012 年、2014 年和 2016 年受访者认为最重要的前三个食品安全风险成因。而对于“国家标准不完善”“环境污染严重”的选项，2014 年和 2016 年受访者选择这两项的比例大致相当，认为同属食品安全风险主要成因，而 2012 年选择“环境污染严重”的受访者比例与 2014 年和 2016 年差别较大，显然并不认为环境污染与食品安全问题有关联性。

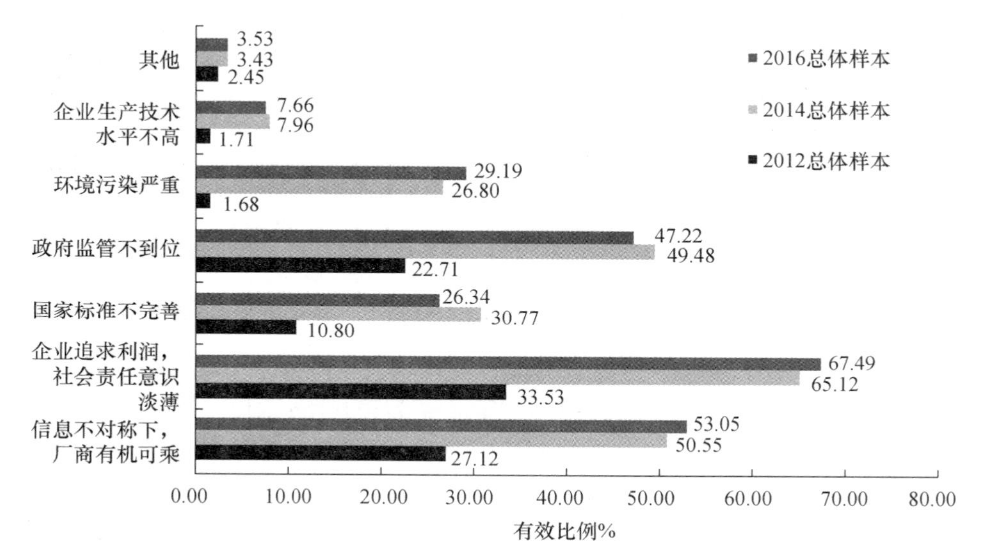

图 9-24 2012 年、2014 年、2016 年的调查总体样本受访者对引发食品安全风险主要成因判断的比较

（二）对政府监管力度的满意度

延续 2014 年的调查，2016 年的调查数据再次证实，虽然有所提升，但是受访者对政府食品安全监管工作仍不满意。

1. 对政府政策、法律法规对保障食品安全有效性的满意度

表 9-8 中，从总体样本来看，38.87％的受访者认为政府政策、法律法规对保障食品安全的有效性是一般的；20.24％、22.81％和 11.91％的受访者分别对有效性的评价是不满意、比较满意和非常不满意；只有 6.17％的受访者表示非常满意。

表 9-8 2016 年调查中受访者对政府政策、法律法规对保障食品安全有效性评价

（单位：％）

样本	非常不满意	不满意	一般	比较满意	非常满意
总体样本	11.91	20.24	38.87	22.81	6.17
农村样本	11.03	16.17	35.17	29.16	8.47
城市样本	12.81	24.36	42.62	16.37	3.84

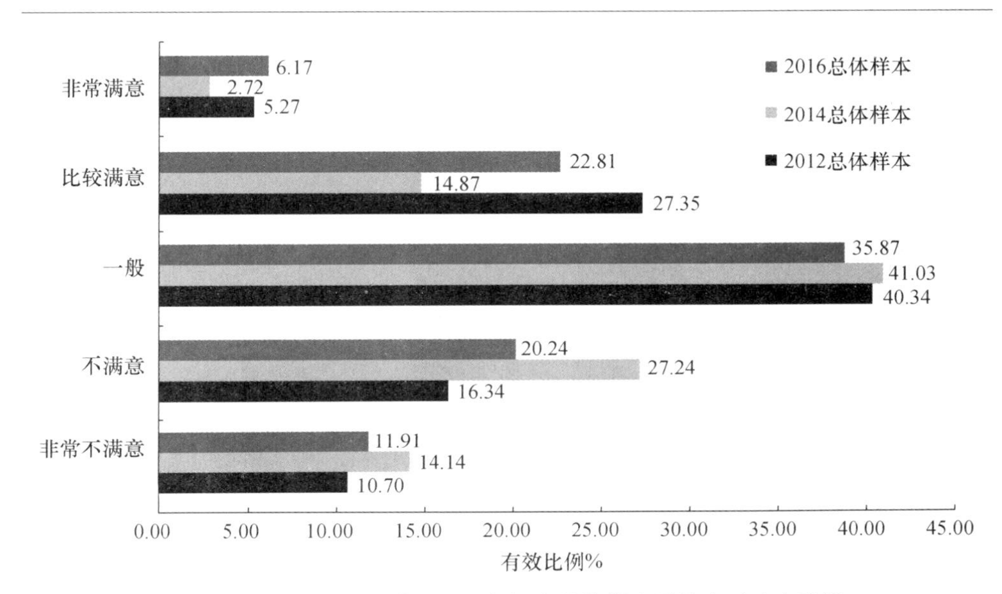

图 9-25 2012 年、2014 年、2016 年调查总体样本受访者对政府政策、法律法规对保障食品安全有效性的满意度的比较

图 9-25 中，将 2012 年、2014 年和 2016 年总体样本受访者对政府政策、法律法规保障食品安全有效性的满意度调查进行对比发现，2016 年总体样本受访者对此选项认为“一般”的比例虽然较 2012 年和 2014 年有所降低，但仍在这三年总体样本受访者比例中保持最高，2016 年总体样本受访者对政府政策、法律法规对保障食品安全有效性的满意度更加趋于中性。

2. 对政府保障食品安全的监管与执法力度的满意度

表 9-9 中，40.55%的总体样本受访者对政府保障食品安全的监管与执法力度评价是一般；23.98%、20.93%和 10.46%的总体样本受访者评价是不满意、比较满意和非常不满意；只有 4.08%的总体样本受访者表示非常满意。

表 9-9 2016 年调查中政府保障食品安全的监管与执法力度评价 （单位：%）

样本	非常不满意	不满意	一般	比较满意	非常满意
总体样本	10.46	23.98	40.55	20.93	4.08
农村样本	7.56	20.09	40.68	26.47	5.20
城市样本	13.41	27.92	40.41	15.30	2.96

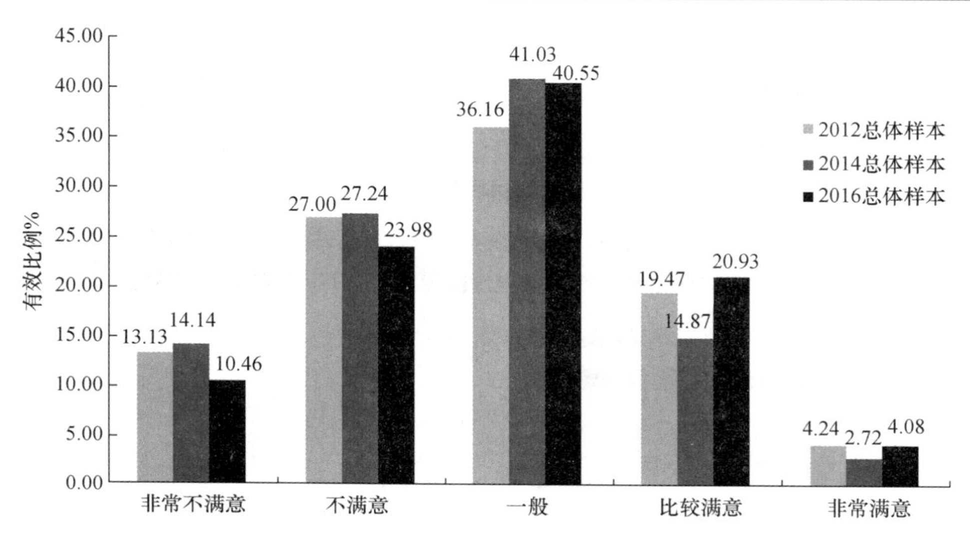

图 9-26 2012 年、2014 年和 2016 年调查总体样本受访者对政府保障食品安全的监管与执法力度评价比较

图 9-26 中，将 2012 年、2014 年和 2016 年调查的总体样本受访者对政府保障食品安全的监管与执法力度评价相比较发现，对此选项保持中立的"一般"评价在三年的总体样本中均保持最高。虽然受访者对此选项大多仍选择中立，但是越来越多的受访者开始对政府保障食品安全监管与执法的力度转变为较为肯定、积极的评价。

3. 政府与社会团体的食品安全宣传引导能力的满意度

表 9-10 中，2016 年总体样本受访者对该选项评价为一般的受访者有 42.13%；城市样本受访者对此选项表示非常不满意或不满意的比例较高，高于农村样本受访者 11.74%。2016 年总体样本受访者对此选项的评价更多地显示为中性态势。

表 9-10 2016 年调查中政府与社会团体的食品安全宣传引导能力评价 （单位：%）

样本	非常不满意	不满意	一般	比较满意	非常满意
总体样本	7.99	22.30	42.13	21.06	6.52
农村样本	6.51	17.95	42.05	24.42	9.07
城市样本	9.48	26.72	42.21	17.66	3.93

与 2014 年调查相比，2016 年总体样本受访者除了认为非常满意、比较满意的比例分别较 2014 年提高了 2.95%和 5.28%外，表示一般、不满意和非常满意的受访者比例都较 2014 年调查的相关数据有所下降，分别下降了 1.93%、1.51%和

4.79%。可见，总体来看，2016年受访者对政府与社会团体的食品安全宣传引导能力中性评价相对减少的同时，正面积极评价增多，而负面评价有一定程度的降低。

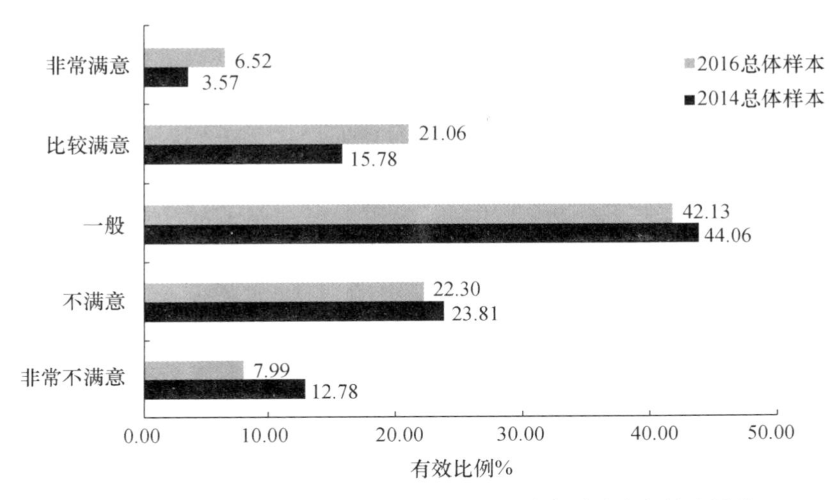

图9-27　2014年、2016年调查总体样本受访者对政府与社会团体的食品安全宣传引导能力评价比较

再与2012年的调查相比，在2014年调查的总体样本受访者对政府与社会团体的食品安全宣传引导能力表示非常不满意或不满意的比例有所上升后，2016年该选项的总体样本受访者比例开始下调，而对此选项表示一般的总体样本受访者比例在2016年也有所下降。同时，表示比较满意、非常满意的总体样本受访者比例在2014年小幅下降后，2016年又基本回复到2012年的水平。

4. *政府食品质量安全认证的满意度*

表9-11中，2016年38.19%的总体样本受访者对政府有关食品质量安全的认证评价是一般，显示较强的中性评价；而25.01%、21.27%和8.81%的总体样本受访者分别表示比较满意、不满意和非常不满意。2016年各样本受访者对该选项的评价一定程度表现出“三足鼎立”态势，即表示不满意倾向、表示一般和表示满意态度的受访者比例基本相当。

表9-11　2016年调查中政府食品质量安全的认证满意度的评价　（单位：%）

样本	非常不满意	不满意	一般	比较满意	非常满意
总体样本	8.81	21.27	38.19	25.01	6.72
农村样本	5.88	21.32	36.08	27.24	9.48
城市样本	11.79	21.22	40.31	22.75	3.93

而与2014年的调查相比，图9-28中，2016年总体样本受访者对此选项表示

为一般的比例有所下降，同时表示比较满意或非常满意的受访者比例上升了 7.73%，表示不满意或非常不满意的受访者比例下降了 4.09%。显然，2016 年总体样本受访者对政府食品质量安全的认证满意度的评价愈加倾向于正面肯定。

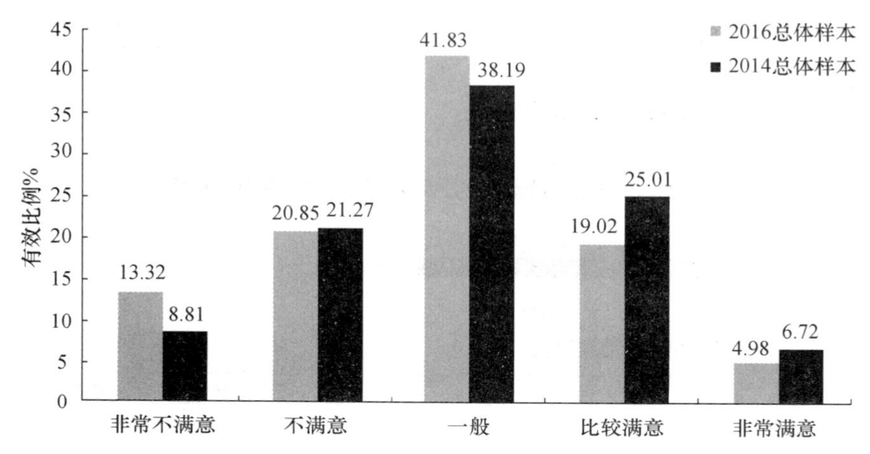

图 9-28　2014 年、2016 年调查总体样本受访者对政府食品质量安全认证的满意度

5. 食品安全事故发生后政府处置能力的满意度

表 9-12 中，2016 年 36.07%的总体样本受访者对食品安全事件发生后政府及时处理事件能力的评价是一般；其次由高到低分别是 24.87%、19.16%和 11.13%的受访者表示比较满意、不满意和非常不满意；仅有 8.77%的总体样本受访者表示非常满意。城市样本受访者与农村样本受访者分别显示对食品安全事故后政府处置能力的评价的不同趋势。

表 9-12　2016 年调查中各样本受访者对食品安全事故后政府处置能力的评价

（单位：%）

地区	非常不满意	不满意	一般	比较满意	非常满意
总体样本	11.13	19.16	36.07	24.87	8.77
农村样本	8.52	17.49	35.26	26.74	11.99
城市样本	13.78	20.85	36.89	22.98	5.50

与 2014 年调查相比较发现，2016 年总体样本受访者较 2014 年数据在表示一般的选项有所降低的同时，对食品安全事故发生后政府处置能力的正面评价，即表示非常满意、比较满意的受访者比例均有上升，而对食品安全事故发生后政府处置能力的负面评价，即表示不满意、非常不满意的受访者比例都有所降低。总体来看，与 2014 年调查数据相比，2016 年受访者对食品安全事故发生后政府处置能力保持中性为主的同时，肯定、积极的评价逐步增加。

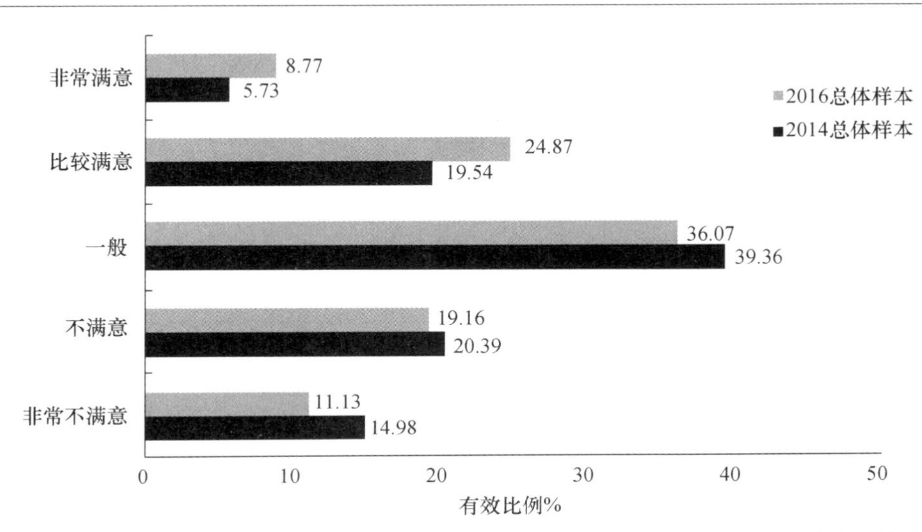

图9-29 2014年、2016年总体样本受访者对食品安全事故发生后政府处置能力评价

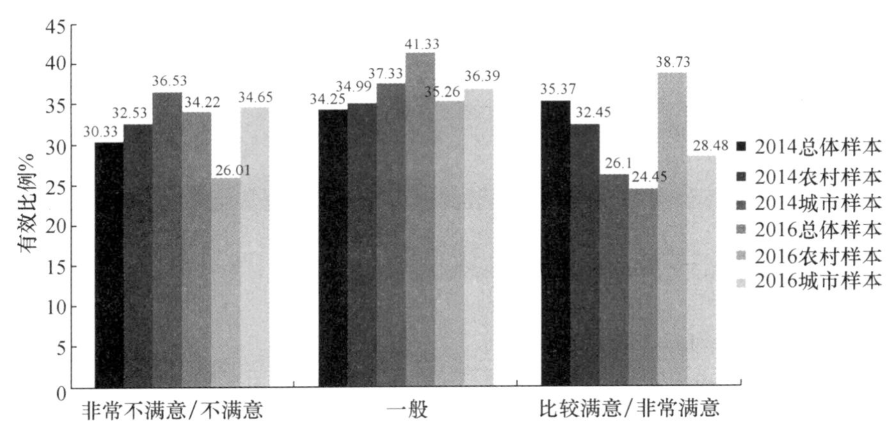

图9-30 2012年、2014年、2016年农村样本和城市样本受访者对食品安全事故发生后政府处置能力评价比较

而结合2012年调查数据，从农村样本和城市样本受访者比例分析发现，2014年农村样本受访者在表示出三年调查数据中最高的不满意倾向后，在2016年显著降低；而2014年城市样本受访者选择对食品安全事故发生后政府处置能力评价为一般的比例在三年调查数据中最高，2016年城市样本受访者在此选项的比例则有所降低。三年的数据比较发现，2014年城市样本和农村样本受访者对食品安全事故发生后政府处置能力表示满意倾向的比例最低，而2016年农村样本受访者满意倾向最高，2016年城市样本受访者的满意倾向较2012年有所降低，较2014

年有所增加。

6. 政府新闻媒体、网络舆情等对监督食品安全的满意度

表 9-13 中,2016 年总体样本 37.82%的受访者对于政府的新闻媒体等舆论监督持一般的评价。城市样本受访者对此选项表示一般的评价比例最高,达到 42.02%,而农村样本受访者表示一般评价的比例在三个样本中最低。

表 9-13 2016 年的调查中受访者对政府新闻媒体舆论监督的满意度评价(单位:%)

样本	非常不满意	不满意	一般	比较满意	非常满意
总体样本	12.07	19.80	37.82	24.35	5.97
农村样本	9.34	16.17	33.67	32.35	8.47
城市样本	14.84	23.49	42.02	16.23	3.42

图 9-31 中,从总体样本比较来看,对政府新闻媒体舆论监督的满意度表示非常满意、比较满意的 2016 年数据较 2014 年均有较大提升,表示一般选项较 2014 年有所降低的同时,表示不满意、非常不满意的受访者也有所减少。

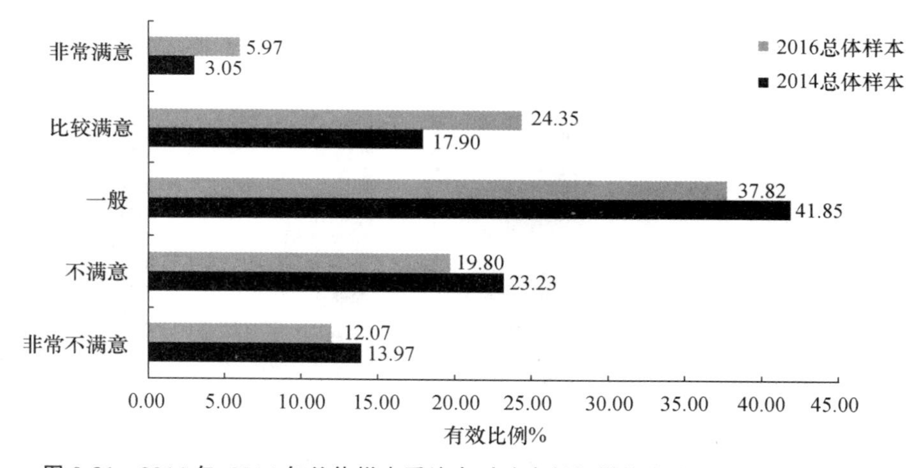

图 9-31 2014 年、2016 年总体样本受访者对政府新闻媒体舆论监督的满意度评价

2012 年总体样本受访者对政府的新闻媒体等舆论监督表示非常满意或比较满意比例为 32.29%,而表示不满意或非常不满意的受访者比例为 30.75%。显然,总体样本受访者表示非常满意或比较满意的比例在 2014 年显著降低后,在 2016 年又有所回升。而表示不满意或非常不满意的受访者比例在 2014 年显著提升后,2016 年则开始降低,下降到与 2014 年数据基本持平。

五、2005年以来的食品安全满意度的比较分析

本研究在延续2012年、2014年调查设计的基础上，通过对2015年调查数据梳理，以及与2012年、2014年调查数据段对比研究，对城乡居民就食品质量安全的满意度展开了多角度的动态评价。三个年度的调查结果对比不难发现，2012年调查显示受访者对食品安全满意度最高，在2014年显著降低后，2016年又恢复到与2012年基本持平的状态，反映了我国食品安全总体状况呈现总体稳定、趋势向好的态势。但需要指出的是，2015年调查显示的城乡居民食品安全满意度只有54.55%，仍然处于低迷状态。随着生活水平的不断提升，食品安全意识的日益增强，城乡居民对食品的安全比历史上任何时期都有更高的要求，如果食品安全没有质的根本性变化，城乡居民食品安全满意度处于低迷状态将在未来一段较长时期内保持常态。为此，本章节专门就此展开简要的讨论。

（一）2005年以来的满意度

1. 2005—2008年间商务部调查的满意度比较高

2005年开始国家商务部连续四年发布了流通领域食品安全的调查报告。2005年调查了22个省、自治区、直辖市的4507个城乡消费者，虽然没有发布受访者对食品安全满意度的数据，但数据显示71.80%的城市受访者最关注食品安全。2006年调查了22个省、自治区、直辖市的6426个城乡消费者（其中城市消费者3547个，农村消费者2879个），结果显示，约有79.10%的城市受访者和85%的农村受访者对当时的食品安全状况表示满意与基本满意。2007年调查了全国22个省、自治区、直辖市的9305个城乡消费者，分别有83.30%的城市消费者、86.60%的农村消费者对食品安全状况比较满意。2008年商务部调查了21个省、自治区、直辖市的9329个城乡消费者，由于受当年“三鹿奶粉”事件爆发的影响，受访者对食品安全的关注度迅速增加，城市与农村受访者的关注度分别高达95.80%、94.50%，但仍然分别有高达88.50%的城市受访者、89.50%的农村受访者对食品安全状况持满意与基本满意的评价。由此可见，在2005—2008年间公众对食品安全的关注度日益提升，以城市消费者为例，关注度由2005年的71.80%上升到2008年的95.80%。但与此相对应的是，公众对食品安全的满意度呈持续上扬的走势。虽然此期间爆发了影响极其恶劣的“三鹿奶粉”事件，但公众的食品安全满意度并没有出现拐点。可见，这一时期公众对食品安全的满意度是较为客观的，公众的心理是较为理性的。

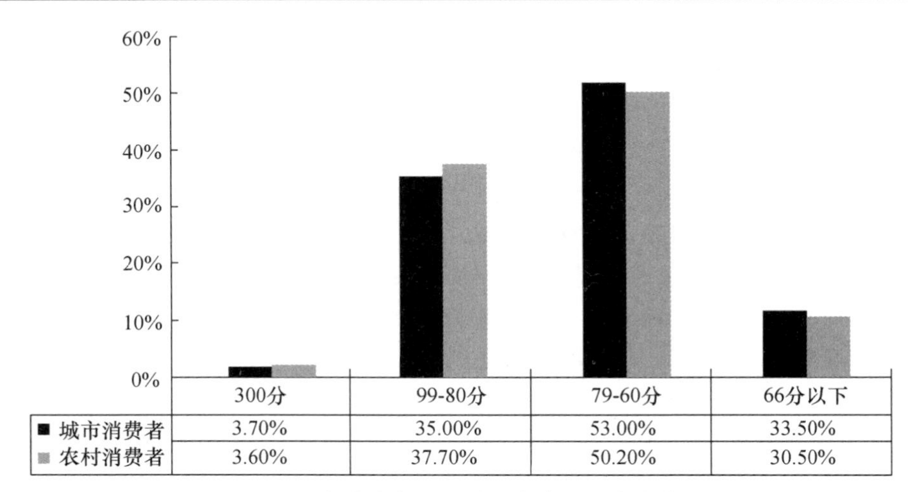

	300分	99-80分	79-60分	66分以下
■ 城市消费者	3.70%	35.00%	53.00%	33.50%
■ 农村消费者	3.60%	37.70%	50.20%	30.50%

图 9-32 2008 年商务部进行的公众食品安全满意度调查

2. 2010—2012 年中国全面小康研究中心调查的满意度大幅下降

中国全面小康研究中心与清华大学媒介调查实验室等在 2011 年发布了《2010—2011 消费者食品安全信心报告》。数据显示，88.20％的受访者对食品安全表示“关注”，但只有 33.60％的受访者对过去一年所在地区的食品安全状况感到满意。2012 年中国全面小康研究中心等发布了《2011—2012 中国饮食安全报告》，结果显示，80.40％的受访民众认为食品没有安全感，超过 50％的受访民众认为 2011 年的食品安全状况比以往更糟糕。

与此同时，2010 年英国 RSA 保险集团也对中国公众展开了相关的调查，并发布了全球风险调查报告《风险 300 年：过去、现在和未来》。数据显示，中国受访者最担心的是地震，第二是不安全食品配料和水供应。由于英国 RSA 保险集团对中国的调查时间在青海玉树发生地震后不久，显然是中国公众将地震风险排在第一位的主要原因。由于完整的资料不可得，无法知晓英国 RSA 保险集团是否调查了中国公众对食品安全的满意度，但中国受访者将食品安全作为最担忧的问题，与国内调查的结论完全一致。

3. 2012—2016 年江苏省食品安全研究基地调查的满意度大幅下降

江南大学江苏省食品安全研究基地于 2012 年、2014 年就公众对食品安全的满意度展开了连续性跟踪调查。2012 年对福建、贵州、河南、湖北、吉林、江苏、江西、山东、陕西、上海、四川、新疆等 12 个省、自治区、直辖市进行了调查，采用科学的分层调查方法进行，最终有效样本为 4289 个，其中城市和农村的有效样本分别为 2143 个、2146 个。调查显示，在总体样本、城市样本和农村样本中，受访者对本地区食品安全满意度分别为 54.55％、47.39％、61.60％，并且分别有 35.75％、

34.54%、36.95%的受访者认为食品安全总体水平不但没有好转，反而变得更差了或有所变差。

2014年，江苏省食品安全研究基地对福建、贵州、河南、湖北、吉林、江苏、江西、山东、四川、陕西进行了调查，同样采用科学的分层调查方法进行，共调查58个城市(包括县级城市)2139个城市居民，以及这些城市所辖的165个农村行政村的2119个农村居民。对4258个城乡居民食品安全满意度调查的结果显示，总体样本、城市样本、农村样本的满意度分别为52.12%、50.45%、53.80%，满意度均低于2012年20个百分点左右。与此同时，分别有33.80%、33.89%、33.60%的受访者认为食品安全总体状况不但没有好转，反而变得更差了。

本章则着重讨论了2016年调查的满意度。在过去多次调查的基础上，2016年的调查在福建、贵州、河南、湖北、吉林、江苏、江西、山东、四川、陕西等10个省、自治区的29个地区(包括城市与农村区域)展开。调查共采集了4358个样本。数据显示，总体样本、城市样本、农村样本的满意度分别为54.55%、47.39%、61.60%，虽然总体样本的满意度略有上升，但上升的幅度并不大。

在商务部2005—2008年间、江南大学江苏省食品安全研究基地2012—2016年间对食品安全满意度展开调查的同时，中国全面小康研究中心也展开了调查。中国全面小康研究中心发布的《2011—2012消费者食品安全信心报告》，也是在中国31个省、自治区、直辖市抽样调查的基础上完成的，样本的分布是：每个省、自治区、直辖市的平均有效样本量不少于25份，东、中、西部每个区域的调查样本量不少于330份，全部的有效样本量为1036份。虽然调查样本框的确定兼顾性别、年龄段、收入分布，并采用统计学误差估计公式进行估算，调查在95%的置信度水平上，误差控制在3.2%，但样本量比较少，故这个调查只能作为参考。商务部与江南大学江苏省食品安全研究基地的上述相关调查的样本量不同，调查的区域与采用的方法各不相同，没有绝对的可比性，但基本能够反映出一个大体的格局，即自2009年以来，公众对食品安全总体状况的满意度是下降的。虽然2015年调查的满意度略有上升，但上升仍然较为有限。需要指出的是2012年、2014年、2016年江南大学江苏省食品安全研究基地组织的公众食品安全满意度调查，调查的实施者、调查的方法相同，调查的区域相近，更能够近似说明近年来我国公众食品安全满意度相对比较低迷的状态。显然这与"总体稳定、趋势向好"的我国食品安全基本态势相悖。

(二)满意度持续低迷的原因分析

相悖的原因是多元且十分复杂的，但最根本的原因是受频发的重大食品事件、社会舆论环境与公众非理性心理与行为等多方面的综合影响。

1. 频发的食品安全重大事件影响了公众信心

江南大学江苏省食品安全研究基地在 2012 年的调查中发现，70.20%的受访者认为诸如地沟油等重大事件影响了食品安全消费信心；在 2014 年的调查中发现，66.44%的受访者认为“上海黄浦江死猪事件”等重大事件影响了自己对食品安全的信心。确实，以 2008 年“三鹿奶粉”的爆发为起点，近年来我国较高频率地连续发生了诸如瘦肉精、染色馒头、蒙牛纯牛奶强致癌物、地沟油、牛肉膏、毒豆芽等一列食品安全事件，食品安全成为中国当下最大的社会风险之一，全球瞩目，难以置信，人们甚至发出了“到底还能吃什么”的巨大呐喊！为此，第十一届全国人大常委会第二十一次会议上建议把食品安全纳入“国家安全”体系，这足以说明食品安全已在国家层面上成为一个极其严峻、非常严肃的重大问题。

2. 转型期间复杂的社会舆情环境影响了公众信心

现代信息条件下，发达的网络，博客、微博、BBS(论坛)，以及最近两三年迅猛发展的微信等“自媒体”的快速发展，形成了强大的食品安全网络舆情。由于非常复杂的原因，食品安全谣言在自由、开放、隐蔽的网络中大肆传播，尤其是大量的失实报道、片面解释和随意发挥，干扰公众对食品安全事件的理性认识。最典型的是所谓“标题党”现象，在刊发或转发文章时断章取义、误导受众。比如，2006 年安徽阜阳市的“知名农产品‘半截楼’西瓜被注入艾滋病人的血液”的谣言，由于以“艾滋病西瓜”为标题迅速在网络上广泛传播，引发了公众对食品安全的担忧。2011 年标题为“内地皮革奶粉死灰复燃，长期食用可致癌”的报道迅速登上各大商业门户网站的首页，并由此迅速吸引了公众的眼球，引起公众的担忧。虽然通过相关部门的声明谣言最终破除，但重创了公众对国内乳制品的信心。2008 年橘子生蛆虫的谣言引发公众恐慌，导致柑橘陷入滞销危机。可见，公众食品安全知识相对匮乏，在面对网络谣言时难以甄别真伪，往往“宁可信其有，不可信其无”，对食品安全事件作出非理性的判断，引发食品安全恐慌。社会舆情、舆论非理性现象，往往还与媒体人员的专业素质不足有关。据中华全国新闻工作者协会统计，全国 34 万从业记者中，没有记者证的有十多万，占总人数的三分之一。缺乏食品安全专业知识的媒体工作人员往往用上网搜寻代替现场调查，用网民评论代替大多数公众意见等，造成食品安全舆情、舆论场的混乱，影响公众对食品安全的满意度。

3. 公众非理性心理与行为

这是导致公众满意度走势与食品安全基本态势相悖的最基本原因。理性的思维方式的核心是“摆事实、讲道理”。无论是对食品安全事件的认定，还是对食品安全风险的理论探索，都需要客观的态度、科学的方法、合乎逻辑的判断和推理、平等的讨论和交流等。但现实造成食品安全舆情非理性现象的，往往是一部分公众用偏见来代替科学或客观事实。《中国食品安全网络舆情发展报告

(2014)》对12个省、规模不同的48个城市2464个网民的调查显示,27.47%的受访者表示对政府发布的食品安全信息的真实可靠性绝不信任与不很信任。在没有验证政府食品安全信息可靠性的前提下,居然做出判断,显示出公众的非理性。一部分公众食品安全方面的科学素养不足,在没有明辨是非的情况下,通过自媒体发布不负责任的食品安全信息,甚至发泄对社会现实的不满,不惜造假与传播谣言,进而引起网民根据片面印象、造假的信息与谣言形成大量的偏激评论,妨碍一般网民对主流意识形态的准确理解和公正评价。2012年10月16日上午,在新浪微博发布了一则关于食品安全的信息称:"南京农业大学动物学院研究员随机检测南京市场上猪肉,发现南京猪肉铅超标率达38%",之后还加了一段短评:"铅超标可致暴力、降低智商。铅在食物链上传递,猪变蠢无所谓,人吃多了会变得凶狠又愚蠢"。这条微博在短时间内就被疯狂转发,截止到当日下午4点,微博转发量已超过2000次。南京市相关部门第一时间介入调查,并于当日晚发微博辟谣,向媒体通报了调查结果:这位网友引用的文章中所使用的食品安全标准存在差错,导致结论错误,南京市猪肉并不存在铅超标的问题。至此,南京猪肉含铅超标的闹剧虽然逐渐平息,但对公众食品安全信心的影响却是深远的。

(三)满意度低迷将可能是一个常态

公众对食品安全状况的满意度走势与食品安全形势基本态势之间的相悖关系将持续存在,并极有可能成为未来一个时期我国食品安全风险治理中的一个常态。作出这样的预判断,主要的依据是:

1. 我国食品安全事件仍将处在高发期

中国食品安全风险治理的基本国情是,以家庭为单位的食用农产品的生产方式,"点多、面广、量大"的食品生产经营格局。虽然我国食用农产品与食品生产经营方式正在逐步转型,法律法规正在逐步完善,统一权威的食品监管体系正在改革形成之中,但食品安全风险治理的基本国情难以在短时期内改变。尤其是,我国的食品安全事件虽然也有技术不足、环境污染等方面的原因,但更多是生产经营主体的违规违法的人源性因素所造成,人源性因素是导致食品安全风险最主要的源头之一。在法治不完备、诚信体系不健全、道德素养处于初级阶段的中国,要在短时期内消除食品安全风险的人源性因素是不可能的。食品安全事件仍将处在高发期的特征决定了公众满意度不可能有根本性逆转。

2. 食品安全网络舆情环境难以在短时期内得到净化

舆情、舆论非理性现象的屡禁不止,更与不完善的制度环境有关。新闻传播在我国尚未立法,相关制度、规范也大大滞后于媒体的发展和变革。2013年9月,最高人民法院和最高人民检察院联合发布《关于办理利用信息网络实施诽谤等刑事案件适用法律若干问题的解释》,这是一个重要进步,但仍有一些相关法律问题至今没有形成可靠共识并进入法律法规，如诽谤罪的性质界定问题、舆论监督和隐私保护的边界问题等。这就使得当非理性舆论造成破坏性后果或牟取不正当利益后，管理部门难以依据适用法规予以追究，一旦采取依据不明、程度失当的惩戒措施，反而造成公众对被惩戒对象的同情，进一步加重舆情、舆论领域是非混淆的非理性状态。因此，非理性的食品安全舆情、舆论环境将长期存在，影响公众的食品安全满意度。

3. 部分公众的非理性心理与行为难以在短时期改变

影响公众个体心理与行为的主要因素有年龄、学历、收入、民族、家庭人口等个体与家庭因素，以及所在区域、周围群体、法制环境、社会风气等社会因素，这些因素交叉在一起构成了一个非常复杂的系统，对公众心理与行为产生不同程度的影响。因此，影响与改变个体与群体的非理性心理与行为是一个十分复杂且较为漫长的过程。如前所述，一方面，我国食品安全事件仍处在高发期，不同程度地造成公众的食品安全恐慌，由此对公众的心理与行为产生的影响无法在短期内完全消除；另一方面，我国食品安全事件主要由人源性因素所造成，极易引发公众的愤怒情绪，导致公众的非理性行为。此外，政府应对不力、媒体报道夸大扭曲、网络推手推波助澜使公众长期处于信息不对称状态，影响公众对食品安全事件的理性认识。食品安全事件成因复杂，食品安全知识相对匮乏的公众容易迷失在网络信息的海洋，在从众心理与群体压力等多重作用下，往往形成非理性甚至是极端的认识。部分公众的非理性心理与行为受到多个层次、多个方面因素的影响，而这些因素并不能在较短时间内完全改善。系统全面地分析与掌握相关因素的作用规律，科学、谨慎地采取应对措施，才能逐渐缓解直至消除部分公众的非理性心理与行为。

公众满意度低迷将可能成为未来一个时期食品安全治理中的一个常态化特征，这是我国食品安全风险治理中出现的新情况、新变化而导致的一种势必至此的常态。政府监管部门应该用平常心态去认真看待和对待。我们建议，政府的食品安全监管部门应会同相关职能部门经常性地展开公众的非理性心理与行为的调查报告，并及时发布调查报告与有价值的案例，引导公众准确认识食品安全风险。政府食品安全监管部门不是万能的，在我国食品安全呈“总体稳定、趋势向好”基本走势的背景下，政府食品安全治理的职能部门背上公众食品安全满意度低迷的包袱，既不实事求是，更影响政府形象。要实事求是地告知全社会，在社会转型期纷繁复杂的背景下，由于公众的非理性心理与行为的客观存在，公众满意度低迷将可能是我国食品安全治理中的一个常态，并将随着社会形态的逐步优化而得到不断改善。

参 考 文 献

曹庆臻:《中国农产品质量安全可追溯体系建设现状及问题研究》,《中国发展观察》2015 年第 6 期。

陈晓枫:《中国进出口食品卫生监督检验指南》,中国社会科学出版社 1996 年版。

杜树新、韩绍甫:《基于模糊综合评价方法的食品安全状态综合评价》,《中国食品学报》2006 年第 6 期。

傅泽强、蔡运龙、杨友孝:《中国食物安全基础的定量评估》,《地理研究》2001 年第 5 期。

江佳、万波琴:《我国进口食品安全侵权问题研究》,《广州广播电视大学学报》2010 年第 3 期。

江佳:《我国进口食品安全监管法律制度完善研究》,西北大学硕士学位论文,2011 年。

李明、刘桔林:《基于模糊层次分析法的小额贷款公司风险评价》,《统计与决策》2013 年第 23 期,第 22—26 页。

李爽:《浅谈食品质量安全预警管理》,《科技创新与应用》2016 年第 6 期。

李祥洲、钱永忠、邓玉等:《2015—2016 年我国农产品质量安全网络舆情分析及预测》,《农产品质量与安全》2016 年第 1 期。

李为相、程明、李帮义:《粗集理论在食品安全综合评价中的应用》,《食品研究与开发》2008 年第 2 期。

李旸、吴国栋、高宁:《智能计算在食品安全质量综合评价中的应用研究》,《农业网络信息》2006 年第 4 期。

李哲敏:《食品安全内涵及评价指标体系研究》,《北京农业职业学院学报》2004 年第 1 期。

刘补勋:《食品安全综合评价指标体系的层次与灰色分析》,《河南工业大学学报(自然科学版)》2007 年第 5 期。

刘海卿、佘之蕴、陈丹玲:《金黄色葡萄球菌三种定量检验方法的比较》,《食品研究与开发》2014 年第 13 期。

刘华楠、徐锋:《肉类食品安全信用评价指标体系与方法》,《决策参考》2006 年第 5 期。

刘俊威:《基于信号传递博弈模型的我国食品安全问题探析》,《特区经济》2012 年第 1 期。

刘清珺、陈婷、张经华:《基于于风险矩阵的食品安全风险监测模型》,《食品科学》2010 年第 5 期。

柳敦江、王鹏:《一种快速鉴定猪舍空气样品中金黄色葡萄球菌的方法》,《猪业科学》2013 年第 5 期。

罗斌:《我国农产品质量安全发展状况及对策》,《农业农村农民(B 版)》2013 年第 8 期。

马英娟:《走出多部门监管的困境——论中国食品安全监管部门间的协调合作》,《清华法学》2015 年第 3 期。

邵振润:《农药减量靠什么来实现?》,《中国农药》2015 年第 6 期。

邵懿、王君、吴永宁:《国内外食品中铅限量标准现状与趋势研究》,《食品安全质量检测学报》2014 年第 1 期。

石阶平:《食品安全风险评估》,中国农业大学出版社 2010 年版。

魏益民、欧阳韶晖、刘为军等:《食品安全管理与科技研究进展》,《中国农业科技导报》2005 年第 5 期。

武力:《"从农田到餐桌"的食品安全风险评价研究》,《食品工业科技》2010 年第 9 期。

吴林海、徐立青:《食品国际贸易》,中国轻工业出版社 2009 年版。

吴林海、钱和:《中国食品安全发展报告 2012》,北京大学出版社 2012 年版。

吴林海、徐玲玲、尹世久:《中国食品安全发展报告 2015》,北京大学出版社 2015 年版。

许宇飞:《沈阳市主要农产品污染调查下防治与预警研究》,《农业环境保护》1996 年第 1 期。

燕平梅、薛文通、张慧等:《不同贮藏蔬菜中亚硝酸盐变化的研究》,《食品科学》2006 年第 6 期。

英国 RSA 保险集团发布的全球风险调查报告:《中国人最担忧地震风险》,《国际金融报》2010 年 10 月 19 日。

原朝阳、杨维霞:《供应链环境下农产品物流运输优化策略探析》,《商业经济研究》2016 年第 7 期。

中国食品工业协会:《食品工业"十二五"期间行业发展状况》,《中国食品安全报》2015 年 3 月 31 日。

中华人民共和国卫生部:《GB2760-2011 食品安全国家标准食品添加剂使用标准》,中国标准出版社 2011 年版。

中华人民共和国国家质量监督检验检疫总局:《GB/T7635.1-2002 全国主要产品分类和代码》,中国标准出版社 2002 年版。

周泽义、樊耀波、王敏健:《食品污染综合评价的模糊数学方法》,《环境科学》2000 年第 3 期。

De Krom, M. P. M. M., "Understanding Consumer Rationalities: Consumer Involvement in European Food Safety Governance of Avian Influenza", *Sociologia Ruralis*, Vol. 49, No. 1, 2009.

Den Ouden, M., Dijkhuizen, A. A., Huirne, R., et al., "Vertical Cooperation in Agricultural Production-Marketing Chains, with Special Reference to Product Differentiation in Pork", *Agribusiness*, Vol. 12, No. 3, 1996.

FAO, "Risk Management and Food Safety", food and nutrition paper, Rome, 1997.

FAO/WHO, *Codex Procedures Manual*, 10th edition, 1997.

Gratt, L. B., *Uncertainty in Risk Assessment, Risk Management and Decision Making*, New York, Plenum Press, 1987.

International Life Sciences Institute (ILSI), *A Simple Guide to Understanding and Applying the Hazard Analysis Critical Control Point Concept* (2nd edition), Brussels, 1997.

Kerkaert, B., Mestdagh, F., Cucu, T., et al., "The Impact of Photo-Induced Molecular

Changes of Dairy Proteins on Their ACE-Inhibitory Peptides and Activity", *Amino Acids*, Vol. 43, No. 2, 2012.

Kleter, G. A., Marvin, H. J. P., "Indicators of Emerging Hazards and Risks to Food Safety", *Food and Chemical Toxicology*, Vol. 47, No. 5, 2009.

Mead, P. S., Slutsker, L., Dietz, V., et al., "Food-Related Illness and Death in the United States", *Emerging Infectious Diseases*, Vol. 5, No. 5, 1999.

Sarig, Y., "Traceability of Food Products", *Agricultural Engineering International: the CIGR Journal of Scientific Research and Development*, Invited Overview Paper, 2003.

Valeeva, N. I., Meuwissen, M. P. M., Huirne, R. B. M., "Economics of Food Safety in Chains: A Review of General Principles", *Wageningen Journal of Life Sciences*, Vol. 51, No. 4, 2004.

后　记

我们完成了《中国食品安全发展报告 2016》(以下简称《报告 2016》)的研究与撰写工作。《报告 2016》是由江南大学与曲阜师范大学牵头,联合国内多个高校与研究机构共同完成的。《报告 2016》是教育部 2011 年批准立项的哲学社会科学系列发展报告重点培育资助项目——"中国食品安全发展报告"的第五个年度报告,也是 2014 年国家社会科学基金重大项目"食品安全风险社会共治研究"(项目编号:14ZDA069)与江苏省高校首批哲学社会科学优秀创新团队"中国食品安全风险防控研究"的阶段性研究成果。我们非常感谢所有参与《报告 2016》研究的学者们。

需要指出的是,与"中国食品安全发展报告"前四个年度报告相比较,《报告 2016》在内容上进行了重大调整。由于食品安全风险治理所涵盖的内容庞杂,出于完整性的考量,前四本年度报告涵盖的研究范围非常广泛,从而大大增加了报告的篇幅,例如,《中国食品安全发展报告 2015》的字数就达到 77 万字,在追求完整性的同时,难免淡化了研究主题,甚至降低了报告的质量。《报告 2016》的调整主要是提供了更多的关于中国食品安全发展现实状况、更具时效性的工具性与数据性资料,而相应地删减了评论性的、学术性的研究内容。《报告 2016》重点定位于工具性、实用性、科普性,专注于对中国食品安全现实状况与数据资料的系统整理和挖掘,在提高数据资料可靠性、准确性和时效性的同时,尽量不进行带有立场或持有特定观点的评论,力图避免作者持有的某些观点可能影响读者的客观判断,旨在更为客观、简洁、清晰地向读者展现中国食品安全发展的实际状况与动态趋势,更有针对性地服务于特定的读者。

随着研究的不断深入,我们深深地感受到,研究的难度越来越大,尤其是食品安全信息数据难以全面获得。为人民做学问,是学者的责任。出于责任,在此我们实事求是地告知阅读本书的人们,由于数据获取的客观困难,《报告 2016》也不可能全面、完整地反映中国食品安全的真实状况,难以有针对性地回答人们对重要问题的关切,难以真正架起政府、企业、消费者之间相互沟通的桥梁。我们真诚地呼吁相关方面最大程度地公开食品安全信息,尤其是政府相关部门,更应按照相关法律法规带头公开应该公开的信息,最大程度地消除食品安全信息的不对称问题,在食品安全风险交流中发挥更为积极的作用。这既是政府的责任,也是形成社会共治食品安全风险格局的基础,更是降低中国食品安全风险的必由之路。我们认为,经过新世纪以来15年的风风雨雨,全社会已经逐步了解并开始接受食品安全不存在零风险的基本理念,发达国家同样也存在食品安全风险。中国的食品安全风险并不可怕,可怕的是老百姓并不清楚食品安全的主要风险是什么、如何防范风险等问题,甚至形成非理性的社会恐慌。在目前数据难以全面获得与内容新颖性要求高的背景下,作为研究团队,我们真诚地恳请社会各界对《报告》的体例与结构安排、研究内容的时代性与实践性等提出宝贵的建议与批评,共同为提升《报告》质量、改善中国的食品安全治理状况作出应有的贡献。

《报告2016》由吴林海教授牵头。吴林海教授主要负责报告的整体设计、修正研究大纲、确定研究重点,协调研究过程中关键问题,并委托尹世久教授、王晓莉副教授与沈耀峰同志等组织完成。与前四个年度报告的研究类似,参加《中国食品安全发展报告2016》研究的团队成员仍然以中青年学者为主,以年轻博士为主,以团队协同研究的方式为主。参加《中国食品安全发展报告2016》研究的主要成员有:山丽杰(江南大学)、王建华(江南大学)、牛亮云(北京交通大学)、邓婕(江南大学)、冯蔚蔚(江南大学)、李清光(江南大学)、李艳云(江南大学)、吕煜昕(江南大学)、朱中一(苏州大学)、朱淀(苏州大学)、李哲敏(中国农业科学院)、李勇强(广西食品药品监督管理局)、张景祥(江南大学)、陈秀娟(江南大学)、陈默(曲阜师范大学)、吴蕾(曲阜师范大学)、陆姣(江南大学)、赵美玲(天津科技大学)、钟颖琦(浙江大学)、侯博(安徽科技学院)、洪巍(江南大学)、胡其鹏(江南大学)、唐晓纯(中国人民大学)、徐立青(江南大学)、徐迎军(曲阜师范大学)、高杨(曲阜师范大学)、浦徐进(江南大学)、龚晓茹(江南大学)、裘光倩(江南大学)、童霞(南通大学)等。

孙宝国院士非常关心我们的研究工作,一再嘱咐我们要站在对国家和人民负责的高度来研究中国的食品安全问题,力求数据真实、分析科学、结论可靠,并再次为本年度《报告》撰写序言。美国肯塔基大学农业经济系讲席教授、《加拿大农业经济》主编 Wuyang Hu 教授也一直对我们的研究工作提供帮助与指导。研究团队再次对孙院士、Wuyang Hu 教授的支持与指导表示由衷的敬意。

在研究过程中,研究团队得到了国家发改委、国务院食品安全委员会办公室、国家食品药品监督管理总局、卫生与计划生育委员会、农业部、国家质量监督检验检疫总局、国家工商总局、工信部与中国标准化研究院、中国食品工业协会等国家部委、行业协会等有关领导、专业研究人员的积极帮助,尤其是在数据上的支撑,为我们不仅仅节约了宝贵的研究时间,更是确保了数据的权威性与可靠性。我们同时还要感谢参加《报告2016》相关调查的江南大学100多位本科生!

需要说明的是,我们在研究过程中参考了大量的文献资料,并尽可能地在文中一一列出，但也难免会有疏忽或遗漏的可能。研究团队对被引用文献的国内外作者表示感谢。

从《中国食品安全发展报告 2012》出版至今的五年间，国内外政界、学界以及社会各界对“中国食品安全发展报告”系列年度报告给予了高度评价，品牌效应正在逐步显现。正如中国工程院院士、北京工商大学校长孙宝国教授所多次评价的，“中国食品安全发展报告”系列业已成为国内融学术性、实用性、工具性、科普性于一体的具有较大影响力的研究报告，对全面、客观公正地反映中国食品安全的真实状况起到了非常重要的作用。正因为如此，《中国食品安全发展报告 2012》先后获得国家商务部优秀专著奖、农村发展研究专项基金第六届中国农村发展提名奖，《中国食品安全发展报告 2013》分别获得教育部第七届高校人文社会科学优秀成果奖二等奖与江苏省人民政府第十三届社会科学优秀成果二等奖，而《中国食品安全发展报告 2014》则获得了 2016 年山东省第三十次哲学社会科学优秀成果奖一等奖。相关研究成果还获得了无锡市政府社会科学优秀成果一等奖、江苏省社科精品工程奖等奖项。我们十分感谢关注“中国食品安全发展报告”的广大公众、专家学者与政府部门。我们将继续努力，继续高水平地出版“中国食品安全发展报告”。

吴林海
2016 年 8 月